新疆天气年鉴
（2022 年）

杨　霞　许婷婷　魏娟娟
张　萌　栾亚睿　闵　月　◎主编

气象出版社
China Meteorological Press

内容简介

本书是新疆维吾尔自治区气象台适应气象业务新发展的创新业务产品之一。全书共分4章：第1章概述了2022年新疆天气气候特点，并绘制了2022年年降水、气温、大风、沙尘、冰雹、大雾等灾害性天气统计分布图；第2章按天气过程出现时间先后顺序，给出了2022年90场天气过程索引表，包括时间、类型、强度及灾情等信息；第3章对2022年31场中度及以上强度天气过程暴雪、寒潮、暴雨、强对流、大风、沙尘暴、高温等天气实况以及灾害性天气分别详细描述，给出过程累计降水量、最大日降水、最大小时雨强、过程最大日降温和极大风速分布等实况图，着重分析了高低空环流形势、主要影响系统、T-ln$p$ 图等主要特征；第4章对2022年25场中弱和34场弱天气过程进行实况描述，并给出了环流形势分析。

本书较为全面地梳理了2022年新疆天气过程特点及其影响，可供从事气象、水利、自然资源、生态、环境、人文、经济、社会其他行业的业务、科研、培训和管理决策人员参考。

图书在版编目（CIP）数据

新疆天气年鉴. 2022年 / 杨霞等主编. -- 北京 : 气象出版社, 2023.5
ISBN 978-7-5029-7974-4

Ⅰ. ①新… Ⅱ. ①杨… Ⅲ. ①天气－新疆－2022－年鉴 Ⅳ. ①P44-54

中国国家版本馆CIP数据核字(2023)第089160号

新疆天气年鉴(2022年)

Xinjiang Tianqi Nianjian(2022 Nian)

出版发行：气象出版社
地　　址：北京市海淀区中关村南大街46号　邮政编码：100081
电　　话：010-68407112(总编室)　010-68408042(发行部)
网　　址：http://www.qxcbs.com　E-mail：qxcbs@cma.gov.cn
责任编辑：杨泽彬　终　　审：张　斌
责任校对：张硕杰　责任技编：赵相宁
封面设计：楠竹文化
印　　刷：北京建宏印刷有限公司
开　　本：889 mm×1194 mm　1/16　印　　张：8.25
字　　数：260千字
版　　次：2023年5月第1版　印　　次：2023年5月第1次印刷
定　　价：150.00元

新疆天气年鉴(2022 年)
编审委员会

主　任:何　清

副主任:江远安　杨　霞

委　员(按姓氏拼音排序):

陈春艳　李如琦　吕新生　秦　贺　汤　浩

唐　冶　万　瑜　张云惠　赵克明

主　编:杨　霞　许婷婷　魏娟娟　张　萌　栾亚睿

闵　月

编写人员:

潘　宁　　施俊杰　李　伟　陈春艳　　张云惠

吕新生　　李如琦　秦　贺　万　瑜　　于碧馨

李　娜　　蒋　军　李海花　马　超　　肉孜·阿基

孙鸣婧　　赵凤环　王　江　吐莉尼沙　杜　宁

芒苏尔·艾热提　　张　俊　郑育琳　　李桉孛

美丽巴奴·艾则孜　伊尔潘江·牙生　　安雅涵

苏亚乔　　洪　月　刘成武　窦　刚　　周雅蔓

唐　震　　汤　浩　唐　冶　安大维　　何耀龙

姜　红　　马　诺　牟　欢　肖俊安　　张林梅

李　璐　　杨贝贝　巴哈古丽·瓦哈甫　杨志华

序

新疆维吾尔自治区位于亚欧大陆腹地、祖国西北边陲，地处我国天气系统的上游，总面积166万km^2；北部是阿尔泰山，中部是天山山脉，南部是昆仑山脉，横贯东西的天山山脉将新疆分割成南疆、北疆，北疆是由阿尔泰山、天山和西部沿国境线的阿拉套山、巴尔鲁克山等与其围成的准噶尔盆地组成，其间是古尔班通古特沙漠；南疆北有天山，西部西天山余脉与昆仑山西段接壤，南有海拔超过5000 m的喀喇昆仑山，东南部是阿尔金山，高山环绕下的南疆塔里木盆地中有世界第二大沙漠——塔克拉玛干沙漠。新疆境内山脉、戈壁、绿洲、盆地相间，地势高低悬殊；雪山、草原、河流错落，自然环境迥异；湖泊、绿洲星罗棋布，生态环境多样。"三山夹两盆"的自然地貌对形成新疆独特的天气气候起到了重要作用。一方面，新疆属于典型的大陆性温带干旱气候区，具有丰富的光热、风能等气候资源；另一方面，气象灾害频发、降水稀少，气候干旱，人类赖以生存的自然环境恶劣、生态环境脆弱。因此，新疆气象工作在当地经济社会发展中具有十分重要的地位。

天气过程图自20世纪50年代以来一直是新疆气象档案馆馆藏的重要资料之一，主要包含新疆天气过程综合图、过程强度、天气过程实况描述、环流特征和影响系统及其演变分析等内容。天气过程数据主要是以新疆境内105个国家级气象站资料为主，是新疆气象工作者们查阅、评估、考证历史天气过程的重要参考和依据。2012年起，新疆区域自动站网建设发展迅速，至2018年已建成自动气象站1900多个，基于1900多个加密的自动气象站数据集和105个国家级气象站的降水、气温、风等气象要素的实况分布差异十分明显，尤其是降水、大风和气温，增加了中高山区观测后，山区和沿山一带暴雨和短时强降水、大风、气温等极端气象记录经常刷新气象工作者对新疆天气的认知。目前开展新疆天气过程分析，需在前辈工作基础上和加密观测条件下，不断地发展、补充与完善，此书就是这方面工作的有益尝试，希望能成为新疆天气预报业务及气象服务的重要支撑材料之一。

《新疆天气年鉴(2022年)》是新疆维吾尔自治区气象台适应气象业务高质量发展的新型业务产品，在编制过程中借鉴《新疆天气年鉴(2017年)》中新疆暴雨、暴雪、寒潮、高温、大风、沙尘暴等强天气过程的新疆天气过程业务标准，也增加了强对流天气过程的遴选标准。本书较为详细地梳理了2022年新疆天气过程基础信息、天气特点及其影响，为气象业务科技创新发展趋势下传统天气预报业务发展模式进行了有益的探索。

《新疆天气年鉴(2022年)》的出版不仅为气象系统的年轻预报员培养预报思路提供重要参考，也是新疆天气过程信息标准化存储和天气预报业务标准化的基础产品之一。同时，也可供从事气象、水利、自然资源、生态、环境、人文、经济、社会其他行业的业务、科研、教学和管理决策人员参考。

中国工程院院士 李泽椿

2022 年 12 月 20 日

前　言

20世纪60年代以来，新疆天气过程分析及重大灾害性天气过程总结一直是新疆维吾尔自治区气象台(以下简称新疆气象台)的一项重要业务工作，早期由于分析制图多为手绘纸质保存，查阅起来十分不便。随着气象信息化和天气预报业务平台的不断发展，2011年以来实现了天气过程图制作人机交互，天气过程实况、环流演变特征等文字描述计算机录入，后台出图，大大提高了效率。

2012年以来，新疆自动气象站网建设发展迅猛，局地暴雨、短时强降水、大风、极端气温等记录经常刷新历史纪录。鉴于此，时任新疆气象台台长何清研究员倡议从2017年起每年出版一册《新疆天气年鉴》，尽可能完整地保存天气过程信息，为后期预报业务及科研提供便利。同时，新疆气象台技术委员会审议了新疆天气过程强度补充标准。

本书主要包括年鉴编写说明和正文两大部分。编写说明在以往天气过程强度划分标准的基础上，补充了暴雨、暴雪、大风、寒潮、高温等强天气过程标准。正文共分4章：第1章为2022年新疆天气气候概况，主要包括2022年气候背景、十大天气气候事件、天气过程概况等，并给出年降水、气温、大风、沙尘、冰雹、大雾等灾害性天气统计分布图；第2章为2022年天气过程索引表，给出了2022年90场天气过程的过程编号、起止时间、天气类型、过程强度、有无灾情等信息；第3章为2022年中度及以上强度天气过程分析，包括27场冷空气天气过程和4场高温过程；第4章为2022年中弱和弱天气过程，给出了25场中弱、34场弱天气过程起止时间、天气类型、过程强度、有无灾情等信息，并给出天气实况及环流图。

本书收录的每一场天气过程都是新疆气象台值班预报员辛勤劳动的成果。在新疆维吾尔自治区气象局领导的大力支持下，新疆气象台领导高度重视、积极推进完成本书的编制和出版。由于天气年鉴编写涉及面广、编写组水平有限，不一定能完全体现年鉴编制的初衷，希望读者不吝赐教，以便今后改进。另外，在第1章编写过程中，新疆维吾尔自治区气候中心给予了大力支持和帮助；封面天山上空的荚状层积云图由兰州大学资源环境学院博士研究生仇梦涵提供，在此一并深表感谢。

本书编委会

2022年12月

编写说明

一、天气过程标准

为了适应新疆预报服务业务的新需要，本年鉴天气过程强度在延续新疆气象台以往业务标准(附录A)的基础上，做了部分修改和增加。原强天气过程根据灾害天气发生的范围和强度分别增加备注：寒潮、暴雨、暴雪、大风、沙尘暴、强对流天气过程；增加了高温过程和强对流天气过程，高温天气过程标准执行新疆气象台 2020 年依据高温行业标准、结合新疆高温天气实况制定的业务标准；原中等偏强强度(以下简称“中强”)天气过程保留，但备注了以降温、降水、风沙等何种灾害性天气为主，或者是综合性中强天气过程；原中等强度(以下简称“中度”)、中等偏弱强度(以下简称“中弱”)、弱天气过程继续保留。

寒潮天气过程：在同一次天气过程中，北疆或南疆范围内有 70％国家级气象站达到寒潮标准，定义一次寒潮天气过程。

暴雨天气过程：在同一次天气过程中，新疆区域内同一天或连续两天有两个地(州、市)5 站(国家级气象站)或以上出现暴雨(24 h 累计降雨量≥24.1 mm)，定义一次暴雨天气过程。

暴雪天气过程：在同一次天气过程中，新疆区域内同一天或连续两天有两个地(州、市)5 站(国家级气象站)或以上出现暴雪(24 h 降雪量≥12.1 mm)，定义一次暴雪天气过程。

大风天气过程：在同一次天气过程中，新疆区域内 50％国家级气象站观测到平均风速≥10.8 m/s(6级)或瞬时极大风速≥17.2 m/s(8 级)的天气，定义一次大风天气过程。

沙尘暴天气过程：在同一次天气过程中，新疆区域内 10 站(国家级气象站)或以上观测到沙尘暴天气，定义一次沙尘暴天气过程。

强对流天气过程：新疆区域内一个地区大部分区域(70％区域)或两个以上地区 50％区域监测到短时强降水(小时雨量≥10 mm)、冰雹(冰雹直径≥5 mm)、雷暴大风(瞬时极大风速≥17.2 m/s)，定义一次强对流天气过程。高温天气过程标准详见附录 B。

二、资料与统计方法

天气过程实况资料来自新疆气象信息中心提供的 2022 年全疆国家站、区域站逐小时、逐日地面观测资料，高低空环流形势图均来自 NCEP(美国国家环境预报中心)2.5°×2.5°再分析资料，云图来自 FY-2G 红外云图数据。日观测数据的界定为：前一日 20:00—当日 20:00(北京时，下同)，如 2 日降水量为 1 日 20:00—2 日 20:00 降水量的累计值。

第 1 章天气气候概况中，2022 年气温、年降水量和大风、沙尘暴、扬沙、大雾、冰雹、高温、低温灾害性天气日数等气候统计数据均来自新疆维吾尔自治区气候中心。

三、灾情

新疆气象台依据中国气象局灾情直报系统、各地(州、市)气象台上报灾情，结合本年鉴的天气过程，系统整理了 2022 年新疆暴雨、暴雪、大风、沙尘暴、冰雹、寒潮等气象灾情，形成了 2022 年鉴的灾情数据。

四、天气图及新疆地图边界说明

本年鉴中有关新疆地图通过了新疆维吾尔自治区测绘地理信息局审核，审图号：新 S(2023)005 号。

目　　录

第 1 章　2022 年天气气候概况

1.1　综述

2022 年新疆气温偏高、降水偏少。全疆平均气温 9.6 ℃，较常年偏高 1.1 ℃，比 2021 年偏高 0.7 ℃，居 1961 年以来第一位。北疆、天山山区、南疆分别偏高 1.1 ℃、1.3 ℃、1.0 ℃，偏高幅度均居历史第一位。全疆大部分月份气温均偏高，尤其 1 月、5 月、9 月气温偏高居历史同期第一位，仅 2 月、8 月、12 月气温偏低。全疆平均降水量 150.3 mm，较常年偏少 16%，比 2021 年偏少 7%。北疆、天山山区、南疆分别偏少 13%、15%、25%。全疆降水仅春季略偏多，其他季节均偏少。

年内夏季高温天气出现早、强度大、持续时间长；春末秋初，高温少雨致北疆、东疆遭遇严重气象干旱；年内冷空气过程总体偏少，但极端性强，秋末出现特强寒潮；春夏季多地出现极端暴雨。全年累计经历暴雪过程 1 次、极端暴雨过程 9 次、寒潮过程 4 次、夏季高温过程 4 次、干旱过程 1 次等。

年内出现的主要气象灾害为大风、冰雹、干旱、暴雨山洪、寒潮等，其中大风灾害损失最重，占全年总灾损的 40.9%。上述气象灾害对新疆地区生态植被、农牧业、林果业、交通运输、人民生命及财产安全等造成不同程度的影响。

2022 年主要作物生长季(4—10 月)全疆大部地区热量条件好于常年，降水量和日照时数少于常年。2022 年气象条件总体对粮食作物、棉花、大部地区特色林果的生长较为有利，对香梨等林果、大部牧区天然牧草生长、部分牧区牧业生产有不利影响。农业气象灾害轻于 2021 年。

1.2　气候特点

1.2.1　气温

2022 年(1—12 月)全疆平均气温 9.6 ℃，较常年偏高 1.1 ℃，比 2021 年偏高 0.7 ℃，居 1961 年以来第一位。北疆平均气温 8.4 ℃、天山山区 5.0 ℃、南疆 12.4 ℃，分别偏高 1.1 ℃、1.3 ℃、1.0 ℃，偏高幅度均居历史第一位。空间分布来看，全疆大部地区平均气温较常年偏高或略偏高，其中伊犁河谷、塔额盆地、阿勒泰地区东部、昌吉州、乌鲁木齐市、喀什地区、和田地区、巴音郭楞蒙古自治州(简称巴州)南部、吐鲁番市、哈密市等全疆 62%的地区年平均气温偏高 1 ℃以上(图 1.1a)。洛浦、鄯善、霍城等 38 个站平均气温居 1961 年以来第一位，富蕴、奇台、米泉等 16 站居第二位，吐鲁番、且末、策勒等 12 站居第三位。

1.2.2　降水

2022 年(1—12 月)全疆年平均降水量 150.3 mm，较常年偏少 16%，比上年偏少 7%。年平均降水量北疆 187.7 mm、天山山区 319.3 mm、南疆 51.9 mm，分别偏少 13%、15%、25%(图 1.1b)。空间分布来看，全疆大部降水偏少，尤其和田地区东部、巴州南部、吐鲁番市、哈密市偏少 5～9 成，仅伊犁州西部、克孜勒苏柯尔克孜自治州(简称克州)西部山区、喀什部分地区偏多 1～5 成，其中阿合奇偏多 45%，居历史第三位。

1.2.3　积雪

2021/2022 年冬季全疆大部积雪偏薄，南疆大部无积雪。北疆大部及天山山区等地冬季最大积雪深度 10 cm 以上，其中炮台、木垒、小渠子最大积雪深度 34～42 cm。南疆盆地、巴州南部、吐鲁番盆地基本

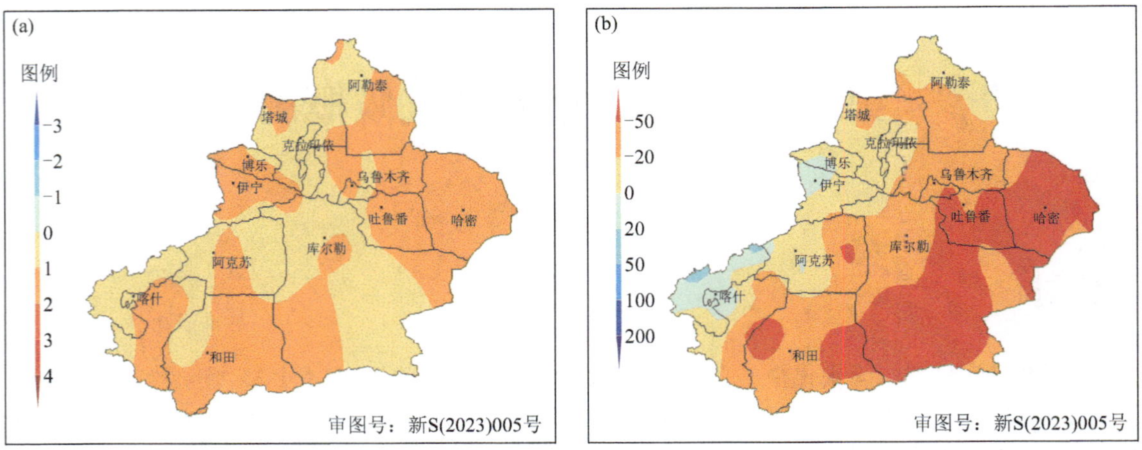

图 1.1　2022 年新疆年平均气温距平(a,单位:℃)和降水距平百分率(b,%)分布图

无积雪。与常年相比,全疆大部(91%台站)最大积雪深度偏薄(图 1.2a),其中伊犁河谷、塔城北部、阿勒泰地区北部等地偏薄 10 cm 以上。石河子市、昌吉州东部、哈密市北部等天山北坡 9 站最大积雪深度偏厚,其中炮台最大雪深较常年同期偏厚 22.6 cm,为冬季历史第二位。

2022 年 12 月北疆各地、天山山区、巴州、阿克苏地区、克州、哈密市南部等地最大积雪深度 1～47 cm 不等(吉木乃);北疆大部和巴州北部山区等 39 站积雪深度大于 10 cm,其中伊犁州大部、塔城部分地区、阿勒泰地区、石河子市、昌吉州大部等 24 站积雪深度大于 20 cm。12 月下旬卫星遥感积雪监测结果表明:雪深大于 20 cm 的积雪面积与历年同期相比:北疆的塔城地区偏多 1 倍,阿勒泰地区、昌吉州偏多 2～3 倍,乌鲁木齐市偏多近 1 成,伊犁河谷偏多近 3 成,博尔塔拉蒙古自治州(简称博州)偏少近 2 成;东疆的哈密市偏多 2.5 倍,吐鲁番市偏少近 5 成;南疆的克州、和田和喀什地区偏少 5～6 成,巴州偏少 2 成,阿克苏偏少近 1 成(图 1.2b)。

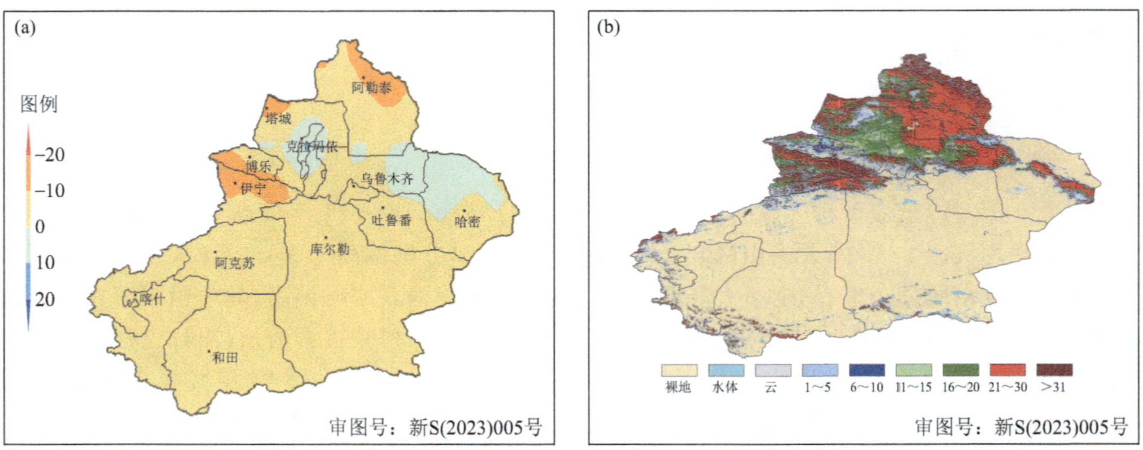

图 1.2　2021/2022 年冬季最大积雪深度距平图(a,单位:cm)和
2022 年 12 月下旬 EOS/MODIS 卫星积雪监测图(b,单位:cm)

1.2.4　天气过程概况

2022 年共有 90 次天气过程,其中,强过程 4 次、中等偏强 7 次、中等强度 20 次、中等偏弱 25 次、弱过程 34 次。

1.2.5　年极端气候值

2022 年新疆国家气象站年极端气候值详见表 1.1。

表1.1　2022年新疆国家气象站极端气候值

站　名		数　值	出现时间
托克逊	日最高气温	47.7 ℃	7月23日
青河	日最低气温	−42.1 ℃	11月28日
昭苏	年最大降水量	511.6 mm	—
阿合奇	日最大降水量	62.9 mm	5月30日
昭苏	最多降水日数	137 d	—
昭苏	最长连续降水日数	13 d	3月12-24日
托克逊	最长连续无降水日数	212 d	1月1日至7月3日
莎车/泽普/麦盖提	最早开春期	偏早5 d/4 d/5 d	2月9日
和田	最早终霜期	偏早6 d	2月28日
红柳河	最晚终霜期	偏晚10 d	5月14日
东坎儿/鄯善/阿拉山口/克拉玛依	最晚初霜期	偏晚5 d/17 d/11 d/16 d	11月12日
青河	最早入冬期	偏晚2 d	10月29日
青河	最大积雪深度	62 cm	11月26日
库米什	最大风速	27.7 m/s	6月25日

注：年极端气候值是指某一气象要素在一年中的最大或最小值。这里挑选的年极端气候值，是全年单站气象要素在全疆100个国家气象站中的最大或最小值；农事关键期山区站不统计在内。

1.3　十大天气气候事件

(1)2022年为新疆有气象记录以来最暖年

2022年新疆平均气温9.6 ℃，较常年偏高1.1 ℃，为1961年有完整气象记录以来最暖的年份，北疆、天山山区、南疆分别偏高1.1 ℃、1.3 ℃和1.0 ℃，均居历史第一位。全疆68%的国家气象站气温偏高幅度位列历史前三位，46%的台站气温偏高幅度达到历史第一位。年内1月、5月及春、夏两季全疆平均气温均创历史新高；9月初北疆出现历史同期最强“秋老虎”，多站日最高气温突破秋季极值。其中，春季阶段性异常高温对香梨、石榴、红枣等林果品质与产量产生影响。

(2)“11・26”特强寒潮席卷全疆

2022年11月25—29日新疆受特强寒潮天气影响，全疆大部地区出现7.6～24.6 ℃的降温，局地超过25 ℃，北疆大部、哈密市最低气温达−48～−18 ℃，全疆74%的台站出现寒潮，为11月历史同期第二强寒潮，仅次于1987年。此次强寒潮过程同时伴有局地暴雪、大风和沙尘，北疆共12站出现暴雪，1站大暴雪，沙湾站27日降雪量28.3 mm，突破该站11月日降水量历史同期极值；全疆44.9%的站点出现8级及以上大风，风口风力11～14级，巴州北部和静县出现46.6 m/s(15级)大风，突破该地区有记录以来大风极值记录；南疆盆地和东疆15站出现沙尘暴。多种极端天气形成的灾害链对交通、农牧业、重大工程建设及人民生命财产安全等造成较大影响。

(3)夏季高温融雪叠加强降水引发塔里木河洪水

2022年夏季，塔里木河流域平均气温25.6 ℃，较常年偏高0.9 ℃，居历史同期第一位。塔里木河流域89%的区域均出现高温天气，平均高温日数为29.7 d，较常年偏多7.6 d，居历史同期第一位。和田河流域的和田、喀什两地0 ℃层高度最大值分别达6380 m和6010 m，居历史同期第一位和第二位；5月末到8月底，西天山和西昆仑山区多次出现强降水，尤其8月份，塔里木河流域极端降水多发，流域降水量较常年偏多1.1倍，流域西部偏多幅度达1.3倍。异常高温导致的冰雪消融和山区强降水相叠加，致使塔里木河流域出现历史罕见历时长、总量大的混合型洪水。

(4)春末至初秋东疆、北疆气象干旱严重

2022 年 5—9 月,新疆平均气温 22.0 ℃,较常年偏高 1.6 ℃,为历史同期第一高,平均降水量 77.8 mm,为近 37 年来同期最少;受持续的温高少雨影响,5 月中下旬起天山北坡、东疆等地旱象显露并不断发展,特别是 6—7 月,区域性高温频发,导致干旱进一步加剧。全疆 86%的台站出现中度及以上气象干旱,波及 13 个地(州、市),全疆气象干旱面积最大达 96 万 km^2,其中昌吉州、哈密市、阿克苏地区等 26 万 km^2 发生重度气象干旱,昌吉州、哈密市北部 7 万 km^2 达特旱等级。本次干旱过程持续时间长,强度大,为 2000 年以来第二强干旱事件,仅次于 2020 年的北疆春夏连旱。持续的气象干旱对北疆天然草地植被的生理造成胁迫,致使天然草地牧草长势变差,植被受干旱胁迫提前进入黄枯期,部分农作物减产、绝收。

(5)5 月 28—31 日阿合奇出现极端暴雨

2022 年 5 月 28—31 日,克州出现暴雨,山区达大暴雨。此次暴雨历时长、极端性强。阿合奇站降水持续 47 h 不间断,累计降水量达 103.6 mm,破当地 5 月降水量纪录,为该站近 10 年来最长连续降雨过程;特别是 5 月 30 日阿合奇站降水量 62.9 mm,破建站以来日降水量极值,接近春季降水量常年值。此次降雨造成阿合奇县农作物、牲畜、居民房屋、乡村道路及电力设施等不同程度受灾。

(6)夏季炙烤,高温过程持续长达两个月

2022 年夏季,新疆平均气温 23.4 ℃,较常年偏高 0.9 ℃,其中天山山区和南疆偏高 1.3 ℃和 0.9 ℃,是 1961 年有完整气象记录以来最炎热的夏季。全疆 35%的气象台站日最高气温达 40 ℃及以上,其中喀什、和田地区共 8 站日最高气温突破历史极值。全疆平均高温日数 18.9 d,较常年偏多 3.2 d,南疆偏多 7.6 d,居夏季历史第一。6 月 19 日—8 月 16 日的南疆、东疆等地高温天气过程持续 59 d,为 1961 年以来持续时间最长的高温过程,高温过程强度居历史第二位,仅次于 2015 年盛夏高温。

(7)“8·18”阿克苏强冰雹重创棉花林果

2022 年 8 月 18 日凌晨,阿克苏地区阿瓦提县、阿拉尔市先后遭遇短时强降雨、冰雹等强对流天气,冰雹断续持续 50 min,最大冰雹直径 9 mm。冰雹造成上述两县(市)共 11 乡镇的棉花和香梨、葡萄、红枣等特色林果严重受损,影响面积约 6600 hm^2,直接经济损失约占 2022 年全年雹灾经济损失的 54%,为年内最强冰雹事件。

(8)“5·12”塔里木盆地南缘遭遇强沙尘暴

2022 年 5 月 12—13 日,南北疆大部和东疆出现 5 级左右西北风,风口阵风 11～13 级,南疆盆地中东部出现 5 级左右偏东风,南疆盆地和东疆 57%的区域出现沙尘天气,喀什地区、和田地区、巴州等地 11 个县(市)出现沙尘暴,盆地南缘最小能见度不足 400 m,空气质量处于严重污染级别。本次沙尘暴过程为近 5 年来最强沙尘暴,给当地的交通造成了一定的影响。

(9)“5·1”强东南大风袭扰乌鲁木齐市

2022 年 4 月 30 日—5 月 3 日乌鲁木齐市出现 8 级以上偏东大风,风力最强达 11 级。天山区红雁池站 8 级以上大风持续 65 h,为近 10 年之最,主城区乌鲁木齐站 8 级大风持续 32 h。5 月 1 日主城区极大风速 24.2 m/s(9 级)、天山区红雁池 32.5 m/s(11 级),均为近六年来 5 月最大值。此次大风天气正值“五一”假期,持续多日的偏东大风致公众出行受限、部分公共设施受损,乌鲁木齐地窝堡机场部分航班备降吐鲁番机场。

(10)5 月 5—7 日伊犁特大暴雨引发山洪地质灾害

2022 年 5 月 5—7 日,伊犁州出现特大暴雨,过程累计降水量为 24.1～103.3 mm,其中 54 站达暴雨以上量级,16 站大暴雨。伊犁州共计 49 个气象台站日降水量为 24.9～103.3 mm,均打破本站最大日降水量记录。特别是霍城县果子沟龙口 5 日 08 时至 6 日 08 时日降水量高达 103.3 mm,破建站以来日降水量极值。暴雨致部分河流溢水,沿河房屋及牲畜受险,局部路段积水严重,交通出行受阻,山区部分路段引发塌方、泥石流等地质灾害。

1.4 主要气象灾害

2022 年全疆大部气温偏高，降水总体偏少，仅伊犁州西部、克州西部山区、喀什部分地区降水偏多。2022 年为有气象记录以来最暖年，夏季高温天气出现早、强度大、持续时间长；春末秋初高温少雨致北疆、东疆遭遇严重气象干旱；年内冷空气过程总体偏少，但极端性强，秋末出现特强寒潮；春夏季多地出现极端暴雨；较为典型的天气气候事件为："11·26"特强寒潮、8 月塔里木河洪水、春末至秋初东疆北疆严重气象干旱、5 月 28—31 日阿合奇极端暴雨、夏季南疆东疆等地高温过程持续长达两个月、"8·18"阿克苏强冰雹、"5·12"塔里木盆地南缘强沙尘暴、"5·1" 乌鲁木齐市强东南大风、5 月 5—7 日伊犁特大暴雨等。2022 年新疆地区主要气象灾害有大风、冰雹、干旱、暴雨山洪、寒潮等，其中大风灾害最重。

2022 年气象灾害直接经济总损失与近 20 年相比总体偏轻。大风灾害损失最重，占全年气象灾害总损失的 40.9%；其次是冰雹和干旱灾害，分别占 27.6%、25.4%；暴雨山洪占 5.6%(图 1.3)。

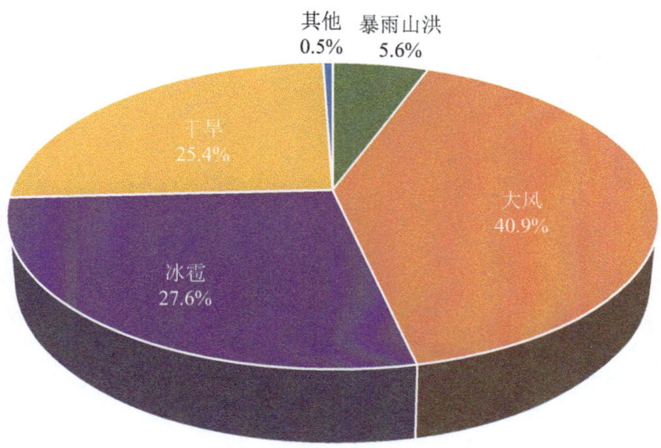

图 1.3　2022 年新疆各类气象灾害直接经济损失占比图

(1)大风

2022 年新疆大风灾害中度。年内全疆 10 地(州、市)共 26 县次出现大风灾害，造成农作物受灾面积 7.3 万 hm^2，直接经济损失约 6.0 亿元。11 月 27 日阿克苏地区库车县一光伏工厂因大风天气影响，已完成安装的支架和光伏组件大面积受损，经济损失严重。4 月 25—26 日，阿克苏地区、巴州共计 6 县次遭遇大风天气，农业受灾面积约 6.5 万 hm^2，受灾人口 1.9 万，造成直接经济损失 2.3 亿元。

(2)冰雹

2022 年新疆冰雹灾害中度偏轻。全疆 5 地(州、市)共 15 县次出现冰雹灾害，农作物受灾严重，直接经济损失超 4.1 亿元。其中阿克苏地区发生次数最多，为 7 县次，直接经济损失最大，农作物受灾最严重，其次是塔城地区，为 3 县次。8 月 18 日凌晨，阿克苏地区阿瓦提县、阿拉尔市先后遭遇短时强降雨、冰雹等强对流天气，冰雹断续持续 50 min，最大冰雹直径 9 mm；冰雹造成上述两县(市)共 11 乡镇的棉花和香梨、葡萄、红枣等特色林果严重受损，影响面积约 6600 hm^2，直接经济损失约占 2022 年全年雹灾经济损失的 54%，为年内最强冰雹事件。

(3)干旱

2022 年气象干旱灾害偏重。年内哈密市、阿勒泰地区、昌吉州、吐鲁番市共计 4 县次出现干旱灾害，造成直接经济损失近 3.7 亿元。受持续的高温少雨影响，5 月中下旬起天山北坡、东疆等地旱象显露并不断发展，特别是 6—7 月，区域性高温频发，导致干旱进一步加剧，气象干旱面积最大达 96 万 km^2，其中昌吉州、哈密市、阿克苏地区等 26 万 km^2 发生重度气象干旱，昌吉州、哈密市北部 7 万 km^2 达特旱等级。本次干旱过程持续时间长，强度大，为 2000 年以来第二强干旱事件，持续的气象干旱对北疆天然草地植被的生理造成胁迫，致使天然草地牧草长势变差，植被受干旱胁迫提前进入黄枯期，部分农作物减产、绝收。

(4)暴雨山洪

2022 年暴雨山洪灾害偏轻。年内全疆 8 地(州、市)共 39 县次出现暴雨山洪,造成直接经济损失约 8000 万元。8 月塔里木河流域极端降水多发,流域降水量较常年偏多 1.1 倍,流域西部偏多幅度达 1.3 倍,同时春末秋初气温持续偏高,高空 0 ℃层异常偏高,导致塔河源支流山区冰雪消融并与山区异常降水相叠加,致使塔里木河流域出现历史罕见历时长、总量大的混合型洪水。5 月 5—7 日,伊犁州出现特大暴雨,过程累计降水量为 24.1～103.3 mm,其中 54 站达暴雨以上量级,16 站大暴雨,暴雨致部分河流溢水,沿河房屋及牲畜受险,局部路段积水严重,交通出行受阻,山区部分路段引发塌方、泥石流等地质灾害。

(5)寒潮

2022 年冷空气过程总体偏少,但极端性强,年内共计出现 4 场寒潮过程,其中 11 月 25—29 日出现一次特强寒潮,此次寒潮全疆大部地区出现 7.6～24.6 ℃的降温,局地超过 25 ℃,北疆大部、哈密市最低气温达－48～－18 ℃,全疆 74%的台站出现寒潮,为 11 月历史同期第二强寒潮,仅次于 1987 年。此次强寒潮过程同时伴有局地暴雪、大风和沙尘,多种极端天气形成的灾害链对交通、农牧业、重大工程建设及人民生命财产安全等造成较大影响。

第 2 章　2022 年天气过程索引表

序　号	起止时间 （××月××日××时）	天气性质	强　度	灾　情
1	010802—010820	降雪	弱	无
2	011920—012208	降雪、寒潮	中弱	无
3	012120—012508	持续阴雾阴雪	中度	无
4	020508—020720	降雪，偏东大风、阴雾	弱	无
5	020920—021208	降雪	中弱	无
6	021208—021314	降雪	中弱	无
7	021420—021808	暴雪、寒潮、大风	中度	无
8	030120—030320	雨雪、大风	中弱	无
9	030717—030906	雨雪、大风	弱	无
10	030920—031114	雨雪、大风	弱	无
11	031114—031311	雨雪、大风	弱	无
12	031311—031708	雨雪、大风	中度	无
13	031708—031814	雨雪、大风	弱	无
14	031814—032220	雨雪、大风、沙尘暴	中强	有
15	032220—032520	雨雪、寒潮、大风、沙尘暴	中强	有
16	032708—032820	雨雪、大风	弱	无
17	032905—033020	雨雪、大风、寒潮、沙尘暴	中度	有
18	040805—040920	大风、雨雪	弱	无
19	040920—041120	雨雪、大风	弱	无
20	041208—041409	雨雪、大风	弱	无
21	041410—041620	雨雪、大风、沙尘暴	中度	有
22	041914—042120	大风、雨雪	中度	有
23	042120—042308	雨雪、大风、沙尘暴	弱	无
24	042308—042508	雨雪、大风、沙尘暴	中度	无
25	042508—042708	雨雪、大风、沙尘暴、冰雹	中度	有
26	042708—043002	雨雪、大风、沙尘暴	弱	有
27	042920—050320	偏东大风	中度	无
28	050308—050420	降雨、大风	弱	无
29	050420—050623	雨雪、大风、沙尘暴	中度	无

续表

序　号	起止时间 (××月××日××时)	天气性质	强　度	灾　情
30	050702—050920	降雨、大风、沙尘暴	中弱	无
31	051108—051420	雨(高山区雪)、大风、沙尘暴	中度	有
32	051422—051805	降雨、大风、沙尘暴	中弱	有
33	051908—052408	雨(高山区雪)、大风、沙尘暴	中强	有
34	052408—052608	降雨、大风、沙尘暴	弱	无
35	052608—052820	降雨、大风	弱	有
36	052820—053120	雨(高山区雪)、大风、沙尘暴	强	有
37	053120—060302	暴雨、大风	中度	有
38	060317—060608	降雨、大风、沙尘暴	中弱	无
39	060908—061620	高温	中度	无
40	061214—061508	降雨、大风	弱	无
41	061508—061820	降雨、大风	中弱	无
42	061820—062020	降雨、大风	中弱	有
43	062020—062320	降雨、大风	弱	有
44	062208—070720	高温	特强	无
45	062320—062620	暴雨、大风	中度	有
46	062808—063002	降雨、雷暴大风	中弱	有
47	063014—070320	降雨、大风、沙尘暴	中弱	有
48	070508—070705	降雨、大风	中弱	无
49	070705—071108	降雨、大风、沙尘暴	弱	无
50	071108—071320	降雨、大风	弱	有
51	071320—071720	降雨、大风	弱	无
52	071708—073120	高温	强	无
53	071720—072020	降雨、大风、沙尘暴	中弱	有
54	072320—072520	降雨、大风、沙尘暴	中弱	无
55	072808—073108	降雨、大风、沙尘暴	中弱	无
56	073108—080220	降雨、大风、冰雹	中弱	有
57	080220—080408	降雨、大风	中弱	无
58	080420—080808	降雨、大风	弱	无
59	080808—080920	降雨、大风	弱	无
60	080308—081120	高温	弱	无
61	081002—081314	暴雨、大风	中度	有
62	081320—081820	暴雨、大风、冰雹	中度	有
63	081820—082008	降雨、大风	中弱	有

续表

序　号	起止时间 （××月××日××时）	天气性质	强　度	灾　情
64	082008—082302	暴雨、大风、冰雹	中度	有
65	082302—082508	降雨、大风	中弱	无
66	082508—082808	降雨、大风	弱	无
67	082808—090120	降雨、大风	弱	有
68	090120—090508	降雨、大风	弱	有
69	090917—091017	雨（高山区雪）、大风	弱	无
70	091114—091408	雨（高山区雪）、大风、沙尘暴	中强	无
71	091414—091523	雨（高山区雪）、大风	弱	无
72	091820—092208	降雨、大风	弱	无
73	092208—092608	雨（高山区雪）、大风	弱	无
74	092708—092908	暴雨、大风、沙尘暴	中度	有
75	092908—100308	暴雨（雪）、寒潮、大风、沙尘暴	中强	无
76	100520—100808	雨雪、大风	中弱	无
77	101005—101220	雨雪、寒潮、大风	中度	无
78	101717—101920	雨雪、大风	中弱	无
79	102008—102120	雨雪、大风	中弱	无
80	102708—102908	雨雪、大风	弱	无
81	110808—111108	雨雪、寒潮、大风	中强	无
82	111620—111808	暴雪、寒潮、大风	中度	无
83	112008—112408	暴雪、寒潮、大风、大雾	中强	无
84	112508—112920	暴雪、寒潮、大风、沙尘暴	强	有
85	120108—120308	降雪、大风	弱	无
86	120420—120708	降雪、大风	弱	无
87	120908—121108	降雪、大风	中弱	无
88	121308—121608	降雪、大风、降温	中弱	无
89	122120—122417	降雪、大风、降温	中弱	无
90	123002—123113	降雪	弱	无

第 3 章　2022 年中度及以上强度天气过程

3.1　1 月 21 日 20 时至 25 日 08 时北疆持续阴雾阴雪

3.1.1　天气实况综述

天气类型	持续阴雾阴雪	过程强度	中度
天气实况	①过程持续日数：5 d。 ②大雾站数：共 32 站(≤1000 m)，其中 30 站浓雾(≤500 m)，22 站强浓雾(≤200 m)，3 站特强浓雾(≤50 m)(图 3.1a)。21 日 20 时至 22 日 20 时大雾范围最大，其中 22 站大雾，18 站浓雾，13 站强浓雾，1 站特强浓雾(图 3.1b)。 ③大雾分布：伊犁州 7 站(伊宁、伊宁县、霍城、霍尔果斯、察布查尔、昭苏、尼勒克)，博尔塔拉蒙古自治州(简称博州)3 站(博乐、精河、温泉)，塔城地区 3 站(和布克赛尔、沙湾、乌苏)，阿勒泰地区 4 站(阿勒泰、阿克达拉、福海、吉木乃)，克拉玛依市 1 站(克拉玛依)，石河子市 2 站(石河子、炮台)，乌鲁木齐市 3 站(乌鲁木齐、米东、达坂城)，昌吉州 9 站(昌吉、蔡家湖、木垒、奇台、吉木萨尔、天池、北塔山、阜康、呼图壁)。 ④最小能见度：昌吉州蔡家湖站 45 m(1 月 22 日 03:24)。		

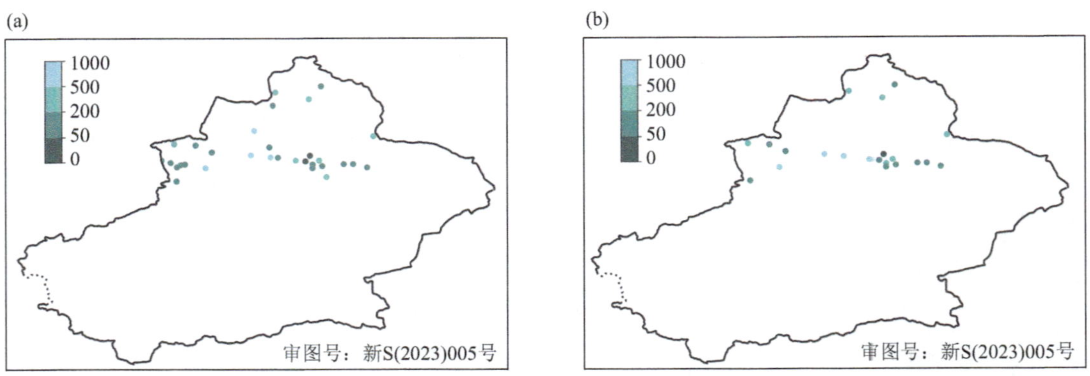

图 3.1　(a)1 月 21 日 20 时至 25 日 08 时过程最小能见度(单位：m)；(b)1 月 22 日最小能见度(单位：m)

3.1.2　环流形势

1 月 22 日至 25 日，500 hPa 新疆位于平均脊区，环流形势静稳(图 3.2a)，逆温层建立并维持，逆温强度为 4～6 ℃(图 3.2b)；地面蒙古高压强度为 1055 hPa，新疆处于蒙古高压底后部(图 3.2c)；北疆沿天山一带的近地层相对湿度达 80%～100%(图 3.2d)；利于北疆沿天山一带出现阴雾阴雪天气。

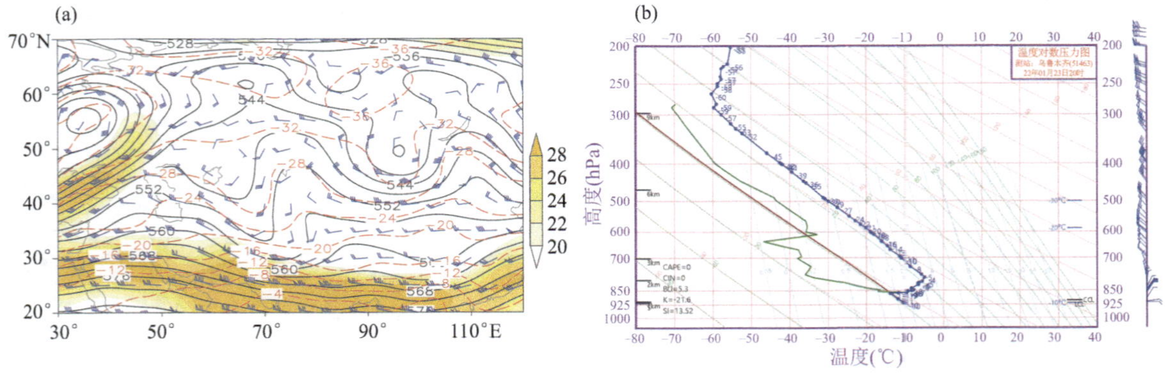

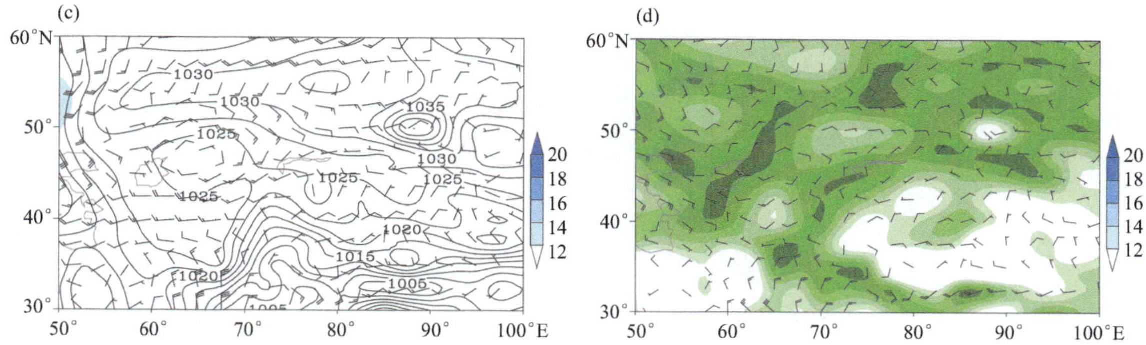

图 3.2　(a)1 月 22 日 20 时 500 hPa 高度场(黑实线,单位:dagpm)、风场(填色区,单位:m/s)、温度场(红虚线,单位:℃);(b)1 月 23 日 20 时乌鲁木齐站 T-ln$p$ 图;(c)海平面气压(黑实线,单位:hPa)和 850 hPa 风场(填色区,单位:m/s);(d)地面风场(单位:m/s)和相对湿度(填色区,单位:%)

3.2　2 月 14 日 20 时至 18 日 08 时北疆东疆寒潮、伊犁州局地暴雪、风口大风

3.2.1　天气实况综述

<table>
<tr><td>天气类型</td><td colspan="2">降雪、降温、大风</td><td>过程强度</td><td>中度</td></tr>
<tr><td>天气实况</td><td colspan="4">①降雪:北疆大部和阿克苏地区北部、吐鲁番市北部、哈密市小雪,其中伊犁州和塔城地区、阿勒泰地区北部、克拉玛依市、石河子市、乌鲁木齐市、昌吉州、阿克苏地区北部山区、哈密市北部等地的局部区域累计降雪量 3.1～16.7 mm,最大累计降雪中心位于伊犁州霍尔果斯站(图 3.3a)。
②降温:全疆大部气温下降 5～8 ℃;北疆大部、克州山区、阿克苏地区北部山区、巴州北部山区、吐鲁番市北部山区、哈密市下降 8～10 ℃,北疆大部、哈密市下降 10 ℃以上,出现寒潮。
③风:北疆大部、喀什地区、克州、哈密市出现 5 级左右西北风,风口风力 10～11 级。</td></tr>
<tr><td rowspan="3">灾害性天气</td><td>暴雪</td><td colspan="3">暴雪站数:1 站,出现在伊犁州(15 日)。
日最大降雪中心:伊犁州霍尔果斯站(15 日)13.6 mm。
最大小时雪强:新源县阿勒玛勒乡站 3.0 mm/h(17 日 12:00—13:00)。</td></tr>
<tr><td>寒潮</td><td colspan="3">寒潮站数:共 377 站・次(强寒潮 101 站・次,特强寒潮 62 站・次),16 日伊犁州东部山区、博州西部、塔城地区北部、阿勒泰地区北部、克州山区共 68 站(强寒潮 16 站,特强寒潮 17 站),17 日北疆大部和哈密市共 218 站(强寒潮 66 站,特强寒潮 39 站),18 日昌吉州东部、和田地区东部、巴州北部、吐鲁番市北部和哈密市共 91 站(强寒潮 19 站,特强寒潮 6 站)(图 3.3b)。
日最大降温中心:区域站博州温泉县查干屯格乡乌兰洪夏尔村降温 15.9 ℃(17 日),国家站昌吉州蔡家湖站降温 14.6 ℃(17 日)。
过程最低气温:区域站阿勒泰地区富蕴县吐尔洪乡拜依格托别村站最低气温−39.6 ℃(18 日 07:30),国家站巴州巴音布鲁克站−32.1 ℃(18 日 03:00)(图 3.3c)。</td></tr>
<tr><td>大风</td><td colspan="3">伊犁州、博州、塔城地区、阿勒泰地区、喀什地区、克州、和田地区南部、巴州山区、吐鲁番市北部、哈密市共 178 站出现 8 级以上大风,其中 10 级以上 31 站,12 级以上 1 站。过程极大风速,区域站为博州温泉县扎勒木特乡库站 33.1 m/s(15 日 17:00),国家站为哈密市十三间房站 28.3 m/s(16 日 20:00)(图 3.3d)。</td></tr>
</table>

3.2.2　环流形势

影响系统:100～200 hPa 偏西急流、500 hPa 西西伯利亚低涡低槽、锋区;700～850 hPa 偏西急流,地面冷高压、冷锋。

100～200 hPa:新疆受极涡底部锋区控制,2 月 17 日 08 时 200 hPa 偏西急流核最大风速达 50 m/s(图 3.4a)。

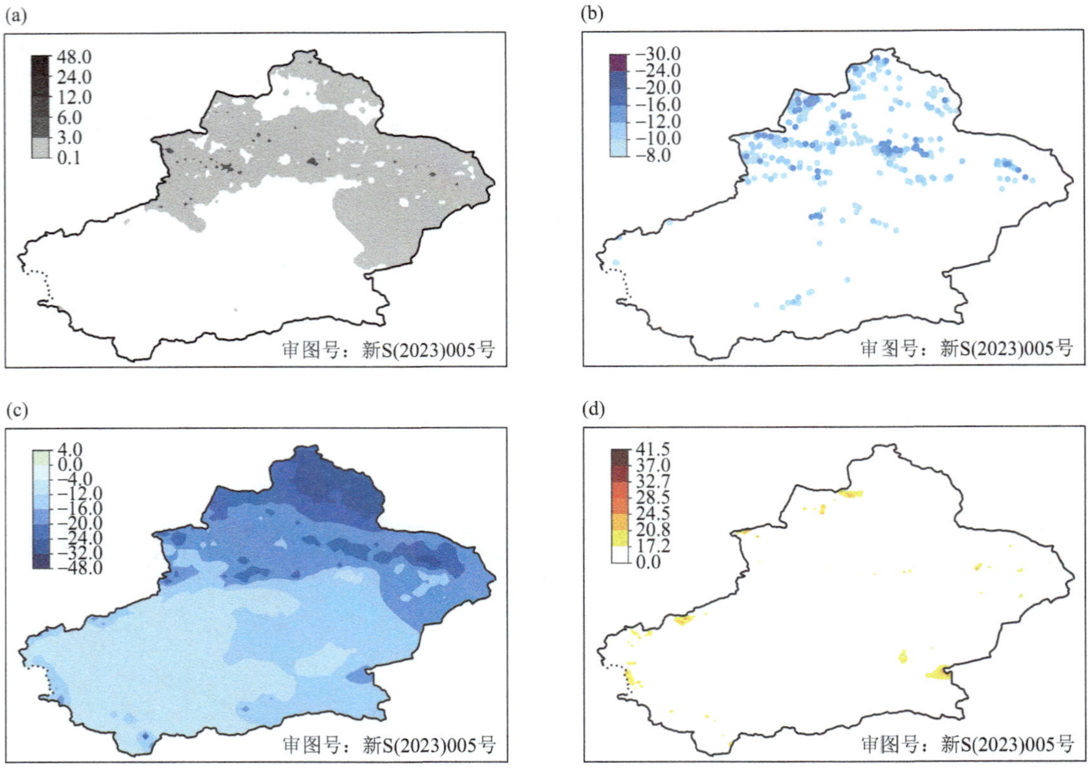

图 3.3 (a)2 月 14 日 20 时至 18 日 08 时过程累计降水量(单位：mm)；(b)过程最低气温 24 h 降温(单位：℃)；(c)过程最低气温(单位：℃)；(d)过程极大风速(单位：m/s)

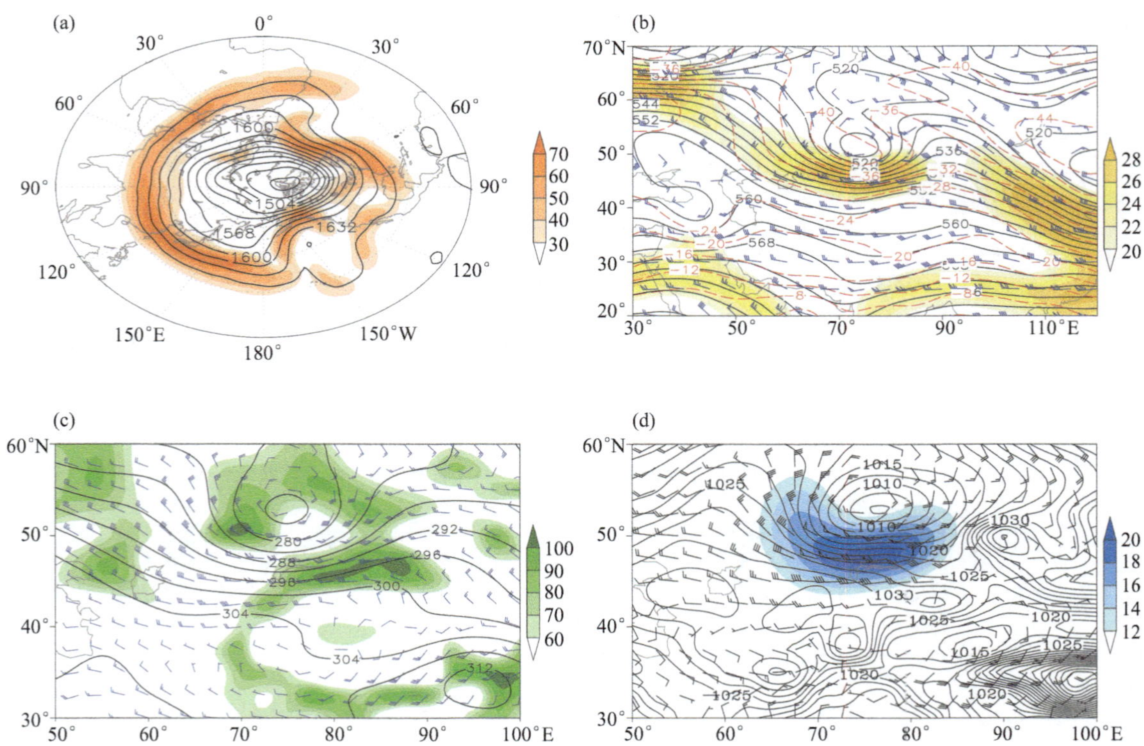

图 3.4 (a)2 月 15 日 08 时 100 hPa 高度场(实线，单位：dagpm)，填色区为风速≥30 m/s 的 200 hPa 急流；(b)500 hPa 高度场(黑实线，单位：dagpm)、风场(填色区，单位：m/s)、温度场(红虚线，单位：℃)；(c)700 hPa 风场(单位：m/s)和相对湿度(填色区，单位：%)；(d)海平面气压(黑实线，单位：hPa)和 850 hPa 风场(填色区，单位：m/s)

500 hPa：14 日欧亚范围中高纬为两槽两脊的经向环流，我国新疆至蒙古国为高压脊，西西伯利亚为槽区，中纬度锋区多短波槽活动。15 日受新疆脊阻挡和北支锋区冷空气补充，西西伯利亚低槽加深成涡，与中纬度锋区结合，低涡底部不断分裂短波槽东南下，16 日 20 时低涡减弱成槽快速东移，造成北疆、东疆多日降水。17 日低槽快速东南下，冷空气东灌造成南疆东部沙尘（图 3.4b）。

700～850 hPa：北疆西部 700 hPa（风速 16～26 m/s）和 850 hPa 有低空急流（风速 12～16 m/s），强降雪时北疆西部西风加强，有较强冷平流，配合地形抬升，有利于伊犁州北部东部强降雪（图 3.4c）。

地面：中心强度为 1042.5 hPa 的冷高压沿西方路径进入北疆（图 3.4d）。

3.3　3 月 13 日 11 时至 17 日 08 时伊犁州局地暴雪、风口大风

3.3.1　天气实况综述

<table>
<tr><td>天气类型</td><td colspan="2">雨雪、大风</td><td>过程强度</td><td>中度</td></tr>
<tr><td>天气实况</td><td colspan="4">①雨雪：北疆各地和克州、喀什地区、阿克苏地区北部、巴州、哈密市北部等地小雨或雨夹雪，其中伊犁州、博州、塔城地区、阿勒泰地区北部、克拉玛依市、石河子市、乌鲁木齐市、昌吉州、克州山区、巴州北部山区等地的部分区域累计降水量 6.1～50.5 mm，最大累计降水中心位于新源县阿热勒托别镇站（图 3.5a）。
②风：北疆大部、喀什地区、克州、阿克苏地区、吐鲁番市、哈密市出现 5～6 级西北风，风口风力 9～10 级，阵风 11 级。</td></tr>
<tr><td rowspan="2">灾害性天气</td><td>暴雪</td><td colspan="3">暴雪站数：1 站，出现在伊犁州（16 日）。
日最大降雪中心：伊犁州新源县阿勒玛勒乡站（16 日）24.5 mm。
最大小时雪强：伊犁州昭苏站 3.6 mm/h（16 日 11:00—12:00）。</td></tr>
<tr><td>大风</td><td colspan="3">博州西部、塔城地区北部、阿勒泰地区、喀什地区、克州、和田地区南部、巴州山区、吐鲁番市北部、哈密市共 237 站出现 8 级以上大风，其中 10 级以上 44 站，12 级以上 2 站。过程极大风速，区域站为克州阿克陶县布伦口乡盖孜村依热库如木站 39.2 m/s（15 日 18:00），国家站为塔城地区和布克赛尔站 26.3 m/s（16 日 08:00）（图 3.5b）。</td></tr>
</table>

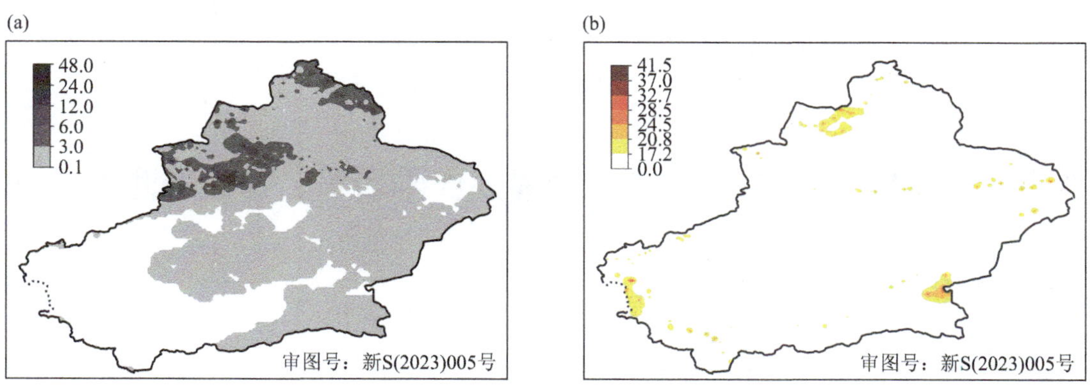

图 3.5　(a)3 月 13 日 11 时至 17 日 08 时过程累计降水量（单位：mm）；(b)过程极大风速（单位：m/s）

3.3.2　环流形势

影响系统：100～200 hPa 偏西急流、500 hPa 西西伯利亚低涡、中纬度强锋区、700～850 hPa 偏西急流、地面冷高压、冷锋。

100～200 hPa：新疆受极涡底部锋区控制，17 日 08 时 200 hPa 偏西急流核最大风速达 80 m/s（图 3.6a）。

500 hPa：欧亚范围中纬度为纬向环流，里海、咸海至蒙古国一带为强锋区，锋区短波活跃。东欧平原

为高压脊，西西伯利亚地区为低涡，3 月 14 日 20 时，东欧脊向东北发展，西西伯利亚低涡西退，与黑海地区低槽结合，中纬度锋区加强分裂短波东移，造成北疆降水大风天气(图 3.6b)。

700～850 hPa：16 日 08 时伊犁河谷 850 hPa 有低空急流(风速>12 m/s)，并伴有较强冷平流，配合其向西开口的喇叭口地形，造成北部东部强降雪(图 3.6c)。

地面：西西伯利亚地区冷高压受北方冷空气补充，16 日加强至 1042.5 hPa，其前沿进入北疆，中心强度达 1030 hPa，地面冷锋受天山阻挡在北疆沿天山一带长时间维持，造成多日降水(图 3.6d)。

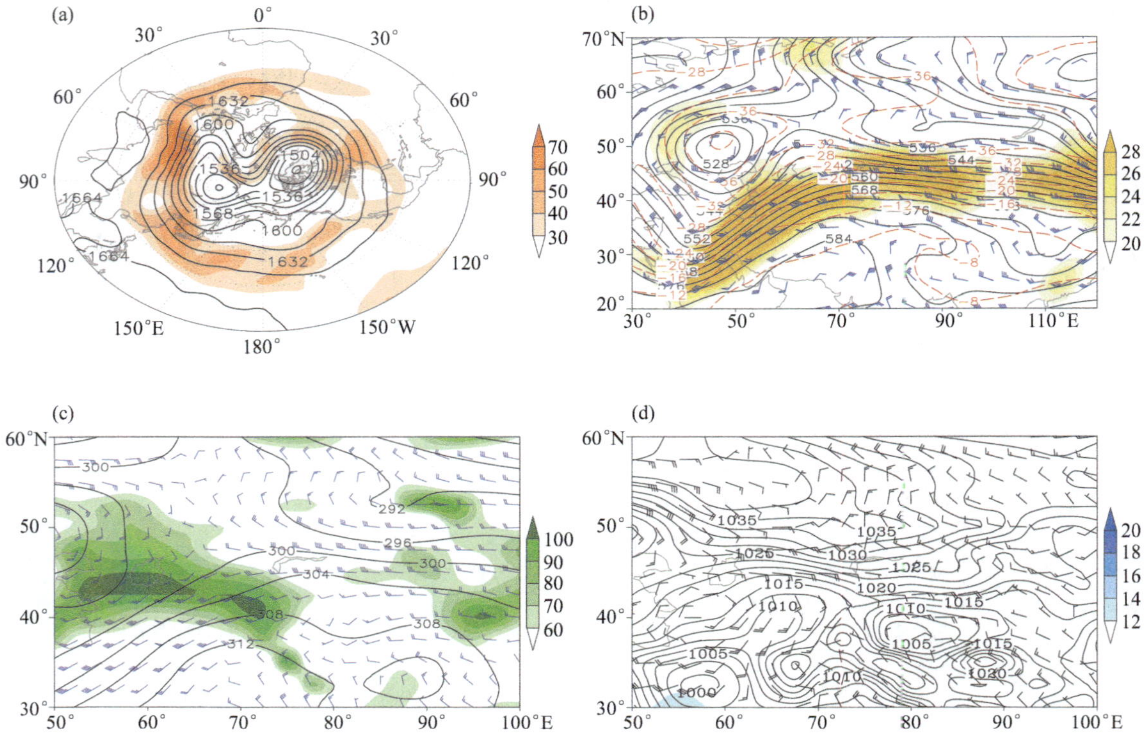

图 3.6 (a)3 月 16 日 20 时 100 hPa 高度场(实线，单位：dagpm)，填色区为风速≥30 m/s 的 200 hPa 急流；(b)500 hPa 高度场(黑实线，单位：dagpm)、风场(填色区，单位：m/s)、温度场(红虚线，单位：℃)；(c)700 hPa 风场(单位：m/s)和相对湿度(填色区，单位：%)；(d)海平面气压(黑实线，单位：hPa)和 850 hPa 风场(填色区，单位：m/s)

3.4 3 月 18 日 14 时至 22 日 20 时全疆大部雨转雪、大风、局地暴雨、沙尘暴

3.4.1 天气实况综述

天气类型	雨雪、大风、沙尘暴	过程强度	中强
天气实况	①雨雪：北疆大部和喀什地区山区、克州、阿克苏地区、巴州、哈密市小雨转雨夹雪或雪，其中伊犁州、塔城地区北部、阿勒泰地区北部、石河子市、乌鲁木齐市山区、昌吉州、喀什地区南部山区、克州山区、阿克苏地区西部北部、巴州北部山区等地的部分区域累计降水量 6.1～64.2 mm，最大累计降水中心位于阿克苏地区温宿县柯柯牙镇塔格拉克村站(图 3.7a)。 ②风沙：北疆大部、喀什地区、克州、阿克苏地区、吐鲁番市、哈密市出现 6 级左右西北风，风口风力 10～12 级、阵风 13～14 级；南疆塔里木盆地中东部出现 5～6 级偏东风、阵风 8～9 级；和田地区东部、巴州南部等地的部分地区出现沙尘天气，局地沙尘暴。		

续表

灾害性天气	暴雨	暴雨站数：共 8 站，其中 20 日 7 站（阿克苏地区温宿县、拜城县），21 日 1 站（温宿县）。 日最大降雨中心：拜城县亚吐尔乡古勒阿塔村站（20 日）37.4 mm。 最大小时雨强：伊犁州巩留县库尔德宁镇木材检查站 8.6 mm/h（21 日 09:00—10:00）。
	大风	博州西部、塔城地区北部、喀什地区、克州、和田地区南部、巴州山区、吐鲁番市北部、哈密市共 329 站出现 8 级以上大风，其中 10 级以上 70 站，12 级以上 7 站，14 级以上 1 站。过程极大风速，区域站为克州阿克陶县布伦口乡盖孜村依热库如木站 43.7 m/s（18 日 18:00），国家站为哈密市十三间房站 32.9 m/s（21 日 05:00）（图 3.7b）。
	沙尘暴	于田站强沙尘暴，最小能见度 489 m。
灾情	17 日至 21 日，伊犁州霍城县连续降雨、大风造成农作物受灾，房屋受损。 18 日下午，克州阿克陶县大风造成基础设施受损。	

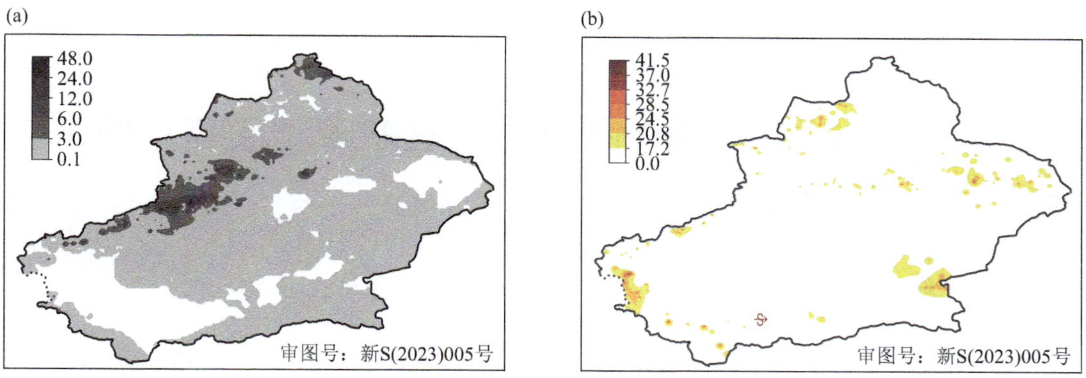

图 3.7　(a)3 月 18 日 14 时至 22 日 20 时过程累计降水量（单位：mm）；(b)过程极大风速（单位：m/s）

3.4.2　环流形势

影响系统：100～200 hPa 偏西急流、500 hPa 西西伯利亚低值系统、中纬度强锋区、700～850 hPa 偏东急流、地面冷高压。

100～200 hPa：新疆受极涡底部锋区控制，100 hPa 偏西急流核最大风速达 62 m/s（图 3.8a）。

500 hPa：欧亚范围上下游槽脊系统调整频繁，东欧平原为高压脊，西西伯利亚为低槽区，中纬度里海、咸海至内蒙古一线为强锋区。18 日 20 时和 20 日 20 时，东欧脊两次向东北方向发展，脊前西北气流引导北方冷空气南下，在西西伯利亚低地区堆积，极锋锋区与中纬度锋区汇合，不断分裂短波东移，造成此次全疆综合性天气过程（图 3.8b）。

700～850 hPa：偏东急流控制南疆盆地，700 hPa 最大风速达到 26 m/s，西北、偏南和偏东三股气流在阿克苏地区汇合，配合天山南麓有利地形，造成阿克苏北部至巴州北部强降水（图 3.8c）。

地面：冷高压主体位于东欧平原，中心强度为 1047.5 hPa，高压主体位置少动，其前沿不断分裂小高压东移南下，对新疆地区造成影响（图 3.8d）。

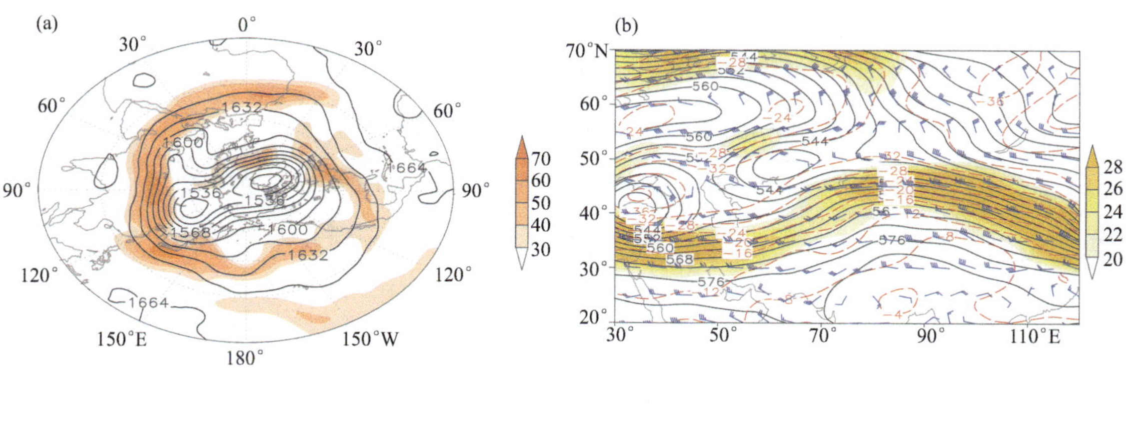

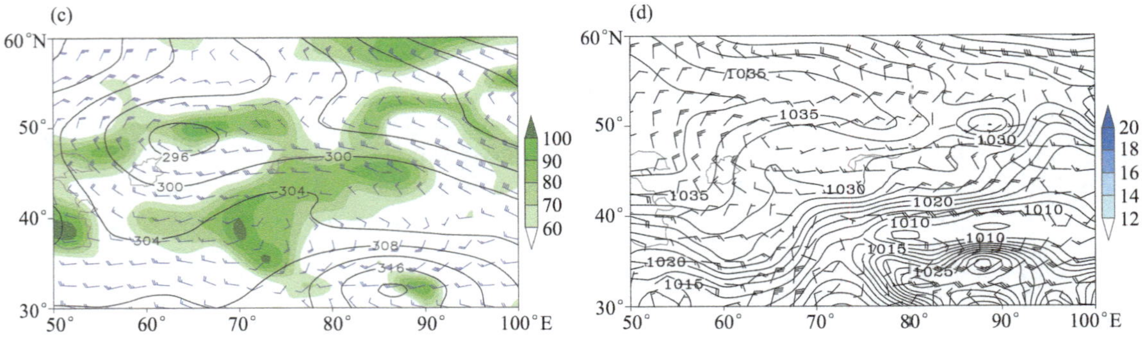

图 3.8 (a)3 月 19 日 08 时 100 hPa 高度场(实线,单位:dagpm),填色区为风速≥30 m/s 的 200 hPa 急流;
(b)500 hPa 高度场(黑实线,单位:dagpm)、风场(填色区,单位:m/s)、温度场(红虚线,单位:℃);
(c)700 hPa 风场(单位:m/s)和相对湿度(填色区,单位:%);
(d)海平面气压(黑实线,单位:hPa)和 850 hPa 风场(填色区,单位:m/s)

3.5 3 月 22 日 20 时至 25 日 20 时北疆东疆寒潮、北疆南疆局地暴雪、南疆沙尘暴、风口大风

3.5.1 天气实况综述

<table>
<tr><td>天气类型</td><td colspan="2">雨雪、寒潮、大风、沙尘暴</td><td>过程强度</td><td>中强</td></tr>
<tr><td>天气实况</td><td colspan="4">①雨雪:北疆大部和喀什地区南部山区、克州、阿克苏地区、巴州山区、哈密市北部小雨或雪,其中伊犁州、塔城地区、阿勒泰地区、乌鲁木齐市、昌吉州山区、克州山区、阿克苏地区北部、巴州北部山区等地的部分区域累计降水量 6.1～37.9 mm,最大累计降水中心位于伊犁州伊宁县喀拉亚尕奇乡吉尔格朗村站(图 3.9a)。
②降温:全疆大部气温下降 5～8 ℃;塔城地区、阿勒泰地区、巴州、吐鲁番市北部山区、哈密市下降 8～10 ℃,山区局地下降 10 ℃以上,出现寒潮。
③风沙:北疆大部、克州、吐鲁番市、哈密市出现 6 级左右西北风,风口风力 10～11 级、阵风 12～13 级;南疆塔里木盆地出现 5～6 级偏东风、阵风 8～9 级。喀什地区、和田地区、阿克苏地区、巴州南部的部分地区出现沙尘天气,局地沙尘暴。</td></tr>
<tr><td rowspan="4">灾害性天气</td><td>暴雪</td><td colspan="3">暴雪站数:共 8 站,其中 23 日 12 站(伊犁州、阿勒泰地区),24 日 7 站(伊犁州),25 日 5 站(阿克苏地区北部、克州)。
日最大降雪中心:伊犁州霍城县大西沟乡麻子沟站(23 日)25.4 mm。
最大小时雪强:阿勒泰市拉斯特乡小东沟鹊吉克桥站 6.4 mm/h(25 日 16:00—17:00)。</td></tr>
<tr><td>寒潮</td><td colspan="3">寒潮站数:共 160 站·次(强寒潮 39 站·次,特强寒潮 18 站·次),24 日塔城地区北部、阿勒泰地区共 67 站(强寒潮 23 站,特强寒潮 15 站),25 日巴州、吐鲁番市、哈密市共 93 站(强寒潮 16 站,特强寒潮 3 站)(图 3.9b)。
日最大降温中心:区域站阿勒泰地区福海县夏牧场牧办站降温 17.2 ℃(24 日),国家站阿勒泰地区青河站降温 15.1 ℃(24 日)。
过程最低气温:区域站阿勒泰地区富蕴县吐尔洪乡拜依格托别村站最低气温－29.1 ℃(24 日 07:40),国家站阿勒泰地区青河站－19.7 ℃(24 日 07:34)(图 3.9c)。</td></tr>
<tr><td>大风</td><td colspan="3">博州西部、塔城地区北部、阿勒泰地区西部、克州、巴州山区、吐鲁番市、哈密市等地共 391 站出现 8 级以上大风,其中 10 级以上 67 站,12 级以上 3 站。过程极大风速,区域站为吐鲁番市小草湖服务区站 28.0 m/s(24 日 06:00),国家站为哈密市十三间房站 31.6 m/s(24 日 16:00)(图 3.9d)。</td></tr>
<tr><td>沙尘暴</td><td colspan="3">莎车、皮山、墨玉、阿拉尔、民丰、若羌 6 站沙尘暴,墨玉、民丰、阿拉尔 3 站强沙尘暴,最小能见度民丰站 234 m。</td></tr>
<tr><td>灾情</td><td colspan="4">22 日至 25 日,伊犁州霍城县连续雨雪造成牲畜死亡。</td></tr>
</table>

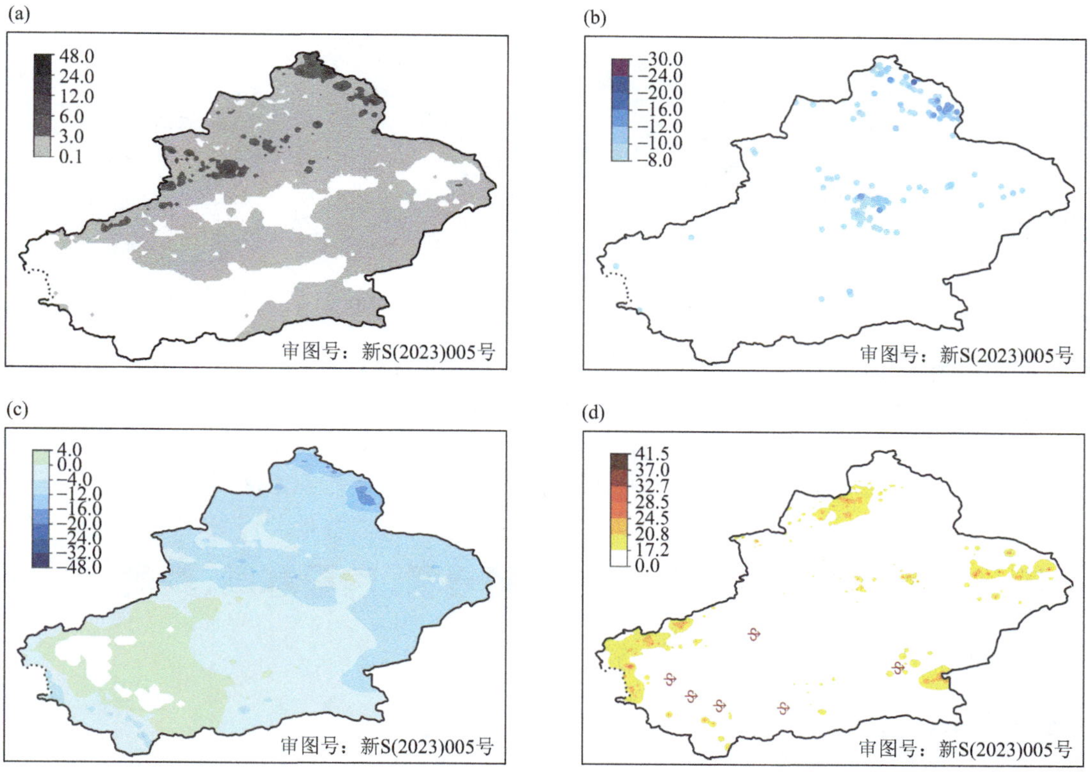

图 3.9　(a)3 月 22 日 20 时至 25 日 20 时过程累计降水量(单位:mm);(b)过程最低气温 24 h 降温(单位:℃);(c)过程最低气温(单位:℃);(d)过程极大风速(单位:m/s)

3.5.2　环流形势

影响系统:100～200 hPa 偏西急流、500 hPa 西西伯利亚低槽、中纬度弱波动、700～850 hPa 北疆偏西急流和南疆偏东急流、地面冷高压。

100～200 hPa:新疆受极涡底部极锋锋区控制,3 月 23 日 08 时 100 hPa 偏西急流核最大风速达 60 m/s(图 3.10a)。

500 hPa:欧亚范围中高纬为两槽两脊的环流型,西西伯利亚地区为宽广的槽区,22 日受极地冷空气补充,西西伯利亚低槽快速发展东移,南下过程中其底部锋区与中纬度弱波动叠加,共同造成全疆综合性天气过程(图 3.10b)。

700～850 hPa:3 月 23 日 08 时 700 hPa 北疆西风急流最大风速达 26 m/s;3 月 24 日 20 时 850 hPa 南疆偏东急流最大风速达 12 m/s(图 3.10c)。

地面:偏西路径冷高压进入新疆地区,中心强度为 1032.5 hPa(图 3.10d)。

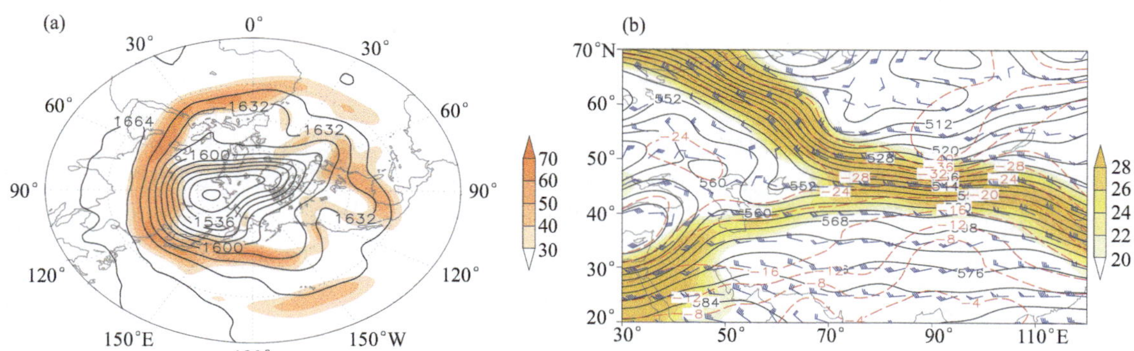

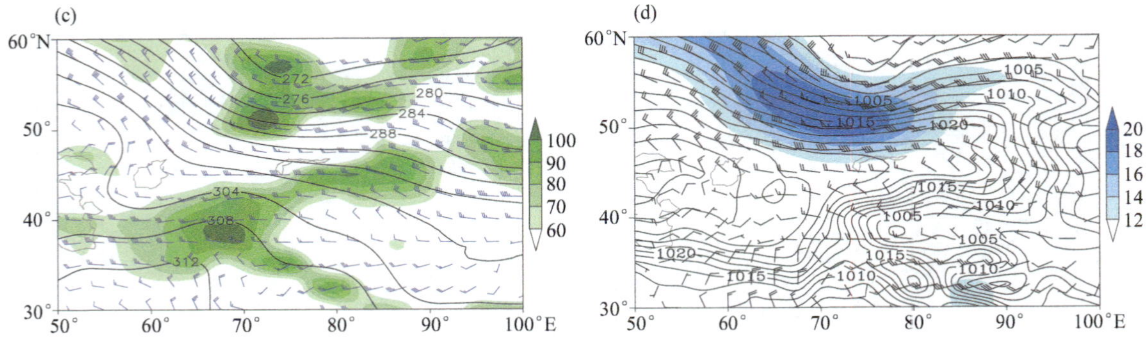

图 3.10 (a)3 月 23 日 20 时 100 hPa 高度场(实线,单位:dagpm),填色区为风速≥30 m/s 的 200 hPa 急流;
(b)500 hPa 高度场(黑实线,单位:dagpm)、风场(填色区,单位:m/s)、温度场(红虚线,单位:℃);
(c)700 hPa 风场(单位:m/s)和相对湿度(填色区,单位:%);
(d)海平面气压(黑实线,单位:hPa)和 850 hPa 风场(填色区,单位:m/s)

3.6 3 月 29 日 05 时至 30 日 20 时北疆暴雪、南疆寒潮、暴雨、沙尘暴、风口大风

3.6.1 天气实况综述

天气类型	雨雪、大风、降温、沙尘暴	过程强度	中度
天气实况	①雨雪:北疆大部和喀什地区、克州、阿克苏地区北部西部、巴州山区、哈密市北部小雨或雪,其中伊犁州、塔城地区南部、石河子市、乌鲁木齐市、昌吉州山区、喀什地区山区、克州山区、和田地区南部山区、阿克苏地区北部、巴州北部山区等地的部分区域累计降水量 6.1～26.0 mm,最大累计降雨中心位于和田地区皮山县巴什兰干乡萨干村站(图 3.11a)。 ②降温:全疆大部气温下降 5～8 ℃;喀什地区、克州、和田地区、阿克苏地区的部分区域下降 8～10 ℃,出现寒潮。 ③风沙:北疆大部、克州、吐鲁番市、哈密市出现 6 级左右西北风,风口风力 10～11 级、阵风 12～13 级;喀什地区、和田地区、阿克苏地区、巴州出现沙尘天气,局地沙尘暴。		
灾害性天气	暴雪	暴雪站数:30 日 4 站(伊犁州北部山区、阿勒泰地区北部山区、乌鲁木齐市南部山区、昌吉州东部) 日最大降雪中心:伊犁州伊宁县喀拉亚尕奇乡吉尔格朗村站(30 日)14.7 mm。 最大小时雪强:昌吉州木垒县大南沟站 5.1 mm/h(30 日 10:00—11:00)。	
	暴雨	暴雨站数:30 日 1 站(和田地区)。 日最大降雨中心:区域站和田地区皮山县阔什塔格乡吐格曼站(30 日)26.0 mm,国家站塔城地区乌苏站(30 日)12.3 mm。 最大小时雨强:区域站阿克苏地区阿克苏市拜什吐格曼乡站 8.3 mm/h(29 日 18:00—19:00),国家站塔城地区乌苏站 5.2 mm/h(29 日 18:00—19:00)。	
	寒潮	寒潮站数:30 日喀什地区、克州、和田地区、阿克苏地区共 54 站(强寒潮 15 站,特强寒潮 7 站)(图 3.11b)。 日最大降温中心:区域站克州阿克陶苏巴什村降温 15.3 ℃(30 日),国家站克州阿图什站降温 8 ℃(30 日)。 过程最低气温:区域站阿勒泰地区富蕴县夏牧场牧办站最低气温−23.2 ℃(30 日 07:30),国家站克州吐尔尕特站−13.9 ℃(30 日 09:07)(图 3.11c)。	
	大风	伊犁州、博州西部、塔城地区北部、阿勒泰地区西部、昌吉州东部、克州、巴州山区、吐鲁番市、哈密市等地共 671 站出现 8 级以上大风,其中 10 级以上 189 站,12 级以上 19 站。过程极大风速,区域站为塔城地区托里县多拉特乡加尔巴斯洪沟站 39.8 m/s(30 日 02:00),国家站为塔城地区和布克赛尔站 31.4 m/s(30 日 06:00)(图 3.11d)。	
	沙尘暴	洛浦、皮山 2 站强沙尘暴,最小能见度洛浦站 269 m。	
灾情	29 日夜间至 30 日,克拉玛依市大风造成城市公共设施受损。 29 日至 30 日,伊犁州新源县、霍城县大风造成农作物受灾,房屋、蔬菜大棚和公共设施受损。		

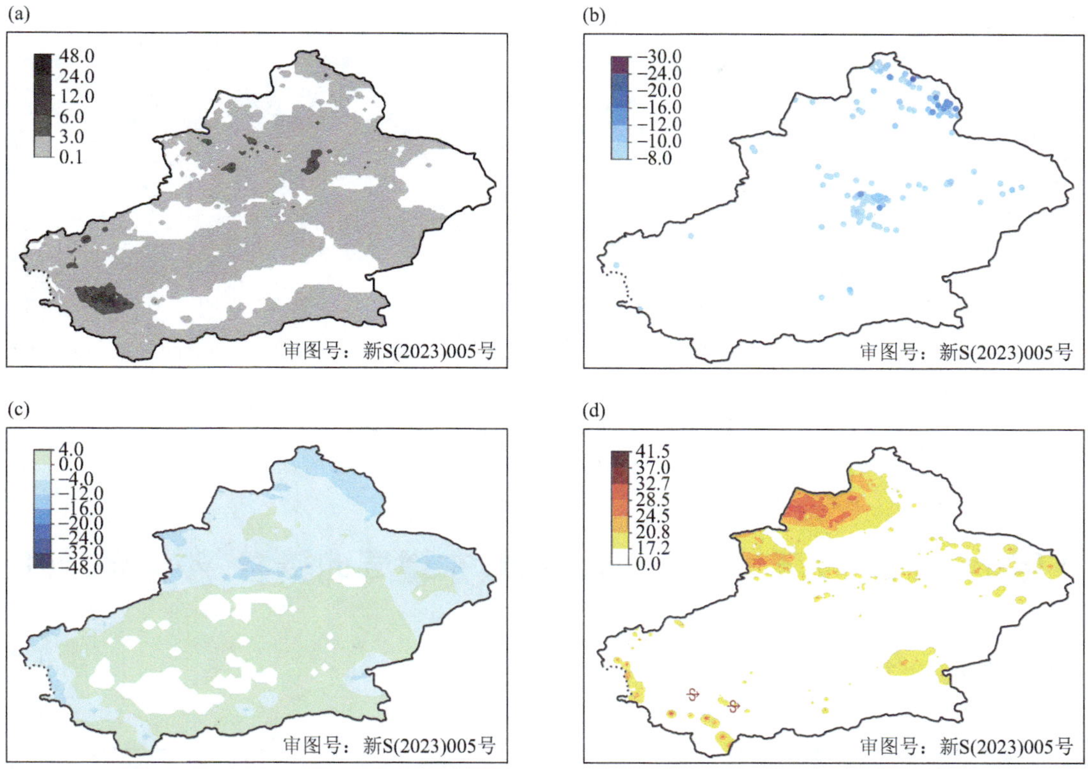

图 3.11　(a)3 月 29 日 05 时至 30 日 20 时过程累计降水量(单位:mm);(b)过程最低气温 24 h 降温(单位:℃);(c)过程最低气温(单位:℃);(d)过程极大风速(单位:m/s)

3.6.2　环流形势

影响系统:100～200 hPa 偏西急流、500 hPa 东欧平原低涡底部低槽、中纬度强锋区、700～850 hPa 北疆偏西急流和南疆偏东急流、地面鞍形场。

100～200 hPa:新疆受极涡底部极锋锋区控制,29 日 08 时 200 hPa 南疆偏西急流核最大风速达 84 m/s(图 3.12a)。

500 hPa:欧亚范围中高纬为两槽一脊的环流型,东欧平原为强大的低涡,低涡经向度大,其底部锋区南伸至 40°N 以南。3 月 29 日锋区上的短波槽脱离低涡主体,快速东移南下,造成南北疆分散的降水、降温、风沙天气(图 3.12b)。

700～850 hPa:29 日 08 时 700 hPa 北疆西风急流最大风速达 18 m/s;29 日 20 时 850 hPa 南疆偏东急流最大风速达 22 m/s(图 3.12c)。

地面:新疆地区的海平面气压场为鞍形场中,利于锋生;高压前沿等压线密集,利于大风天气的产生(图 3.12d)。

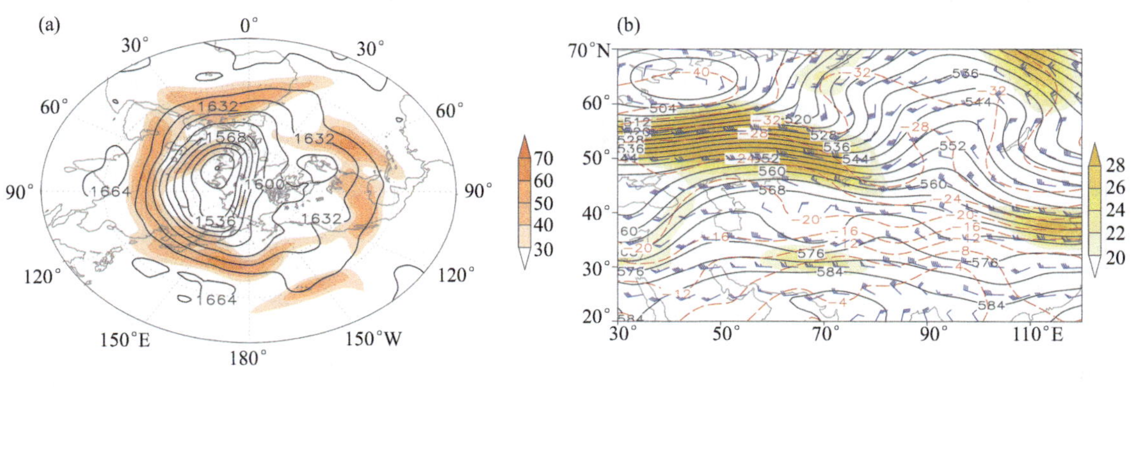

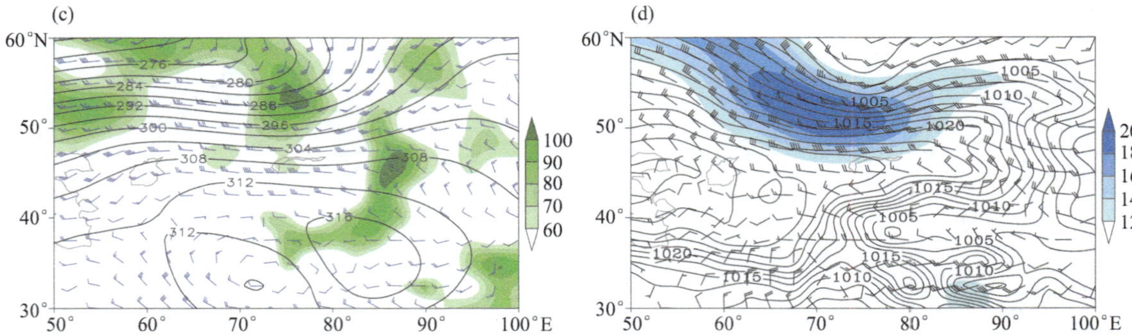

图 3.12 (a)3 月 30 日 08 时 100 hPa 高度场(实线,单位:dagpm),填色区为风速≥30 m/s 的 200 hPa 急流;
(b)500 hPa 高度场(黑实线,单位:dagpm)、风场(填色区,单位:m/s)、温度场(红虚线,单位:℃);
(c)700 hPa 风场(单位:m/s)和相对湿度(填色区,单位:%);
(d)海平面气压(黑实线,单位:hPa)和 850 hPa 风场(填色区,单位:m/s)

3.7 4 月 14 日 10 时至 16 日 20 时南疆、东疆局地暴雪、沙尘暴、风口大风

3.7.1 天气实况综述

天气类型	雨雪、大风、沙尘暴	过程强度	中度
天气实况	①雨雪:伊犁州山区、阿勒泰地区山区、喀什地区山区、克州、和田地区、阿克苏地区西部北部、巴州山区、哈密市北部小雨或雪,其中喀什地区南部山区、和田地区南部山区、巴州南部山区、哈密市北部等地的部分区域累计降水量 6.6~33.6 mm,最大累计降雪中心位于巴州且末县邦泰采矿厂站(图 3.13a)。 ②风沙:北疆大部、南疆西部、巴州北部、吐鲁番市、哈密市出现 6 级左右西北风,风口风力 10~11 级、阵风 12~13 级;南疆塔里木盆地 5~6 级偏东风、阵风 8~9 级。南疆大部、吐鲁番市、哈密市出现沙尘天气,局地沙尘暴。		
灾害性天气	暴雪	暴雪站数:共 3 站,其中 15 日 2 站(哈密市北部山区),16 日 1 站(巴州南部山区) 日最大降雪中心:巴州且末县邦泰采矿厂站(16 日)23.3 mm。 最大小时雪强:哈密市伊吾县军马场站 3.4 mm/h(15 日 11:00—12:00)。	
	大风	伊犁州、塔城地区北部、阿勒泰地区、克拉玛依市、昌吉州东部、喀什地区、克州、和田地区南部、阿克苏地区北部、巴州、吐鲁番市、哈密市等地共 540 站出现 8 级以上大风,其中 10 级以上 74 站,12 级以上 11 站。过程极大风速,区域站为吐鲁番市高昌区七泉湖镇站 40.9 m/s(15 日 07:00),国家站为哈密市十三间房站 29.3 m/s(15 日 10:00)(图 3.13b)。	
	沙尘暴	岳普湖、鄯善 2 站强沙尘暴,最小能见度岳普湖站 159 m。	
灾情	14 日至 16 日阿勒泰地区阿勒泰市、吐鲁番市高昌区、鄯善县大风天气造成农作物受灾。		

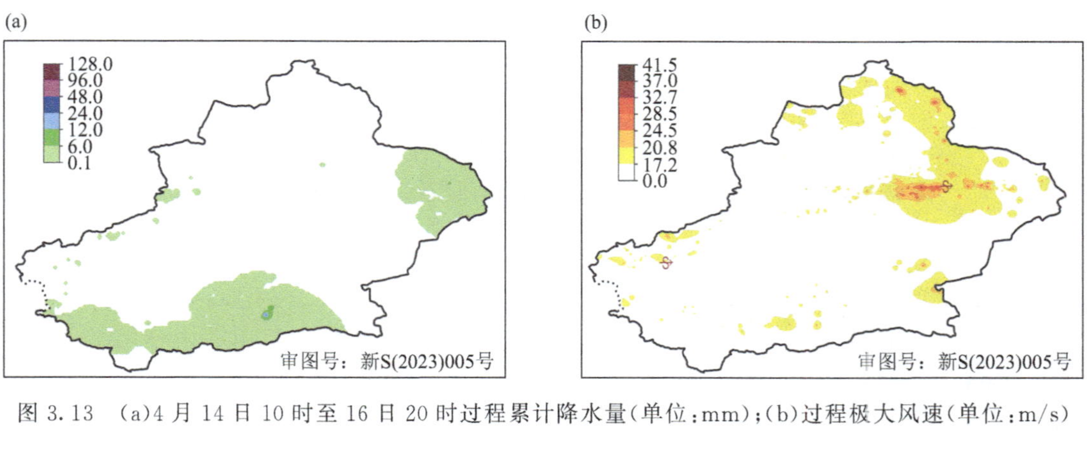

图 3.13 (a)4 月 14 日 10 时至 16 日 20 时过程累计降水量(单位:mm);(b)过程极大风速(单位:m/s)

3.7.2　环流形势

影响系统：100～200 hPa 偏西急流、500 hPa 新疆东部低涡、700～850 hPa 干区、切变线和南疆偏东急流、地面蒙古高压和南疆盆地热低压。

100～200 hPa：新疆受极涡底后部锋区控制，4 月 14 日 20 时 200 hPa 偏西急流核最大风速达 40 m/s（图 3.14a）。

500 hPa：欧亚范围中高纬为两槽一脊的环流型，东欧平原和北疆至鄂霍次克海为槽区，蒙古国西部为低涡，中亚至西西伯利亚为高压脊。4 月 14 日蒙古低涡逆转，分裂短波东移，造成全疆大部大风、南疆东疆沙尘、东疆等地分散性降水天气（图 3.14b）。

700～850 hPa：14 日 20 时 700 hPa 全疆大部无明显湿区，天山山区有弱切变；16 日 08 时 850 hPa 南疆偏东急流最大风速达 16 m/s（图 3.14c）。

地面：蒙古国地区冷高压中心强度为 1045 hPa，我国南疆盆地热低压中心强度为 1010 hPa，气压梯度较大，利于大风沙尘天气的产生（图 3.14d）。

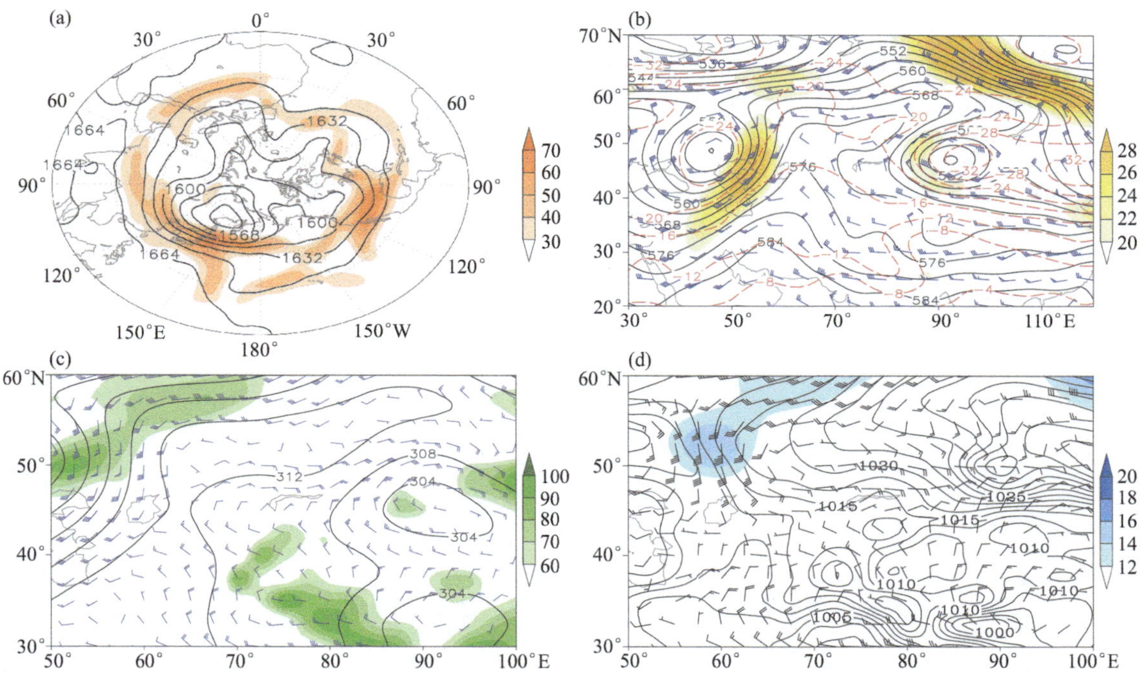

图 3.14　(a)4 月 14 日 20 时 100 hPa 高度场（实线，单位：dagpm），填色区为风速≥30 m/s 的 200 hPa 急流；(b)500 hPa 高度场（黑实线，单位：dagpm）、风场（填色区，单位：m/s）、温度场（红虚线，单位：℃）；(c)700 hPa 高度场（黑实线，单位：dagpm）、风场（单位：m/s）和相对湿度（填色区，单位：%）；(d)海平面气压（黑实线，单位：hPa）和 850 hPa 风场（填色区，单位：m/s）

3.8　4 月 19 日 14 时至 21 日 20 时北疆东疆大风

3.8.1　天气实况综述

天气类型	大风、雨雪	过程强度	中度
天气实况	①风沙：北疆大部、南疆西部、巴州北部、吐鲁番市、哈密市出现 5～6 级西北风，风口风力 9～10 级，阵风 11～12 级；巴州南部 5～6 级偏东风，阵风 8～9 级；喀什地区、克州、阿克苏地区、巴州南部、吐鲁番市、哈密市局地出现沙尘天气。 ②雨雪：伊犁州、阿勒泰地区北部、乌鲁木齐市南部山区、喀什地区南部山区、克州、阿克苏地区北部、巴州北部山区小雨或雪，其中伊犁州山区、乌鲁木齐市南部山区、克州等地的局部区域累计降水量 6.2～8.8 mm，最大累计降雨中心位于克州乌恰县乌鲁克恰提乡萨热克巴依村站（图 3.15a）。		

续表

灾害性天气	大风	博州、塔城地区北部、阿勒泰地区、克拉玛依市、昌吉州东部、喀什地区山区、克州、和田地区南部山区、阿克苏地区北部、巴州、吐鲁番市、哈密市等地共 585 站出现 8 级以上大风,其中 10 级以上 130 站,12 级以上 6 站。过程极大风速,区域站为塔城地区和布克赛尔县铁布肯乌散乡阿吾斯奇站 34.5 m/s(19 日 18:00),国家站为博州阿拉山口站 27.6 m/s(19 日 22:00)(图 3.15b)。
灾情	19 日 15:00 至 20 日 01:00,克拉玛依市城区大风造成公共设施损坏。	

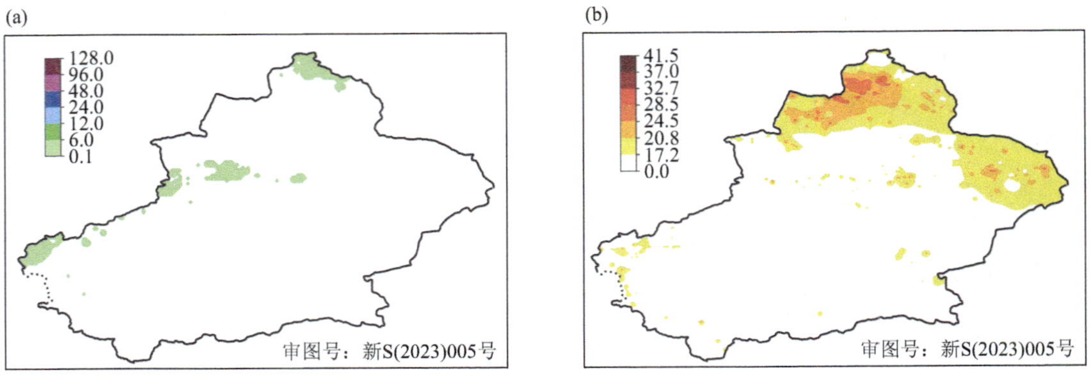

图 3.15 (a)4 月 19 日 14 时至 21 日 20 时过程累计降水量(单位:mm);(b)过程极大风速(单位:m/s)

3.8.2 环流形势

影响系统:100~200 hPa 偏西急流、500 hPa 西西伯利亚低涡和中亚低涡、700~850 hPa 干区、北疆北部偏西急流和南疆偏东急流、地面蒙古高压和南疆盆地热低压。

100~200 hPa:新疆受极涡底后部锋区控制,4 月 19 日 20 时 200 hPa 偏西急流核最大风速达 54 m/s(图 3.16a)。

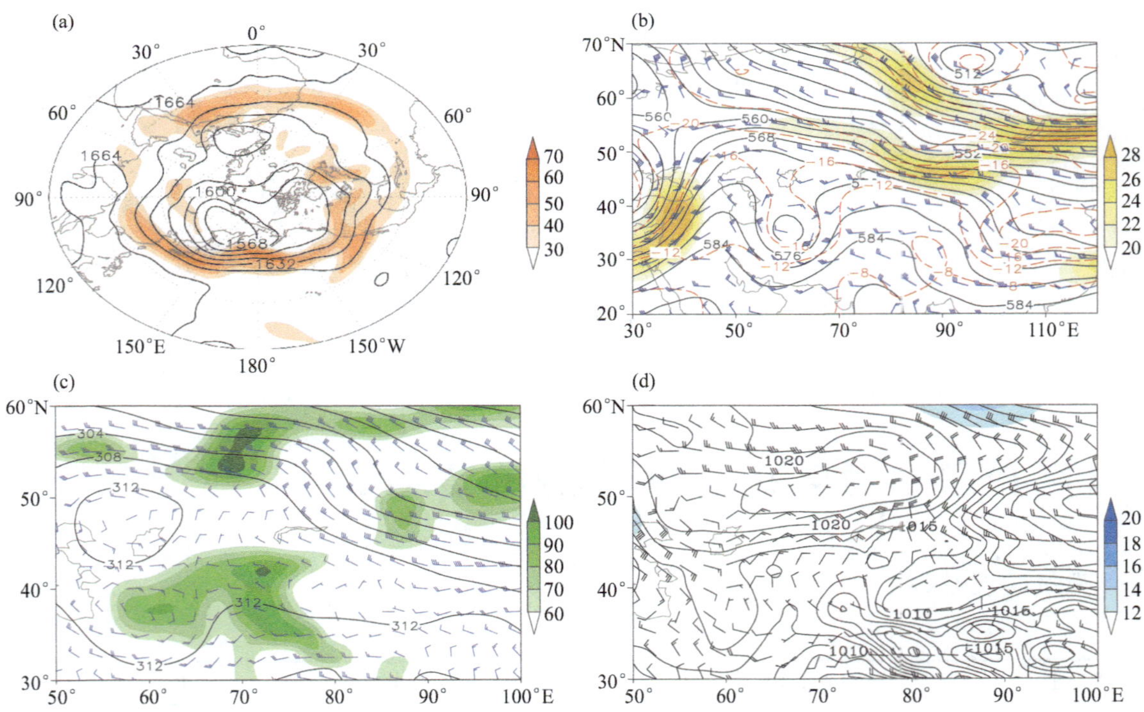

图 3.16 (a)4 月 19 日 20 时 100 hPa 高度场(实线,单位:dagpm),填色区为风速≥30 m/s 的 200 hPa 急流;(b)500 hPa 高度场(黑实线,单位:dagpm)、风场(填色区,单位:m/s)、温度场(红虚线,单位:℃);(c)700 hPa 高度场(黑实线,单位:dagpm)、风场(单位:m/s)和相对湿度(填色区,单位:%);(d)海平面气压(黑实线,单位:hPa)和 850 hPa 风场(填色区,单位:m/s)

500 hPa：欧亚范围中高纬为两槽一脊的环流环流型，中亚地区为低值系统，西西伯利亚至鄂霍次克海为宽广槽区，里海、咸海北部为高压脊。4 月 19 日西西伯利亚低涡底部锋区南压，分裂短波东南下，配合中亚低涡分裂短波槽东移，造成全疆大部大风局地沙尘、伊犁州、南疆西部山区等地局地降水天气(图 3.16b)。

700～850 hPa：19 日 20 时 700 hPa 全疆大部无明显湿区，北疆北部有偏西急流和弱切变；20 日 08 时 850 hPa 南疆偏东急流最大风速达 12 m/s(图 3.16c)。

地面：偏西路径冷高压进入我国北疆，中心强度为 1022.5 hPa，20 日东移至蒙古国地区，中心强度为 1015 hPa，南疆盆地热低压中心强度为 997.5 hPa，气压梯度较大，利于大风沙尘天气的产生(图 3.16d)。

3.9　4 月 23 日 08 时至 25 日 08 时北疆西部暴雨、南疆沙尘暴、风口大风

3.9.1　天气实况综述

天气类型	雨雪、大风、沙尘暴	过程强度	中度
天气实况	①雨雪：北疆大部和喀什地区南部山区、克州山区、阿克苏地区北部山区、和田地区南部、巴州山区、吐鲁番市、哈密市北部小雨或雪，其中伊犁州、塔城地区北部、阿勒泰地区、昌吉州东部、哈密市北部、和田地区南部的局部区域累计降水量 6.1～27.3 mm，最大累计降雨中心位于阿勒泰地区吉木乃站及塔城地区裕民县塔斯特风景区站(图 3.17a)。 ②风沙：北疆大部、南疆西部、巴州北部、吐鲁番市、哈密市出现 5～6 级西北风，风口风力 9～10 级，阵风 11～12 级。南疆大部、吐鲁番市、哈密市出现沙尘天气，和田地区局地沙尘暴。		
灾害性天气	暴雨	暴雨站数：24 日 3 站(伊犁州、塔城地区北部)。 日最大降雨中心：区域站塔城地区裕民县塔斯特风景区站(24 日)27.3 mm，国家站阿勒泰地区吉木乃站(24 日)17.2 mm。 最大小时雨强：区域站伊犁州伊宁市巴彦岱镇苏阿拉木图村站 10.0 mm/h(24 日 19:00—20:00)，国家站伊犁州霍尔果斯站 4.7 mm/h(24 日 10:00—11:00)。	
	大风	博州、塔城地区北部、阿勒泰地区、昌吉州东部、克州山区、和田地区、巴州、吐鲁番市、哈密市等地共 569 站出现 8 级以上大风，其中 10 级以上 59 站，11 级以上 16 站。过程极大风速，区域站为吐鲁番市高昌区小草湖服务区站 35.8 m/s(25 日 04:00)，国家站为哈密市十三间房站 32.2 m/s(24 日 21:00)(图 3.17b)。	
	沙尘暴	和田、墨玉、洛浦、策勒、于田、民丰 6 站强沙尘暴，最小能见度策勒站 255 m。	

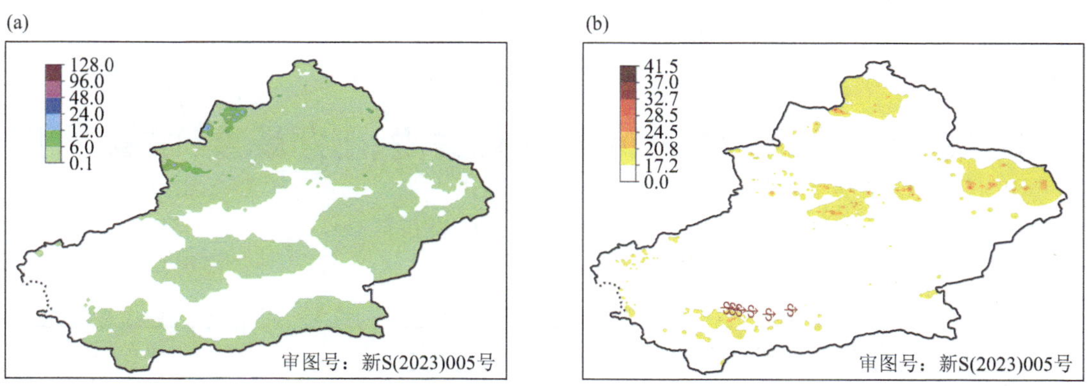

图 3.17　(a)4 月 23 日 08 时至 25 日 08 时过程累计降水量(单位：mm)；(b)过程极大风速(单位：m/s)

3.9.2　环流形势

影响系统：100～200 hPa 偏西急流、500 hPa 西西伯利亚低涡和中亚低涡、700～850 hPa 切变线、北疆偏西急流和南疆偏东急流、地面冷高压。

100～200 hPa:新疆位于极涡后部,4月24日08时200 hPa偏西急流核最大风速达40 m/s(图3.18a)。

500 hPa:欧亚范围中高纬为两槽两脊的环流型,西西伯利亚至鄂霍次克海地区为宽广的槽区,中亚为低槽活动区。里海脊发展,北方冷空气沿脊前北风带补充南下,西西伯利亚低涡底部锋区南压,分裂短波与中纬度短波槽叠加,共同造成全疆综合性天气过程(图3.18b)。

700～850 hPa:23日08时700 hPa北疆有24 m/s偏西急流,北疆北部有弱切变;24日08时850 hPa北疆北部有切变和强冷平流(图3.18c)。

地面:西北路径冷高压进入新疆地区,中心强度为1027.5 hPa(图3.18d)。

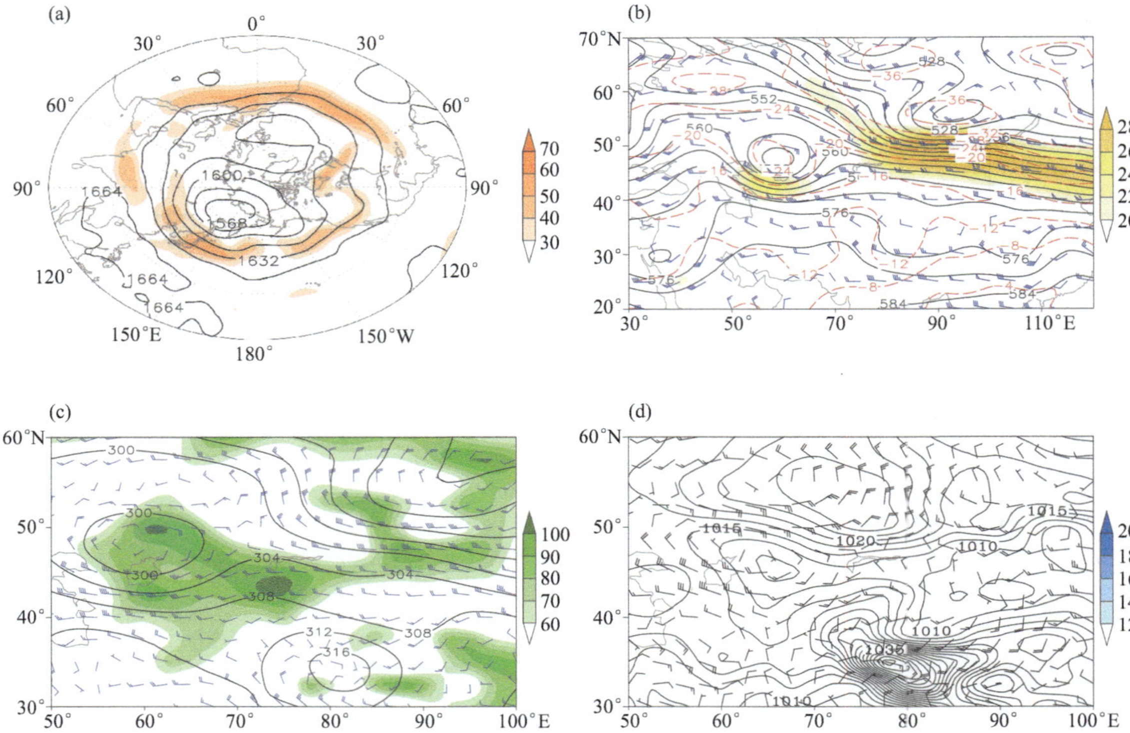

图3.18 (a)4月24日08时100 hPa高度场(实线,单位:dagpm),填色区为风速≥30 m/s的200 hPa急流;(b)500 hPa高度场(黑实线,单位:dagpm)、风场(填色区,单位:m/s)、温度场(红虚线,单位:℃);(c)700 hPa高度场(黑实线,单位:dagpm)、风场(单位:m/s)和相对湿度(填色区,单位:%);(d)海平面气压(黑实线,单位:hPa)和850 hPa风场(填色区,单位:m/s)

3.10 4月25日08时至27日08时北疆暴雨、山区暴雪、冰雹、大风

3.10.1 天气实况综述

天气类型	雨雪、大风、沙尘暴、冰雹	过程强度	中度
天气实况	①雨雪:北疆大部和喀什地区南部山区、克州山区、阿克苏地区北部、和田地区南部山区、巴州、吐鲁番市、哈密市小雨或雪,其中伊犁州、博州、塔城地区、乌鲁木齐市、昌吉州、和田地区南部山区、巴州山区、吐鲁番市、哈密市的局部区域累计降水量6.1～36.8 mm,最大累计降雨中心为昌吉州木垒县英格堡乡站(图3.19a)。 ②风沙:北疆大部、南疆西部、巴州北部、吐鲁番市、哈密市出现5～6级西北风,风口风力10～11级,阵风12～13级;巴州南部5～6级偏东风、阵风8～9级。南疆大部、吐鲁番市、哈密市出现沙尘天气,喀什地区、阿克苏地区、巴州南部局地沙尘暴。		

续表

灾害性天气	暴雨	暴雨站数：26 日 5 站（塔城地区北部、昌吉州东部）。 日最大降雨中心：区域站塔城地区额敏县霍吉尔特蒙古乡也迷里滑雪场站（26 日）33.6 mm，国家站昌吉州吉木萨尔站（26 日）17.4 mm。 最大小时雨强：区域站伊犁州伊宁县喀拉亚尕奇乡喀占奇村站 8.8 mm/h（25 日 14：00—15：00），国家站昌吉州吉木萨尔站 12.3 mm/h（26 日 18：00—19：00）。 短时强降水：1 站（昌吉州）。
	暴雪	暴雪站数：26 日 4 站（乌鲁木齐市南部山区） 日最大降雪中心：乌鲁木齐市乌鲁木齐县小渠子站（26 日）25.5 mm。 最大小时雪强：乌鲁木齐市乌鲁木齐县水西沟镇丝绸之路滑雪场站 3.9 mm/h（26 日 18：00—19：00）。
	大风	伊犁州、博州、塔城地区北部、昌吉州东部、克州、和田地区南部、阿克苏地区北部、巴州、吐鲁番市、哈密市等地共 758 站出现 8 级以上大风，其中 10 级以上 149 站，12 级以上 13 站。过程极大风速，区域站为巴州轮台县群巴克镇迪那河水管站 40.4 m/s（26 日 00：00），国家站为巴州巴音布鲁克站 29.6 m/s（25 日 19：00）（图 3.19b）。
	沙尘暴	若羌站沙尘暴，喀什、新和、塔中 3 站强沙尘暴，最小能见度喀什站 384 m。
	冰雹	26 日 18：23—18：27 石河子市莫索湾站出现冰雹。
灾情		25 日至 26 日，伊犁州新源县，阿克苏地区库车市、沙雅县，巴州库尔勒市、尉犁县、轮台县大风天气造成农作物受灾、设施农业受损、牲畜死亡。 26 日 18：23—18：27，石河子市莫索湾站冰雹天气造成棉花受灾。

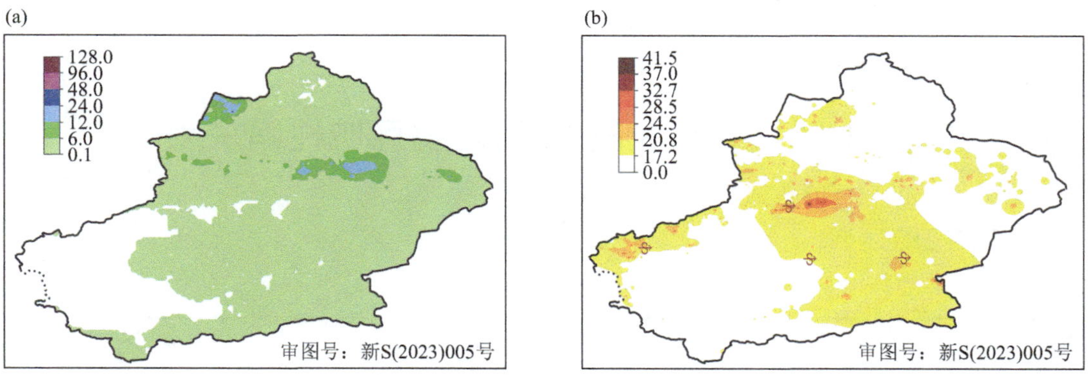

图 3.19　(a)4 月 25 日 08 时至 27 日 08 时过程累计降水量（单位：mm）；(b)过程极大风速（单位：m/s）

3.10.2　环流形势

影响系统：100～200 hPa 偏西急流、500 hPa 西西伯利亚低槽和中亚低槽、700～850 hPa 切变线、北疆偏西急流和南疆偏东急流、地面冷高压和南疆盆地热低压。

100～200 hPa：新疆受极涡底后部锋区控制，4 月 25 日 08 时 200 hPa 偏西急流核最大风速达 42 m/s（图 3.20a）。

500 hPa：欧亚范围中高纬为两槽两脊的环流型，西西伯利亚至鄂霍次克海地区为宽广的槽区，中亚为低槽活动区。里海、黑海脊北伸，脊前西北风带携带冷空气南下，西西伯利亚低槽分裂短波槽与中亚低槽结合，快速东移南下造成本次北疆大部和东疆降水、局地对流、南疆东部风沙天气（图 3.20b）。

700～850 hPa：700 hPa 北疆西部有 24 m/s 偏西急流和切变，伴有强冷平流；26 日 08 时 850 hPa 南疆偏东急流最大风速达 22 m/s（图 3.20c）。

地面：西北路径冷高压进入新疆地区，中心强度为 1027.5 hPa，25 日东移至蒙古国地区，中心强度增至 1030 hPa，南疆盆地热低压中心强度为 1000 hPa，气压梯度较大，利于大风沙尘天气的产生（图 3.20d）。

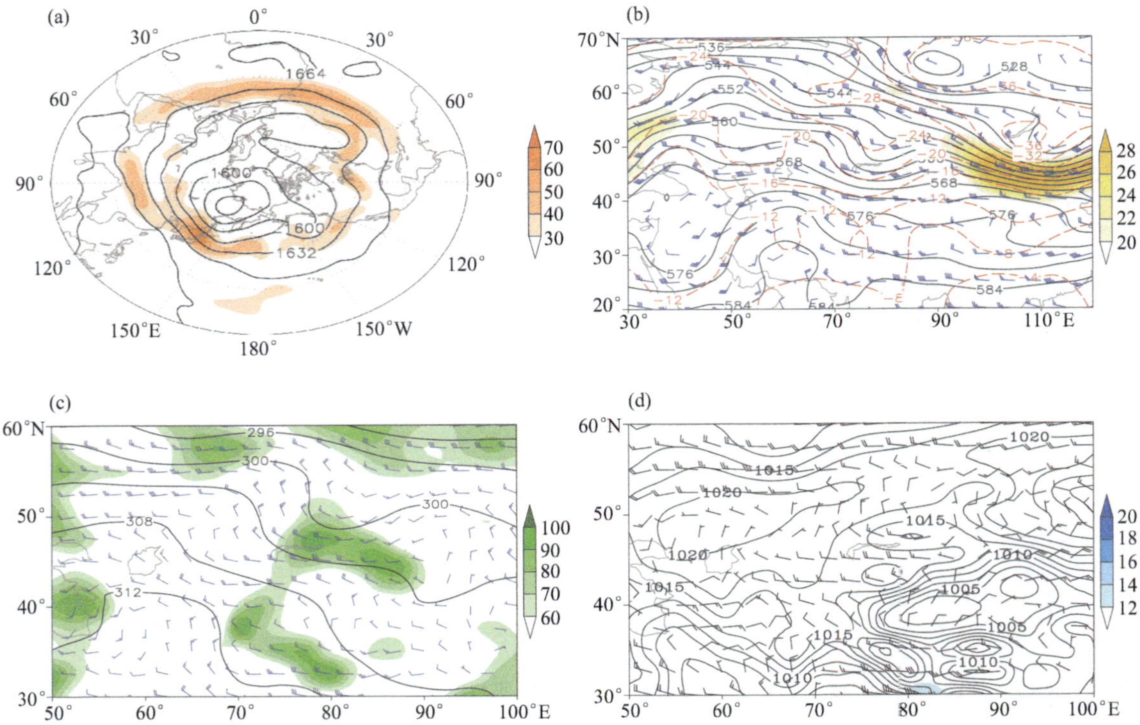

图 3.20 (a)4 月 25 日 20 时 100 hPa 高度场(实线,单位:dagpm),填色区为风速≥30 m/s 的 200 hPa 急流;(b)500 hPa 高度场(黑实线,单位:dagpm)、风场(填色区,单位:m/s)、温度场(红虚线,单位:℃);(c)700 hPa 高度场(黑实线,单位:dagpm)、风场(单位:m/s)和相对湿度(填色区,单位:%);(d)海平面气压(黑实线,单位:hPa)和 850 hPa 风场(填色区,单位:m/s)

3.11 4 月 29 日 20 时至 5 月 3 日 20 时北疆区域性偏东风

3.11.1 天气实况综述

天气类型	偏东大风		过程强度	中度
天气实况	风:北疆大部出现 5～6 级偏东风,风口风力 10～11 级、阵风 12～14 级。			
灾害性天气	大风	塔城地区北部、阿勒泰地区、乌鲁木齐市、昌吉州东部等地共 315 站出现 8 级以上大风,其中 10 级以上 36 站,12 级以上 1 站。过程极大风速,区域站为塔城地区托里县阿合别斗乡航勒村站 42.8 m/s(4 月 30 日 09:00),国家站为乌鲁木齐站 24.2 m/s(5 月 1 日 10:00)(图 3.21)。		

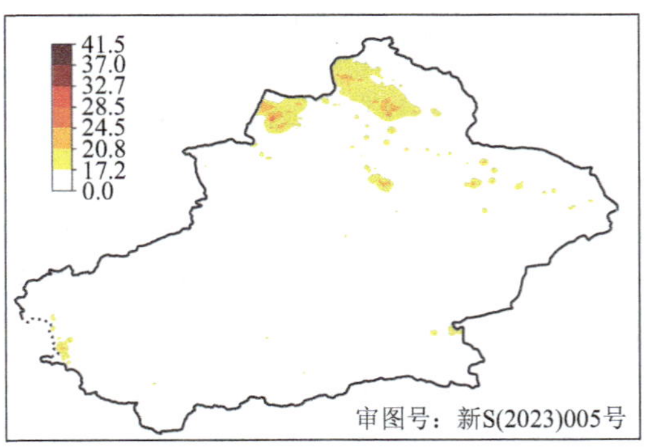

图 3.21 4 月 29 日 20 时至 5 月 3 日 20 时过程极大风速(单位:m/s)

3.11.2　环流形势

影响系统：100～200 hPa 副热带长波脊、500 hPa 新疆脊、700～850 hPa 弱高压、地面蒙古冷高压。

100～200 hPa：新疆受副热带长波脊控制，长波脊经向度大(图 3.22a)。

500 hPa：欧亚范围中高纬为两槽一脊的环流型，里海、咸海地区至新疆西部为宽广的脊区，天气过程中，新疆持续受高压脊控制。脊前西北气流引导北方冷空气南下，在新疆东部形成低槽，对应地面蒙古国地区为长时间维持的冷高压，最大中心强度达 1040 hPa，由此形成西高东低、南高北低的气压场，造成北疆大部、东疆的区域性偏东风(图 3.22b)。

700～850 hPa：新疆为明显的弱高压控制(图 3.22c)。

地面：蒙古国地区有一冷高压长时间维持，最大强度达 1040 hPa，新疆处于冷高压底后部，为回流和东灌型东南风提供有利气压形势(图 3.22d)。

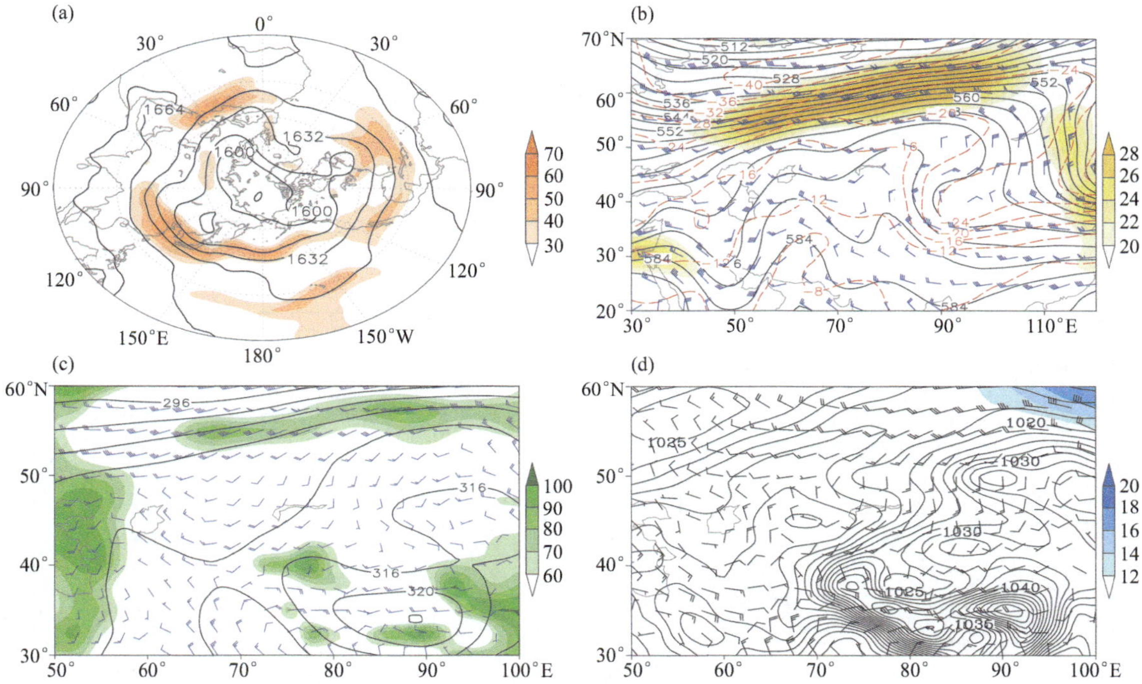

图 3.22　(a)4 月 30 日 08 时 100 hPa 高度场(实线，单位：dagpm)，填色区为风速≥30 m/s 的 200 hPa 急流；(b)500 hPa 高度场(黑实线，单位：dagpm)、风场(填色区，单位：m/s)、温度场(红虚线，单位：℃)；(c)700 hPa 高度场(黑实线，单位：dagpm)、风场(单位：m/s)和相对湿度(填色区，单位：%)；(d)海平面气压(黑实线，单位：hPa)和 850 hPa 风场(填色区，单位：m/s)

3.12　5 月 4 日 20 时至 6 日 23 时北疆暴雨、南疆西部山区暴雪、南疆局地沙尘暴、风口大风

3.12.1　天气实况综述

天气类型	雨雪、大风、沙尘暴	过程强度	中度
天气实况	①雨雪：北疆大部和喀什地区南部山区、克州山区、阿克苏地区、和田地区南部山区、巴州山区、吐鲁番市山区、哈密市北部小雨或雨夹雪转雪，其中伊犁州、博州、塔城地区、石河子市、乌鲁木齐市山区、昌吉州山区、喀什地区南部山区、克州山区、和田地区南部山区的局部区域累计降水量 6.1～103.4 mm，最大累计降雨中心为伊犁州霍城县果子沟龙口站(图 3.23a)。 ②风沙：北疆大部、南疆西部、巴州北部、吐鲁番市、哈密市出现 5～6 级西北风，风口风力 8～9 级、阵风 10～11 级；巴州南部 5～6 级偏东风、阵风 7～8 级。南疆大部、吐鲁番市、哈密市出现沙尘天气，和田地区局地沙尘暴。		

续表

灾害性天气	暴雨	暴雨站数:共 58 站,5 日 15 站(伊犁州、博州),6 日 43 站,其中大暴雨 5 站(伊犁州、博州西部、塔城地区南部、克拉玛依市、石河子市、昌吉州山区)。 日最大降雨中心:区域站伊犁州霍城县果子沟龙口站(6 日)78.1 mm,国家站伊犁州伊宁县站(6 日)26.7 mm。 最大小时雨强:区域站塔城地区和布克赛尔县铁布肯乌散乡图拉村站 36.4 mm/h(6 日 21:00—22:00),国家站伊犁州伊宁县站 17.6 mm/h(5 日 19:00—20:00)。 短时强降水:7 站(伊犁州 5 站、塔城地区 1 站、克拉玛依市 1 站)。 突破极值:伊犁州共计 49 个气象台站日降水量打破本站最大日降水量纪录,特别是霍城县果子沟龙口站 5 日 08:00—6 日 08:00 日降水量 103.3 mm,破建站以来日降水量极值。
	暴雪	暴雪站数:5 日 1 站(克州山区) 日最大降雪中心:克州吐尔尕特站(5 日)33.5 mm。 最大小时雪强:克州吐尔尕特站 4.9 mm/h(5 日 01:00—02:00)。
	大风	克州山区、和田地区南部、吐鲁番市、哈密市和伊犁州、阿克苏地区、巴州的局地共 213 站出现 8 级以上大风,其中 10 级以上 10 站,11 级以上 1 站。过程极大风速,区域站为吐鲁番市托克逊县克尔碱镇站 31.2 m/s(6 日 21:00),国家站为哈密市十三间房站 27.6 m/s(6 日 18:00)(图 3.23b)。
	沙尘暴	民丰站沙尘暴,能见度 615 m。

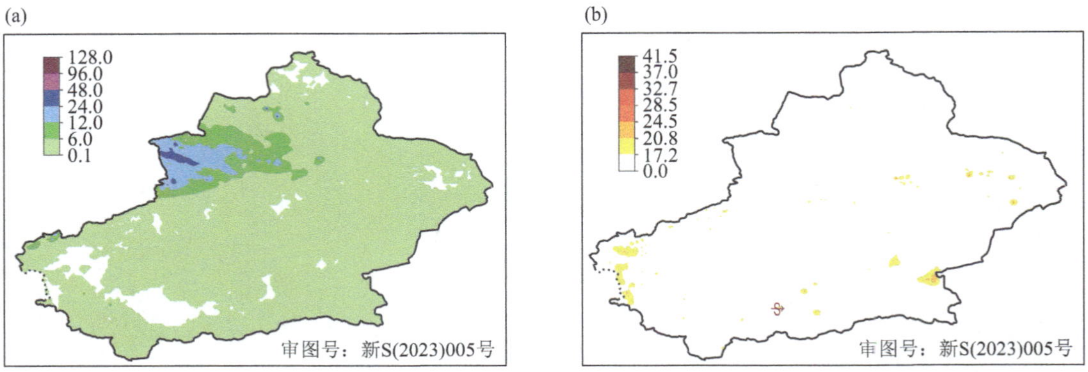

图 3.23 (a)5 月 4 日 20 时至 5 月 6 日 23 时过程累计降水量(单位:mm);(b)过程极大风速(单位:m/s)

3.12.2 环流形势

影响系统:100～200 hPa 偏西气流、500 hPa 西西伯利亚低槽、中纬度短波槽、700～850 hPa 北疆偏西急流、地面冷锋。

100～200 hPa:4 日 20 时 200 hPa 北疆偏西急流核最大风速达 44 m/s(图 3.24a)。

500 hPa:欧亚范围中高纬为两槽一脊的环流型,西伯利亚为高压脊区,新地岛至黑海一带为低槽活动区,低值系统东移过程中分裂短波南下影响新疆地区。中纬度多短波槽活动,短波槽东移北收时与中高纬低值系统分裂的短波南北结合,造成此次降水、大风天气(图 3.24b)。

700～850 hPa:北疆有偏西急流,5 日 08 时 700 hPa 北疆西风急流最大风速达 16 m/s(图 3.24c)。

地面:1025 hPa 的冷高压以偏西路径移至蒙古国,并于 5 日 08 时加强至 1032.5 hPa,北疆位于高压前部,冷锋压至北疆沿天山一带,利于天山及其两侧产生降水(图 3.24d)。

云图:北疆偏西偏北地区有分散的层状云,层状云中有对流云团生成(图 3.24e)。

探空 T-ln$p$:暴雨点最近探空站伊宁站的资料显示,400 hPa 以下的大气层较湿,有较大 CAPE 值(106 J/kg),K 指数为 32.8 ℃、SI 指数为 1.68 ℃、BIL 指数为 1、CIN 为 0.4 ℃(图 3.24f)。

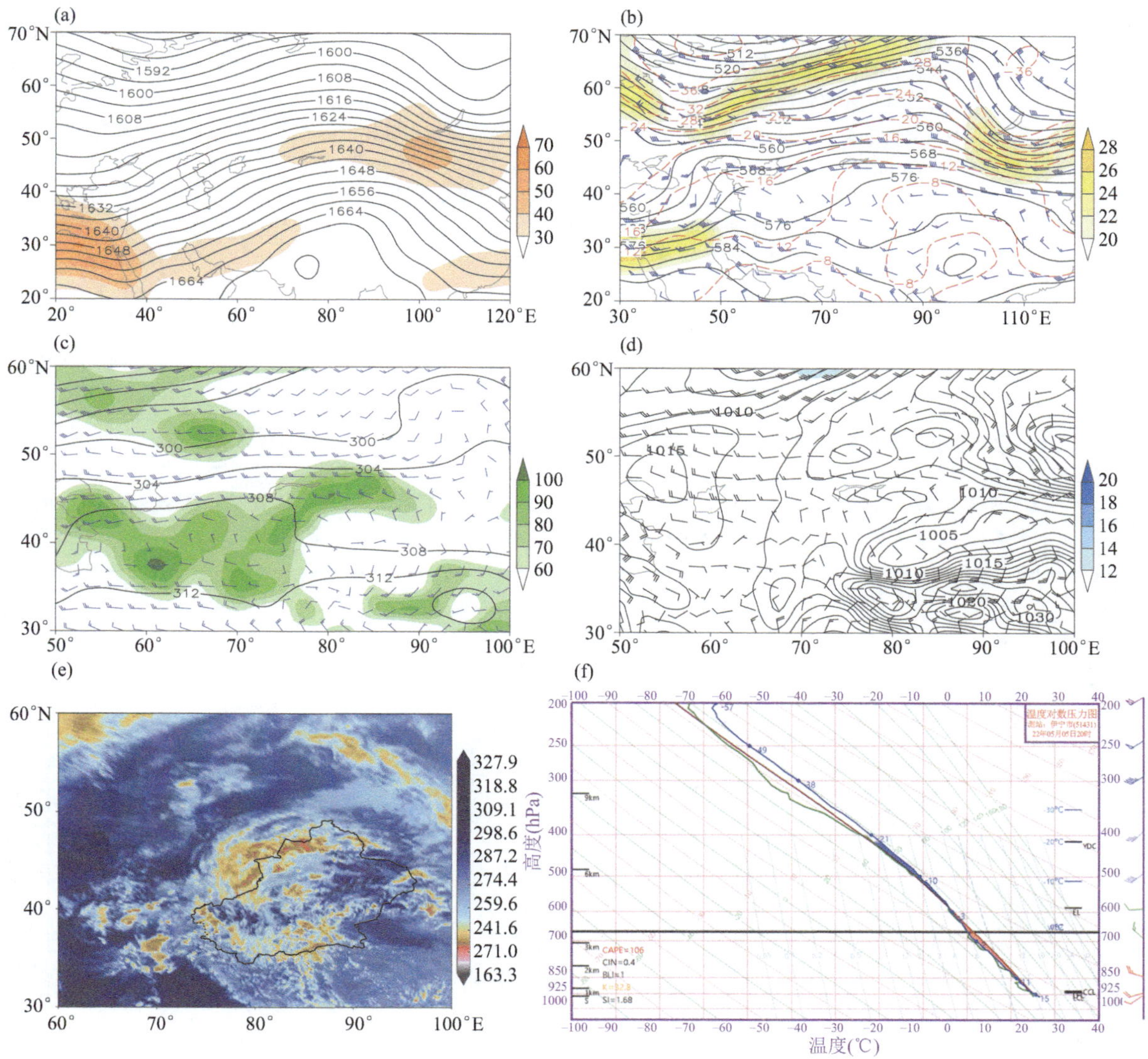

图 3.24　(a)5 月 5 日 08 时 100 hPa 高度场(实线,单位:dagpm),填色区为风速≥30 m/s 的 200 hPa 急流;
(b)500 hPa 高度场(黑实线,单位:dagpm)、风场(填色区,单位:m/s)、温度场(红虚线,单位:℃);
(c)700 hPa 高度场(黑实线,单位:dagpm)、风场(单位:m/s)和相对湿度(填色区,单位:%);
(d)海平面气压(黑实线,单位:hPa)和 850 hPa 风场(填色区,单位:m/s);
(e)5 月 5 日 20 时 FY-4A 红外云图(单位:K);(f)5 月 5 日 20 时伊宁站 T-ln$p$ 图

3.13　5 月 11 日 08 时至 14 日 20 时南疆、北疆偏西地区暴雨、南疆沙尘暴、风口大风

3.13.1　天气实况综述

<table>
<tr><td>天气类型</td><td>雨(高山区雪)、大风、沙尘暴</td><td>过程强度</td><td>中度</td></tr>
<tr><td>天气实况</td><td colspan="3">①雨雪:伊犁州、博州、塔城地区、乌鲁木齐市南部山区、喀什地区、克州、和田地区南部、阿克苏地区西部北部、巴州北部小雨(高山区为雪),其中伊犁州、博州、喀什地区、克州、巴州北部和塔城地区、乌鲁木齐市南部山区、和田地区南部山区、阿克苏地区北部的局部区域累计降水量 6.1～58.6 mm,最大累计降雨中心为阿克苏地区拜城县黑英山乡喀拉果勒村锰矿 2 号矿站(图 3.25a)。
②风沙:北疆大部、南疆西部、巴州北部、吐鲁番市、哈密市出现 5～6 级西北风,风口风力 9～10 级、阵风 11～13 级;巴州南部 5～6 级偏东风、阵风 8～9 级。南疆大部、吐鲁番市、哈密市出现沙尘天气,和田地区、巴州南部局地沙尘暴。</td></tr>
</table>

续表

灾害性天气	暴雨	暴雨站数:共 51 站,其中 12 日 24 站(伊犁州、阿克苏地区北部),13 日 4 站(喀什地区南部、和田地区南部、阿克苏地区西部),14 日 3 站(喀什地区、克州)。 日最大降雨中心:区域站伊犁州霍尔果斯市阿拉马力站(12 日)46.8 mm,国家站克州阿图什站(13 日)16.9 mm。 最大小时雨强:区域站伊犁州伊宁县喀拉亚尕奇乡皮里青河站 28.4 mm/h(12 日 00:00—01:00),国家站喀什地区喀什站 12.7 mm/h(14 日 02:00—03:00)。 短时强降水:6 站(伊犁州 4 站、喀什地区 1 站、阿克苏地区 1 站)。
	大风	博州、塔城地区北部、阿勒泰地区、克州山区、和田地区、阿克苏地区北部、巴州、吐鲁番市、哈密市共 773 站出现 8 级以上大风,其中 10 级以上 72 站,12 级以上 1 站。过程极大风速,区域站为巴州尉犁县英库勒镇站 41.2 m/s(12 日 20:00),国家站为哈密市十三间房站 27.7 m/s(11 日 21:00)(图 3.25b)。
	沙尘暴	民丰站沙尘暴,墨玉、和田、洛浦、策勒、于田、塔中、且末 7 站强沙尘暴,最小能见度和田站 309 m。
灾情		12 日至 14 日,喀什地区喀什市、岳普湖县、伽师县、巴楚县、英吉沙县、叶城县、莎车县、泽普县,克州乌恰县,巴州尉犁县大风、暴雨洪涝、冰雹天气造成农作物受灾、林果业受灾、房屋受损、家畜死亡、水渠被冲毁。

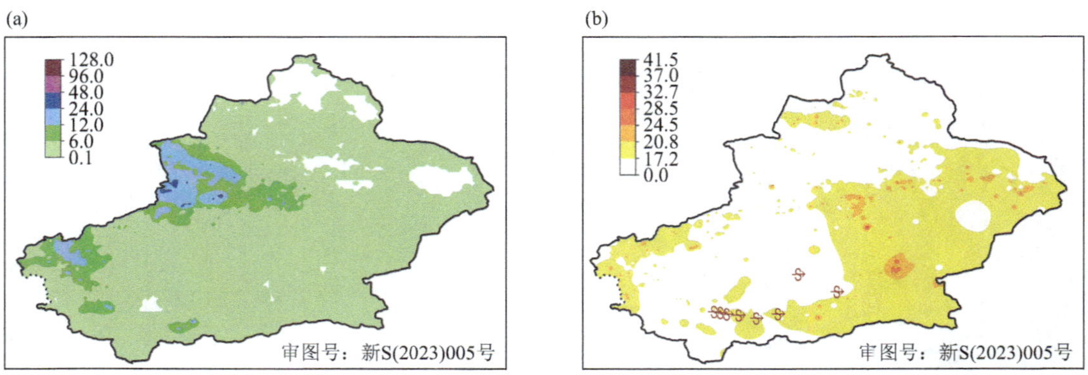

图 3.25 (a)5 月 11 日 08 时至 5 月 14 日 20 时过程累计降水量(单位:mm);(b)过程极大风速(单位:m/s)

3.13.2 环流形势

影响系统:100~200 hPa 偏西急流、500 hPa 里海、咸海低涡和中纬度低槽、700~850 hPa 北疆偏西急流、地面冷高压和冷锋。

100~200 hPa:新疆受长波脊前西北气流控制,14 日 08 时 200 hPa 南疆偏西急流核最大风速达 56 m/s(图 3.26a)。

500 hPa:欧亚范围呈两槽两脊的经向环流,里海、咸海地区为低涡,北疆至西西伯利亚地区为高压脊区。里海、咸海低涡底部锋区不断分裂短波东移,受下游高压脊阻挡,短波持续影响新疆地区偏西地区,造成此次天气过程(图 3.26b)。

700~850 hPa:11 日 08 时 700 hPa 北疆西风急流最大风速达 16 m/s;850 hPa 北疆偏西急流最大风速达 16 m/s(图 3.26c)。

地面:地面冷高压以西北路径移至蒙古国地区,位置稳定少动,强度逐渐加强,12 日 08 时最大强度达 1037.5 hPa。北疆处于冷高压前沿,冷锋压至北疆沿天山一线,等压线密集,利于产生降水、大风天气(图 3.26d)。

雷达:图 3.26e 是伊宁站天气雷达图,强对流云团由多个块状回波逐渐连结、合并、发展为弓形回波。

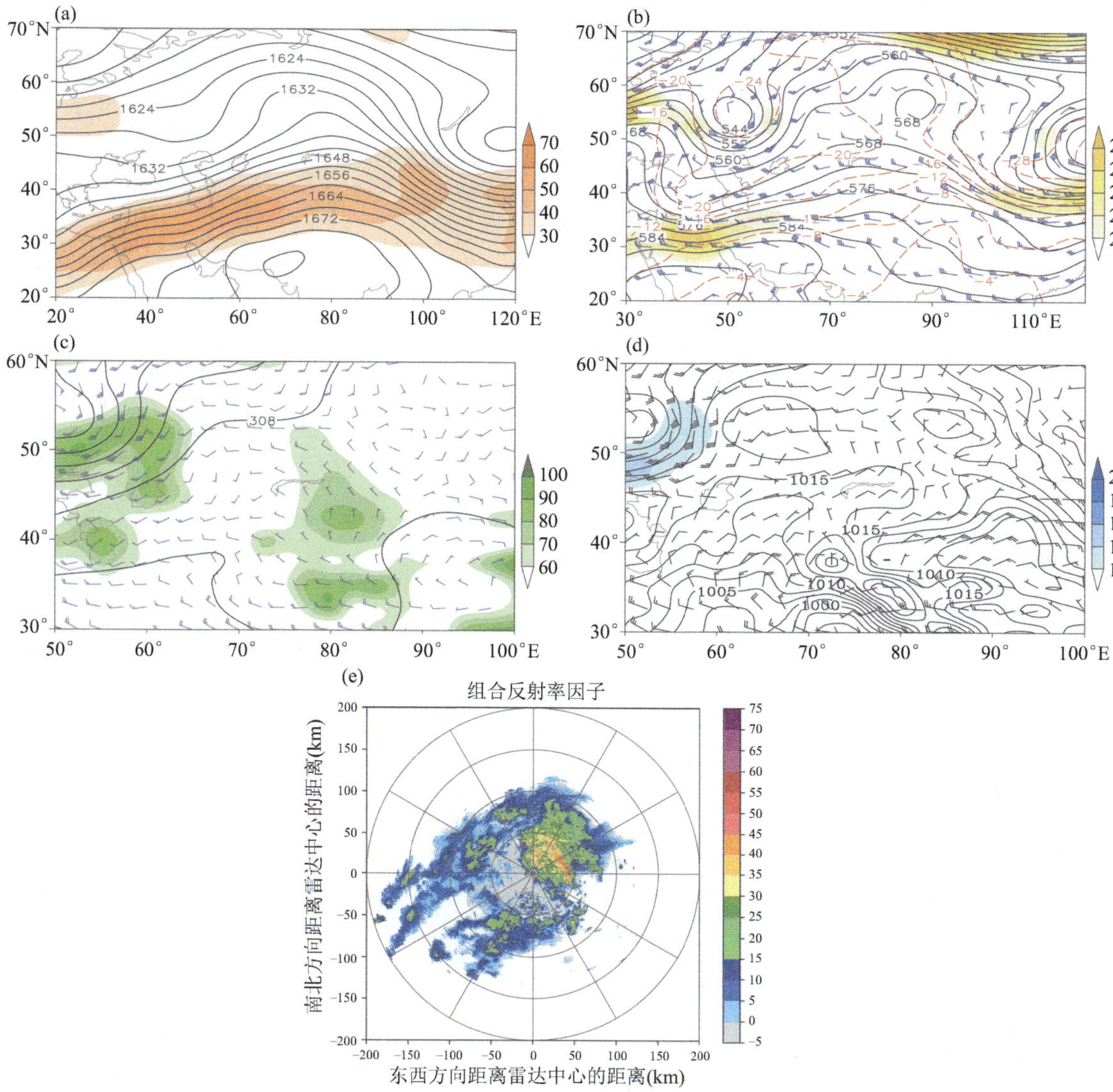

图 3.26　(a)5 月 12 日 20 时 100 hPa 高度场(实线,单位:dagpm),填色区为风速≥30 m/s 的 200 hPa 急流;(b)500 hPa 高度场(黑实线,单位:dagpm)、风场(填色区,单位:m/s)、温度场(红虚线,单位:℃);(c)700 hPa 高度场(黑实线,单位:dagpm)、风场(单位:m/s)和相对湿度(填色区,单位:%);(d)海平面气压(黑实线,单位:hPa)和 850 hPa 风场(填色区,单位:m/s);(e)5 月 12 日 00:56 伊宁站雷达图(单位:dBZ)

3.14　5 月 19 日 08 时至 24 日 08 时南疆、北疆偏西地区暴雨、山区暴雪、南疆局地沙尘暴、风口大风

3.14.1　天气实况综述

天气类型	雨(高山区雪)、大风、沙尘暴	过程强度	中强
天气实况	①雨雪:伊犁州、博州、塔城地区、阿勒泰地区、昌吉州西部、乌鲁木齐市南部山区、喀什地区南部、克州、和田地区南部山区、阿克苏地区西部北部、巴州山区小雨(高山区为雪),其中伊犁州、博州西部、喀什地区南部、克州、巴州南部的局部区域累计降水量 6.1~116.9 mm,最大累计降雨中心为克州乌恰县康苏镇站(图 3.27a)。 ②风沙:北疆大部、南疆西部、巴州北部、吐鲁番市、哈密市出现 5~6 级西北风,风口风力 8~9 级,阵风 10~11 级;南疆塔里木盆地 5~6 级偏东风、阵风 8 级。南疆大部、吐鲁番市、哈密市出现沙尘天气,和田地区局地沙尘暴。		

续表

灾害性天气	暴雨	暴雨站数：共 32 站，20 日 2 站（伊犁州），21 日 14 站（克州、和田地区），22 日 2 站（博州西部），23 日 14 站，其中大暴雨 5 站（伊犁州、克州）。 日最大降雨中心：区域站克州乌恰县吾合沙鲁乡站（23 日）71.6 mm，国家站克州乌恰站（23 日）40.8 mm。 最大小时雨强：区域站博州温泉县查干屯格乡北山区站 32.9 mm/h（22 日 16:00—17:00），国家站伊犁州昭苏站 13.8 mm/h（19 日 16:00—17:00）。 短时强降水：7 站（伊犁州 4 站、博州 2 站、塔城地区 1 站）。
	暴雪	暴雪站数：共 36 站，20 日 2 站（喀什地区山区），21 日 5 站（喀什地区山区、克州山区），其中大暴雪 2 站，22 日 4 站（喀什地区山区、和田地区南部山区），其中大暴雪 1 站，23 日 25 站，其中大暴雪 2 站（喀什地区山区、克州山区）。 日最大降雪中心：克州乌恰县托云乡库瓦提村站（21 日）50.6 mm。 最大小时雪强：克州乌恰县托云乡库瓦提村站 8.3 mm/h（21 日 15:00—16:00）。
	大风	博州、塔城地区北部、阿勒泰地区西部、昌吉州东部、克州山区、和田地区南部、阿克苏地区北部、巴州、吐鲁番市、哈密市共 695 站出现 8 级以上大风，其中 10 级以上 48 站，12 级以上 1 站。过程极大风速，区域站为塔城地区托里县铁厂沟镇站 32.9 m/s（23 日 03:00），国家站为哈密市十三间房站 25.8 m/s（23 日 16:00）（图 3.27b）。
	沙尘暴	于田站沙尘暴，能见度 524 m。
灾情		19 日至 23 日喀什地区塔什库尔干县、克州阿图什市大风、暴雨洪涝造成农作物受灾、草场受损、乡村道路受阻、水渠泥沙淤积、牲畜被冲走。 19 日至 23 日，阿图什市吐古买提乡山区一带出现暴雪，边境地区大到暴雪，边境一线积雪深度可达 50～120 cm，此次暴雪天气造成牲畜死亡。

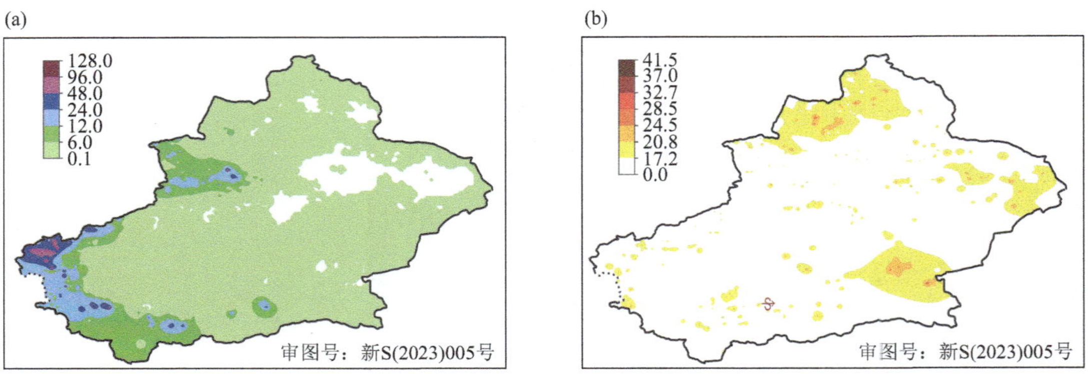

图 3.27 (a)5 月 19 日 08 时至 5 月 24 日 08 时过程累计降水量(单位：mm)；(b)过程极大风速(单位：m/s)

3.14.2 环流形势

影响系统：100～200 hPa 长波槽、500 hPa 中纬度锋区、700～850 hPa 南疆盆地东部偏东急流、地面冷高压和冷锋。

100～200 hPa：新疆处于长波槽前，是有利的降水环流形势(图 3.28a)。

500 hPa：欧亚范围中高纬为两槽一脊的环流型，东欧平原至西西伯利亚一带为宽广的低槽，低槽经向度大，底部锋区南伸至 30°N 附近，锋区上短波活跃。新疆东部受高压脊控制，下游脊阻挡中纬度短波东移，使得低值系统长时间在中亚地区维持，对南疆西部产生持续影响，造成此次长时间维持的降水、大风天气过程(图 3.28b)。

700～850 hPa：南疆盆地东部有强偏东急流，21 日 08 时 850 hPa 偏东急流最大风速达 28 m/s；南疆盆地西部有偏西风，偏东风与偏西风在南疆盆地西部辐合，利于产生强降水(图 3.28c)。

地面：里海、咸海地区的冷高压以偏西路径移至南疆西部境外，冷高压前沿等压线密集，最大强度为 1020 hPa，受帕米尔高原阻挡在西天山北部形成冷锋，利于南北疆西部产生强降水(图 3.28d)。

云图：伊宁市有较明显的对流云团生成并移过，最低云顶亮温约 210 K(图 3.28e)。

探空 T-ln$p$：暴雨点最近探空伊宁站的资料显示，400 hPa 以下的大气层较湿，CAPE 值为 208 J/kg，K 指数为 28 ℃、SI 指数为 1.68 ℃、BIL 指数为－1.8、CIN 为 0.3 ℃(图 3.28f)。

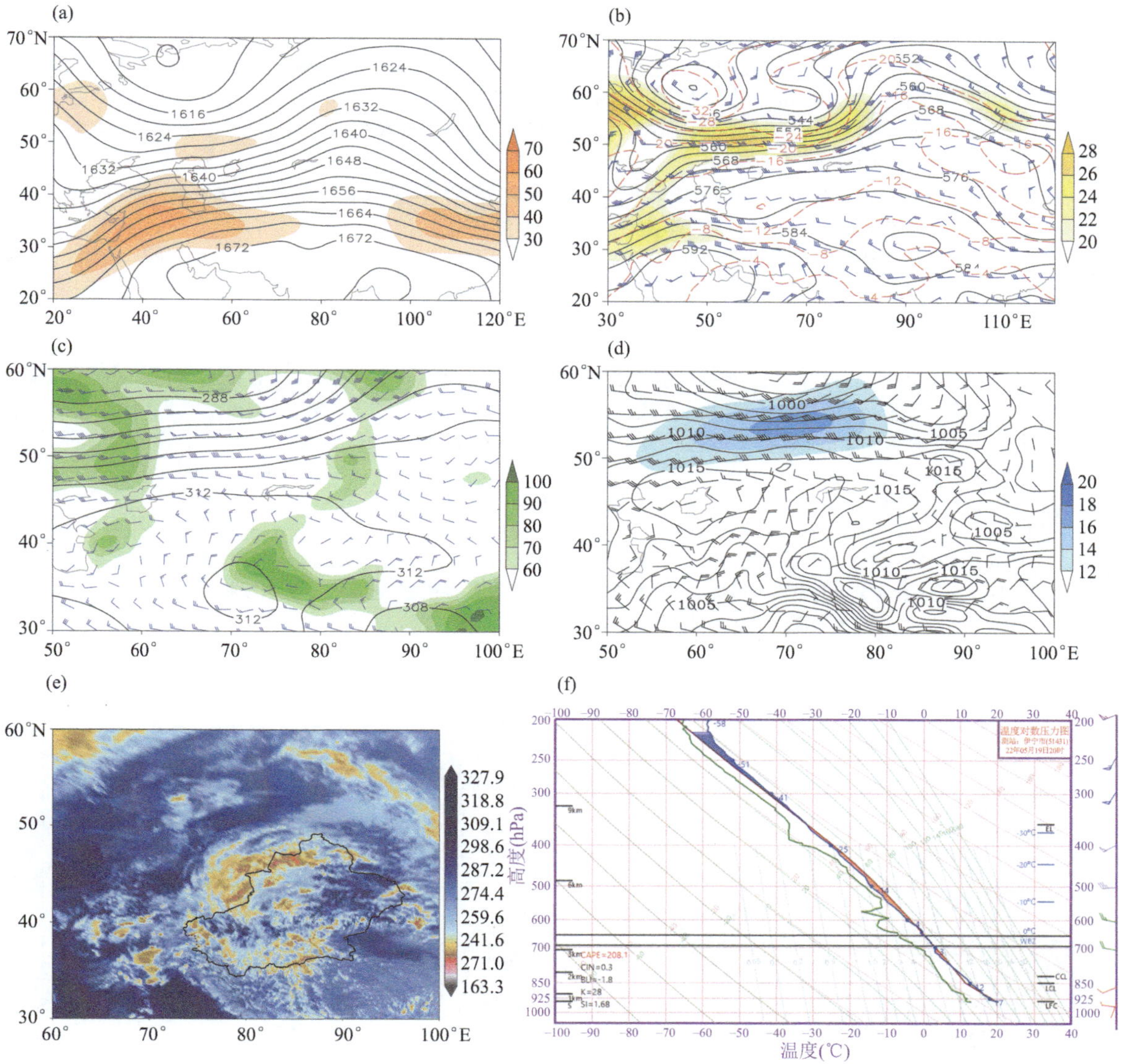

图 3.28 (a)5 月 19 日 20 时 100 hPa 高度场(实线,单位:dagpm),填色区为风速≥30 m/s 的 200 hPa 急流;
(b)500 hPa 高度场(黑实线,单位:dagpm)、风场(填色区,单位:m/s)、温度场(红虚线,单位:℃);
(c)700 hPa 高度场(黑实线,单位:dagpm)、风场(单位:m/s)和相对湿度(填色区,单位:%);
(d)海平面气压(黑实线,单位:hPa)和 850 hPa 风场(填色区,单位:m/s);
(e)5 月 19 日 17 时 FY-4A 红外云图(单位:K);(f)5 月 19 日 20 时伊宁站 T-ln$p$ 图

3.15 5 月 28 日 20 时至 31 日 20 时克州、阿克苏地区山区暴雨雪、南疆局地沙尘暴、风口大风

3.15.1 天气实况综述

天气类型	雨(高山区雪)、大风、沙尘暴	过程强度	强
天气实况	①雨雪:伊犁州、博州、喀什地区、克州、阿克苏地区、和田地区和塔城地区、阿勒泰地区、乌鲁木齐市南部山区、巴州、哈密市北部的局部区域小雨(高山区为雪),其中伊犁州西部、博州西部、喀什地区南部、克州、和田地区南部、阿克苏地区西部的局部区域累计降水量 6.1~152.7 mm,最大累计降水中心为克州阿合奇县苏木塔石乡阿巴雀雀克站(图 3.29a)。 ②风沙:北疆大部、南疆西部、巴州、吐鲁番市、哈密市出现 6 级左右西北风,风口风力 9~10 级、阵风 11~12 级。南疆大部、吐鲁番市、哈密市出现沙尘天气,和田地区局地沙尘暴。		

续表

灾害性天气	暴雨	暴雨站数:共43站,29日23站(克州北部、阿克苏地区西部),其中大暴雨9站,30日20站,其中大暴雨11站,特大暴雨2站(克州北部、阿克苏地区西部)。 日最大降雨中心:区域站克州阿合奇县苏木塔石乡阿巴雀雀克站(30日)97.7 mm,国家站克州阿合奇站(30日)62.9 mm。 最大小时雨强:区域站喀什地区英吉沙县艾古斯乡水管站水库预警气象站21.0 mm/h(30日22:00—23:00),国家站克州阿合奇站5.2 mm/h(30日10:00—11:00)。 短时强降水:1站(喀什地区1站)。 突破极值:23站降水量(克州北部、阿克苏地区西部)破5月历史日降水量极值,克州阿合奇站5月29日降水量为1957年建站以来最大日降水量。
	大风	博州、塔城地区北部、阿勒泰地区西部、昌吉州东部、克州山区、和田地区、阿克苏地区西部、巴州、吐鲁番市、哈密市共622站出现8级以上大风,其中10级以上47站,12级以上3站。过程极大风速,区域站为博州博乐市精河县艾比湖湿地站36.0 m/s(29日20:00),国家站为博州阿拉山口站31.0 m/s(29日17:00)(图3.29b)。
	沙尘暴	于田站沙尘暴,民丰站强沙尘暴(最小能见度417 m)。
灾情	30日喀什地区英吉沙县暴雨洪涝造成农作物受灾、房屋受损。 28日至31日阿合奇县暴雨洪涝造成农作物受灾、房屋受损、牲畜死亡、电力受损、道路受损等。 29日至30日阿克苏地区温宿县大风造成农作物受灾。	

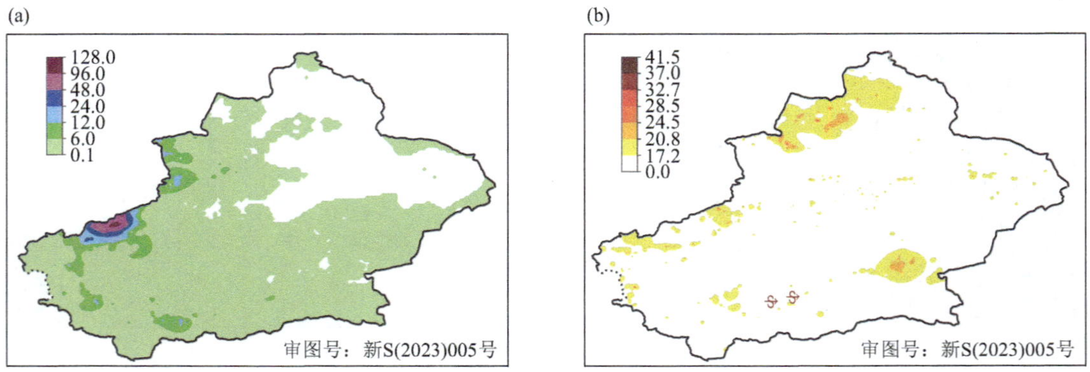

图3.29 (a)5月28日20时至5月31日20时过程累计降水量(单位:mm);(b)过程极大风速(单位:m/s)

3.15.2 环流形势

影响系统:100～200 hPa副热带大槽、500 hPa中亚低值系统、700～850 hPa南疆盆地偏东急流和偏东风、地面冷高压和切变线。

100～200 hPa:100 hPa南亚高压为东部型,南疆西部位于高压的西北侧;200 hPa新疆处于长波槽前强盛西南气流中(大于等于30 m/s)(图3.30a)。

500 hPa:欧亚范围中高纬为两槽两脊的纬向环流,中纬度多短波活动,新疆东部为高压脊控制。高压脊稳定少动,阻挡中纬度低值系统东移,导致南北疆西部持续处于中亚低值系统前西南气流控制中,造成此次南北疆偏西地区的长时间(3 d)持续性降水(图3.30b)。

700～850 hPa:南疆盆地东部有偏东急流,偏东急流西伸至阿克苏地区、克州地区,并在此处与偏东风辐合,造成克州山区、阿克苏山区的大雨及暴雨(图3.30c)。

地面:1020 hPa冷高压以偏西路径移至南疆西部,受上游弱冷空气补充,地面冷高压在南疆西部稳定维持,南疆西部处于高压前沿等压线密集带中(图3.30d)。在克州山区地面填图上,多个时次均出现西北风及西南风的切变;还可分析出西南风及西北风与克州向西开口的喇叭口地形的辐合线。

雷达:图3.30e是喀什站天气雷达图,多个强对流云团自西向东移动发展,最强回波强度超过60 dBZ。

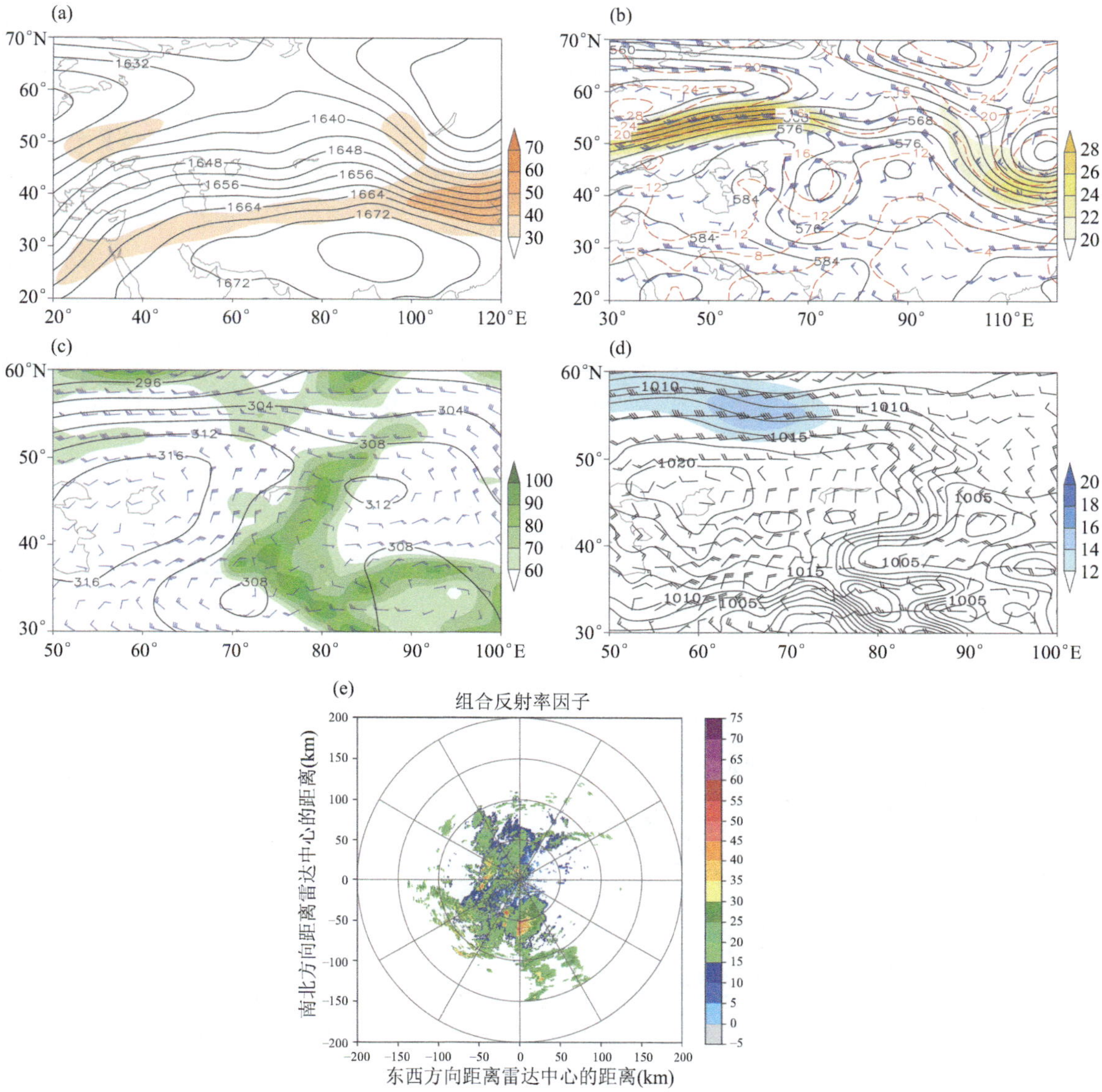

图 3.30　(a)5 月 29 日 20 时 100 hPa 高度场(实线,单位:dagpm),填色区为风速≥30 m/s 的 200 hPa 急流;(b)500 hPa 高度场(黑实线,单位:dagpm)、风场(填色区,单位:m/s)、温度场(红虚线,单位:℃);(c)700 hPa 高度场(黑实线,单位:dagpm)、风场(单位:m/s)和相对湿度(填色区,单位:%);(d)海平面气压(黑实线,单位:hPa)和 850 hPa 风场(填色区,单位:m/s);(e)5 月 30 日 22 时 30 分喀什站雷达图(单位:dBZ)

3.16　5 月 31 日 20 时至 6 月 3 日 02 时北疆西部北部暴雨、风口大风

3.16.1　天气实况综述

天气类型	降雨、大风	过程强度	中度
天气实况	①降雨:北疆大部、喀什地区南部山区、和田地区南部、阿克苏地区西部北部、巴州山区、吐鲁番市北部、哈密市北部小雨,其中伊犁州、博州西部、塔城地区、阿勒泰地区、石河子市、乌鲁木齐市、昌吉州、喀什地区南部、和田地区南部、巴州山区、哈密市北部的局部区域累计降水量 6.1～57.5 mm,最大累计降雨中心为伊犁州霍尔果斯市莫乎尔乡甲朗阿西牧业队站(图 3.31a)。 ②风:北疆大部、南疆西部、巴州北部、吐鲁番市、哈密市出现 5～6 级西北风,风口风力 9～10 级、阵风 11～12 级。		

续表

灾害性天气	暴雨	暴雨站数：共 41 站，6 月 1 日 37 站，其中大暴雨 1 站（伊犁州、塔城地区、阿勒泰地区），2 日 4 站（伊犁州、塔城地区北部、阿勒泰地区西部）。 日最大降雨中心：区域站伊犁州新源县吐尔根乡站（1 日）48.3 mm，国家站伊犁州新源站（1 日）19.1 mm。 最大小时雨强：区域站伊犁州霍尔果斯市莫乎尔乡甲朗阿西牧业队站 21.1 mm/h（2 日 17:00—18:00），国家站阿勒泰地区布尔津站 14.7 mm/h（1 日 19:00—20:00）。 短时强降水：2 站（伊犁州 1 站、阿勒泰地区 1 站）。 突破极值：塔城地区、阿勒泰地区等地共计 14 个测站降水量打破本站建站以来 6 月历史 24 h 降水量极值。
	大风	博州、塔城地区北部、阿勒泰地区西部、昌吉州东部、克州山区、和田地区南部、阿克苏地区北部、巴州、吐鲁番市、哈密市共 799 站出现 8 级以上大风，其中 10 级以上 137 站，12 级以上 3 站。过程极大风速，区域站为吐鲁番市高昌区小草湖服务区站 35.5 m/s（6 月 1 日 08:00），国家站为哈密市十三间房站 33.0 m/s（1 日 17:00）（图 3.31b）。
灾情		5 月 31 日夜间至 6 月 2 日，阿勒泰地区福海县暴雨洪涝、雷暴大风，造成农作物受灾，公共设施损坏。 6 月 2 日下午，塔城地区沙湾县短时强降水、冰雹造成农作物受灾。

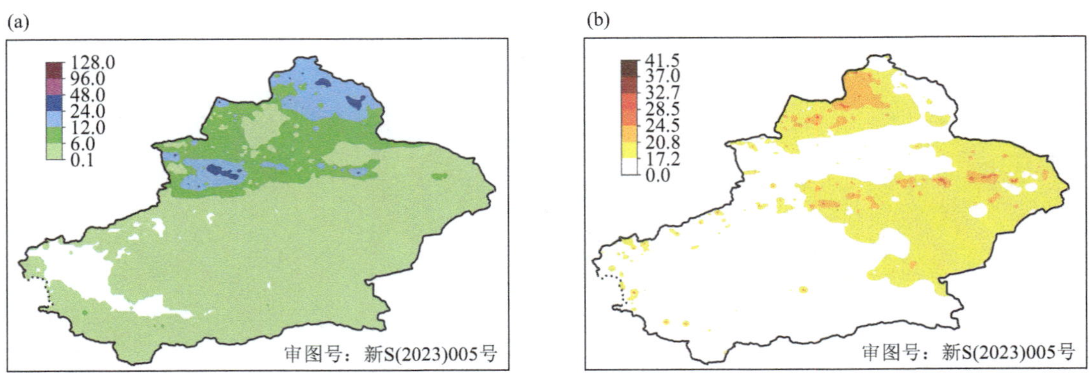

图 3.31 （a）5 月 31 日 08 时至 6 月 3 日 02 时过程累计降水量（单位：mm）；（b）过程极大风速（单位：m/s）

3.16.2 环流形势

影响系统：100～200 hPa 偏西急流、500 hPa 西西伯利亚低槽、中亚低槽、700～850 hPa 偏西急流、地面冷锋。

100～200 hPa：新疆位于长波槽前，6 月 2 日 08 时 200 hPa 偏西急流核最大风速达 50 m/s（图 3.32a）。

500 hPa：欧亚范围中高纬为两槽两脊的环流型，欧洲脊发展，脊前强西北风带建立，输送冷空气使得西西伯利亚低涡加深，环流经向度加大，低涡底部分裂短波东移，同时中亚低槽减弱东移，2 日 20 时欧洲脊衰退，推动西西伯利亚低槽东南下，同时中纬度多短波活动，造成此次降水、降温、风沙、局地强对流天气过程（图 3.32b）。

700～850 hPa：1 日 20 时 700 hPa 北疆西部和北部偏西风加强，风速达 20 m/s，天山北坡西北风加强，风速达 14 m/s，伴有较强冷平流，北疆多站 $T-T_d<4$ ℃（图 3.32c）。

地面：1020 hPa 的冷高压沿西北路径进入新疆，沿天山山脉等压线密集（图 3.32d）。

云图：北疆有较明显的低槽云系，层状云中有对流云团生成，云顶亮温约在 210 K（图 3.32e）。

探空 T-ln$p$：整层湿度大，对流参数中，暴雨点最近探空阿勒泰站的探空站资料，K 指数为 31.6 ℃、SI 指数为 0.43 ℃、CAPE 值为 464.3 J/kg、BIL 指数为 −1.9、$T_{850\sim500}$ 为 26.2 ℃（图 3.32f）。

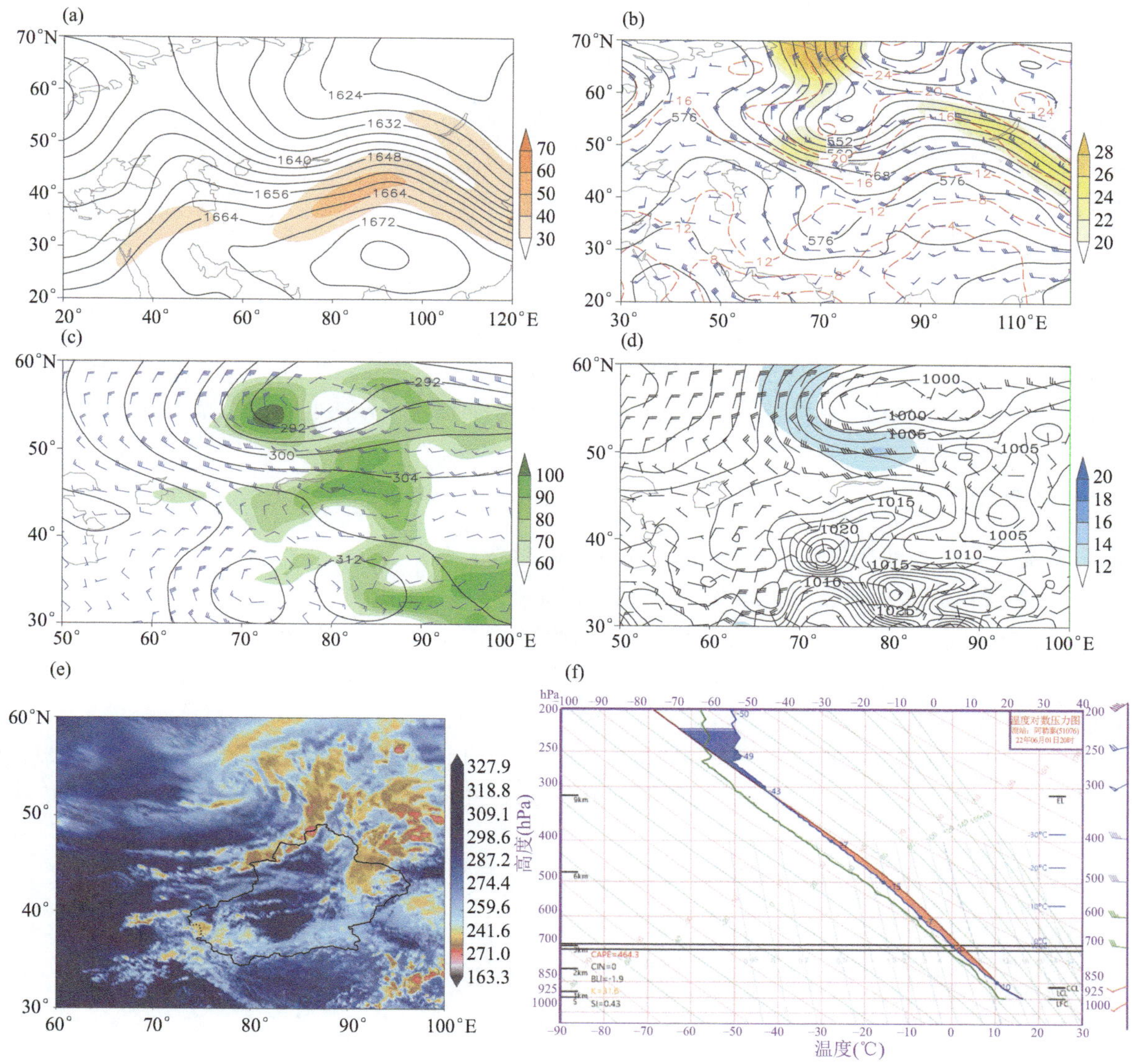

图 3.32　(a)6 月 1 日 08 时 100 hPa 高度场(实线,单位:dagpm),填色区为风速≥30 m/s 的 200 hPa 急流;(b)500 hPa 高度场(黑实线,单位:dagpm)、风场(填色区,单位:m/s)、温度场(红虚线,单位:℃);(c)700 hPa 高度场(黑实线,单位:dagpm)、风场(单位:m/s)和相对湿度(填色区,单位:%);(d)海平面气压(黑实线,单位:hPa)和 850 hPa 风场(填色区,单位:m/s);(e)6 月 1 日 19 时 FY-4A 红外云图(单位:K);(f)6 月 1 日 20 时阿勒泰站 T-ln$p$ 图

3.17　6 月 9 日 08 时至 16 日 20 时全疆高温天气

3.17.1　天气实况综述

天气类型	高温	过程强度	中度
天气实况	持续时间:8 d。 高温范围:全疆日最高气温 1126 站≥35 ℃,其中 682 站≥37 ℃,240 站≥40 ℃,19 站≥45 ℃; 国家站日最高气温 68 站≥35 ℃,其中 37 站≥37 ℃,13 站≥40 ℃,2 站≥45 ℃(图 3.33a)。 单日最大范围:13 日,全疆日最高气温 837 站≥35 ℃,其中 472 站≥37 ℃,145 站≥40 ℃,11 站≥45 ℃日,国家站日最高气温 50 站≥35 ℃,其中 28 站≥37 ℃,7 站≥40 ℃(图 3.33b)。 高温极值:吐鲁番市高昌区艾丁湖乡西站 48.4 ℃(14 日 18:11)。 突破极值:13 日吉木萨尔、木垒、小渠子、白杨沟日最高气温破 6 月历史极值。		

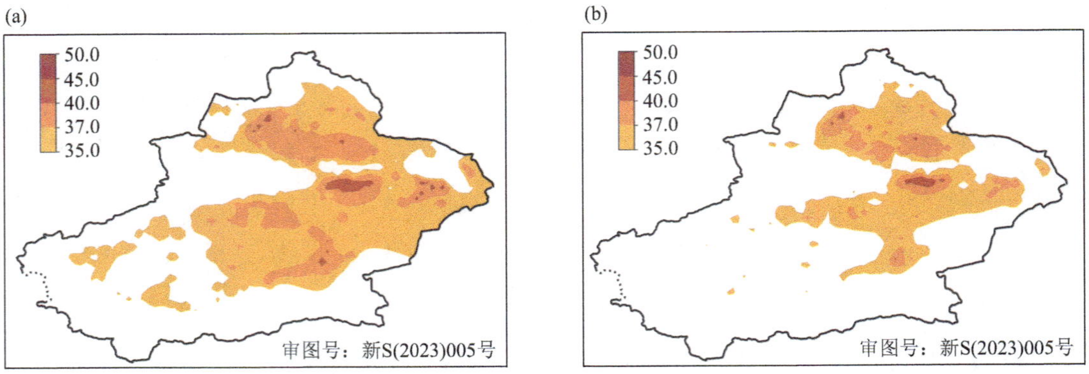

图 3.33 (a)6 月 9 日 08 时至 6 月 16 日 20 时过程最高气温(单位:℃);(b)6 月 13 日最高气温(单位:℃)

3.17.2 环流形势

影响系统:500 hPa 伊朗副热带高压(以下简称伊朗副高)、新疆脊。

100～200 hPa:新疆受副热带长波脊控制(图 3.34a)。

500 hPa:10 日至 13 日乌拉尔山为低槽活动区,伊朗副高北上东扩,新疆至泰米尔半岛为高压脊控制,全疆大部快速升温,14 日西西伯利亚低涡底部分裂冷空气南下影响北疆,新疆脊衰退,伊朗副高稳定少动,北疆高温减弱,南疆、东疆高温持续(图 3.34b)。

700～850 hPa:新疆上空暖脊强烈发展,13 日 20 时,700 hPa 北疆大部上升至 12～16 ℃,南疆、东疆气温上升至 15～17 ℃;850 hPa 北疆大部气温上升至 23～28 ℃,南疆和东疆地区上升至 29～33 ℃(图 3.34c)。

地面:海平面气压场呈“东高西低”形态,全疆大部地区持续减压(图 3.34d)。

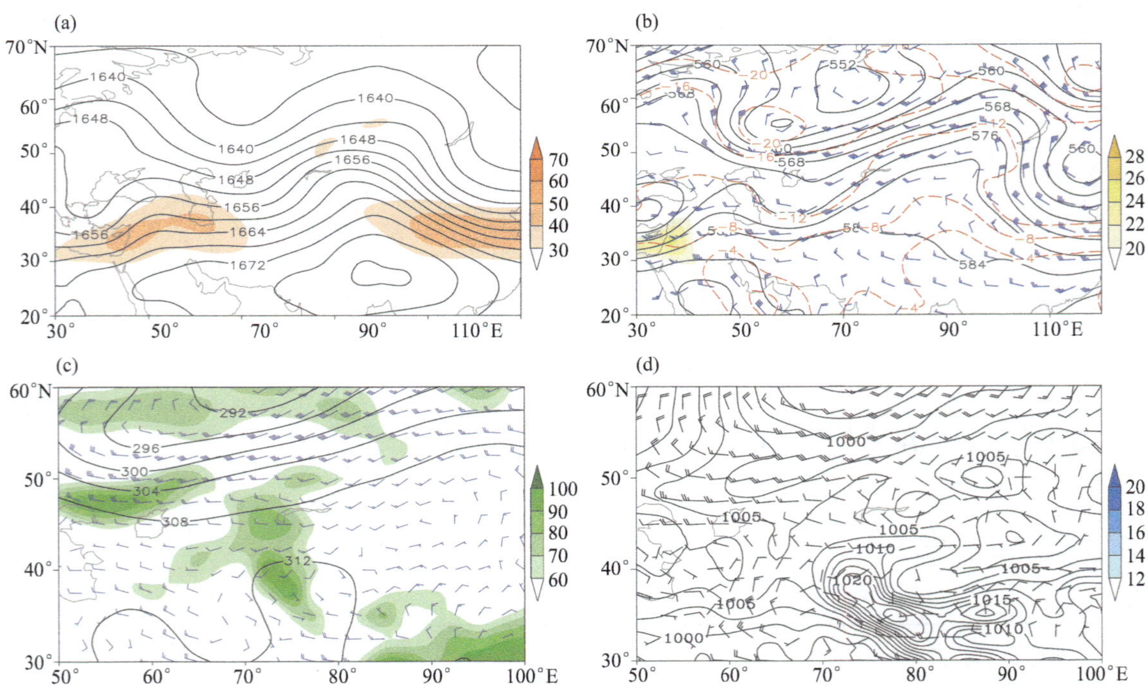

图 3.34 (a)6 月 12 日 20 时 100 hPa 高度场(实线,单位:dagpm),填色区为风速≥30 m/s 的 200 hPa 急流;(b)500 hPa 高度场(黑实线,单位:dagpm)、风场(填色区,单位:m/s)、温度场(红虚线,单位:℃);(c)700 hPa 高度场(黑实线,单位:dagpm)、风场(单位:m/s)和相对湿度(填色区,单位:%);(d)海平面气压(黑实线,单位:hPa)和 850 hPa 风场(填色区,单位:m/s)

3.18　6 月 22 日 08 时至 7 月 7 日 20 时全疆高温天气

3.18.1　天气实况综述

天气类型	高温	过程强度	特强
天气实况	持续时间：16 d。 高温范围：全疆日最高气温 1534 站≥35 ℃，其中 1171 站≥37 ℃，472 站≥40 ℃，32 站≥45 ℃；国家站日最高气温 85 站≥35 ℃，其中 69 站≥37 ℃，27 站≥40 ℃，3 站≥45 ℃（图 3.35a）。 单日最大范围：6 月 30 日，全疆日最高气温 1313 站≥35 ℃，其中 956 站≥37 ℃，335 站≥40 ℃，18 站≥45 ℃日，国家站日最高气温 68 站≥35 ℃，其中 43 站≥37 ℃，7 站≥40 ℃，1 站≥45 ℃（图 3.35b）。 高温极值：吐鲁番市高昌区高昌故城站 48.9 ℃（6 月 23 日 17:33）。 突破极值：6 月 23 日蔡家湖、铁干里克、阜康等 19 站日最高气温居历史同期第一位；6 月 26 日至 7 月 7 日阿图什、伽师、民丰等 9 站日最高气温居历史同期第一位。		

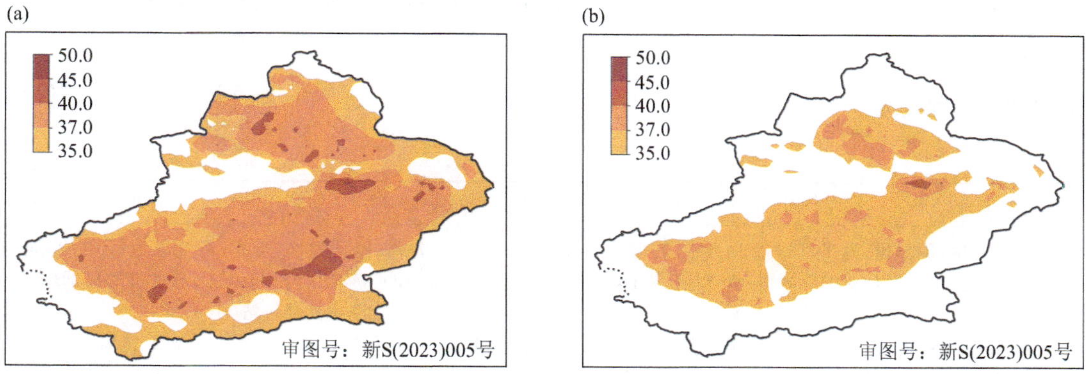

图 3.35　6 月 22 日 08 时至 7 月 7 日 20 时过程最高气温（单位：℃）；(b)6 月 30 日最高气温（单位：℃）

3.18.2　环流形势

影响系统：500 hPa 伊朗副高、西太平洋副热带高压（以下简称西太副高）、新疆脊。

100～200 hPa：南亚高压呈带状分布（图 3.36a）。

500 hPa：新疆受高压脊控制，全疆大部持续升温。22 日西太副高西伸北抬，584 dagpm 线控制东疆和南疆东部；22—28 日伊朗副高持续东伸，26 日 588 dagpm 线控制南疆西部，584 dagpm 线控制南疆大部（图 3.36b）。

700～850 hPa：新疆上空暖脊强烈发展，27 日 20 时，700 hPa 北疆大部上升至 11～14 ℃，南疆、东疆气温上升至 14～19 ℃；850 hPa 北疆大部气温上升至 25～28 ℃，南疆和东疆地区上升至 30～36 ℃（图 3.36c）。

地面：南疆持续减压，24 日、28 日有地面小高压进入北疆（图 3.36d）。

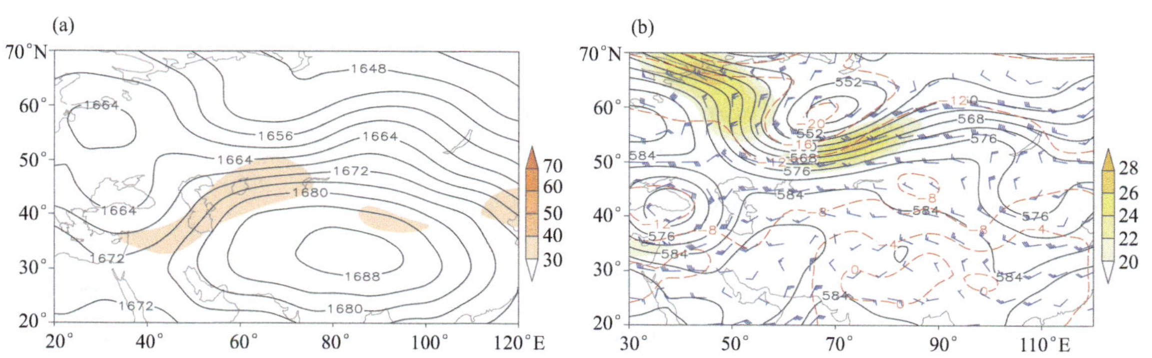

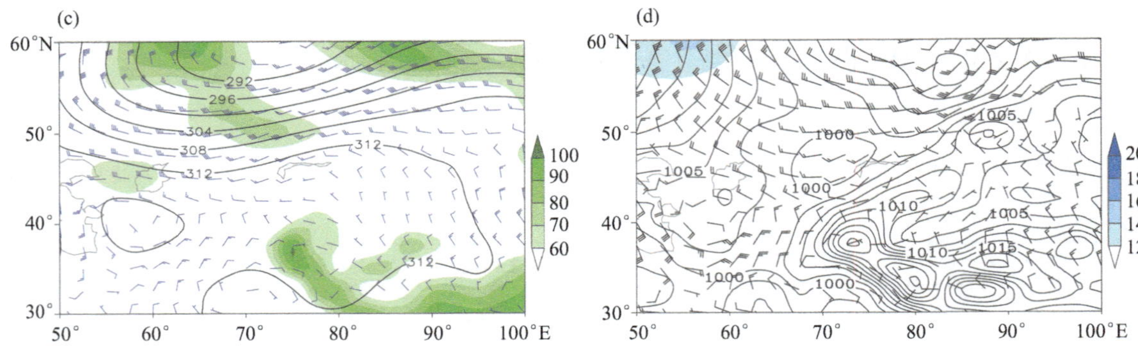

图 3.36 (a)6 月 26 日 20 时 100 hPa 高度场(实线,单位:dagpm),填色区为风速≥30 m/s 的 200 hPa 急流;(b)500 hPa 高度场(黑实线,单位:dagpm)、风场(填色区,单位:m/s)、温度场(红虚线,单位:℃);(c)700 hPa 高度场(黑实线,单位:dagpm)、风场(单位:m/s)和相对湿度(填色区,单位:%);(d)海平面气压(黑实线,单位:hPa)和 850 hPa 风场(填色区,单位:m/s)

3.19 6 月 23 日 20 时至 26 日 20 时北疆西部暴雨、风口大风

3.19.1 天气实况综述

<table>
<tr><td>天气类型</td><td colspan="2">降雨、大风</td><td>过程强度</td><td>中度</td></tr>
<tr><td>天气实况</td><td colspan="4">①降雨:伊犁州、博州西部、塔城地区、石河子市、乌鲁木齐市、昌吉州、喀什地区、克州、阿克苏地区、巴州、吐鲁番市北部、哈密市小雨,其中伊犁州、喀什地区南部、克州、和田地区南部、阿克苏地区、巴州山区、哈密市的局部区域累计降水量 6.1～69.0 mm,最大累计降雨中心为伊犁州尼勒克县加哈乌拉斯台乡库克拜村站(图 3.37a)。
②风:北疆大部、南疆西部、巴州北部、吐鲁番市、哈密市出现 5～6 级西北风,风口风力 9～10 级、阵风 11 级。</td></tr>
<tr><td rowspan="2">灾害性天气</td><td>暴雨</td><td colspan="3">暴雨站数:共 29 站,24 日 11 站,其中大暴雨 1 站(伊犁州、博州),25 日 17 站(伊犁州),26 日 1 站(伊犁州)。
日最大降雨中心:区域站伊犁州昭苏县察汗乌苏乡阿克苏站(24 日)54.1 mm,国家站伊犁州察布查尔站(25 日)24.8 mm。
最大小时雨强:区域站伊犁州新源县吐尔根乡站 41.1 mm/h(24 日 23:00—25 日 00:00),国家站伊犁州察布查尔站 19.4 mm/h(24 日 21:00—22:00)。
短时强降水:18 站(伊犁州 17 站、喀什地区 1 站)。</td></tr>
<tr><td>大风</td><td colspan="3">塔城地区北部、阿勒泰地区西部、昌吉州东部、克州山区、和田地区南部、阿克苏地区北部、巴州、吐鲁番市、哈密市共 495 站出现 8 级以上大风,其中 10 级以上 22 站。过程极大风速,区域站为铁门关市 32 团看守所站 30.5 m/s(11 级),国家站为哈密市十三间房站 21.6 m/s(25 日 06:00)(图 3.37b)。</td></tr>
<tr><td>灾情</td><td colspan="4">24 日至 25 日,伊犁州尼勒克县暴雨洪涝造成农作物、草场受灾,基础设施受损。</td></tr>
</table>

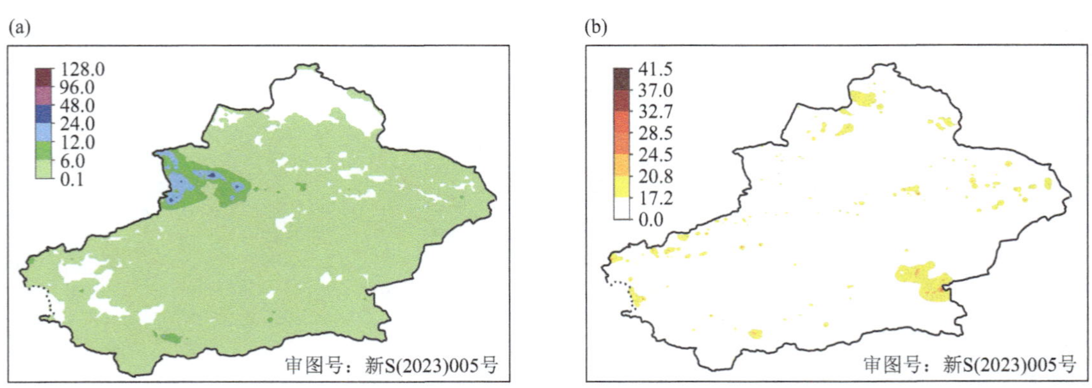

图 3.37 (a)6 月 23 日 20 时至 6 月 26 日 20 时过程累计降水量(单位:mm);(b)过程极大风速(单位:m/s)

3.19.2 环流形势

影响系统：200 hPa 西南急流、500 hPa 中亚低槽、700～850 hPa 切变线、地面辐合线。

100～200 hPa：200 hPa 为西南急流，23 日 20 时西南急流核最大风速达 54 m/s(图 3.38a)。

500 hPa：欧亚范围中高纬为三槽两脊的环流型，里海、咸海及蒙古国地区为高压脊区，黑海、西西伯利亚、鄂霍次克海为低涡活动区。伊朗副高与咸海高压同位相发展，推动中亚低涡减弱成槽东移，造成此次降水天气；中低层冷暖空气交汇剧烈且有不稳定能量，造成北疆偏西地区短时强降水、雷电等对流天气(图 3.38b)

700～850 hPa：24 日 20 时 700 hPa 北疆西部有弱切变(图 3.38c)。

地面：1007.5 hPa 的冷高压前沿进入北疆西部，伊犁州北部存在西北风与西南风的辐合线(图 3.38d)。

云图：24 日 18 时，伊犁州境内有中小尺度对流云系发展，云顶亮温最低值约为 220 K(图 3.38e)。

探空 T-ln$p$：整层湿度大，对流参数中，暴雨点最近探空伊宁站的探空站资料，K 指数为 33.6 ℃、SI 指数为－0.09 ℃、CAPE 值为 1339.3 J/kg、BIL 指数为－3.6、$T_{850\sim500}$ 为 28.2 ℃(图 3.38f)。

雷达：24 日 18 时伊宁站雷达西侧有多个中小尺度对流单体生成并向东发展，组合反射率强度在 45～60 dBZ(图 3.38g)。

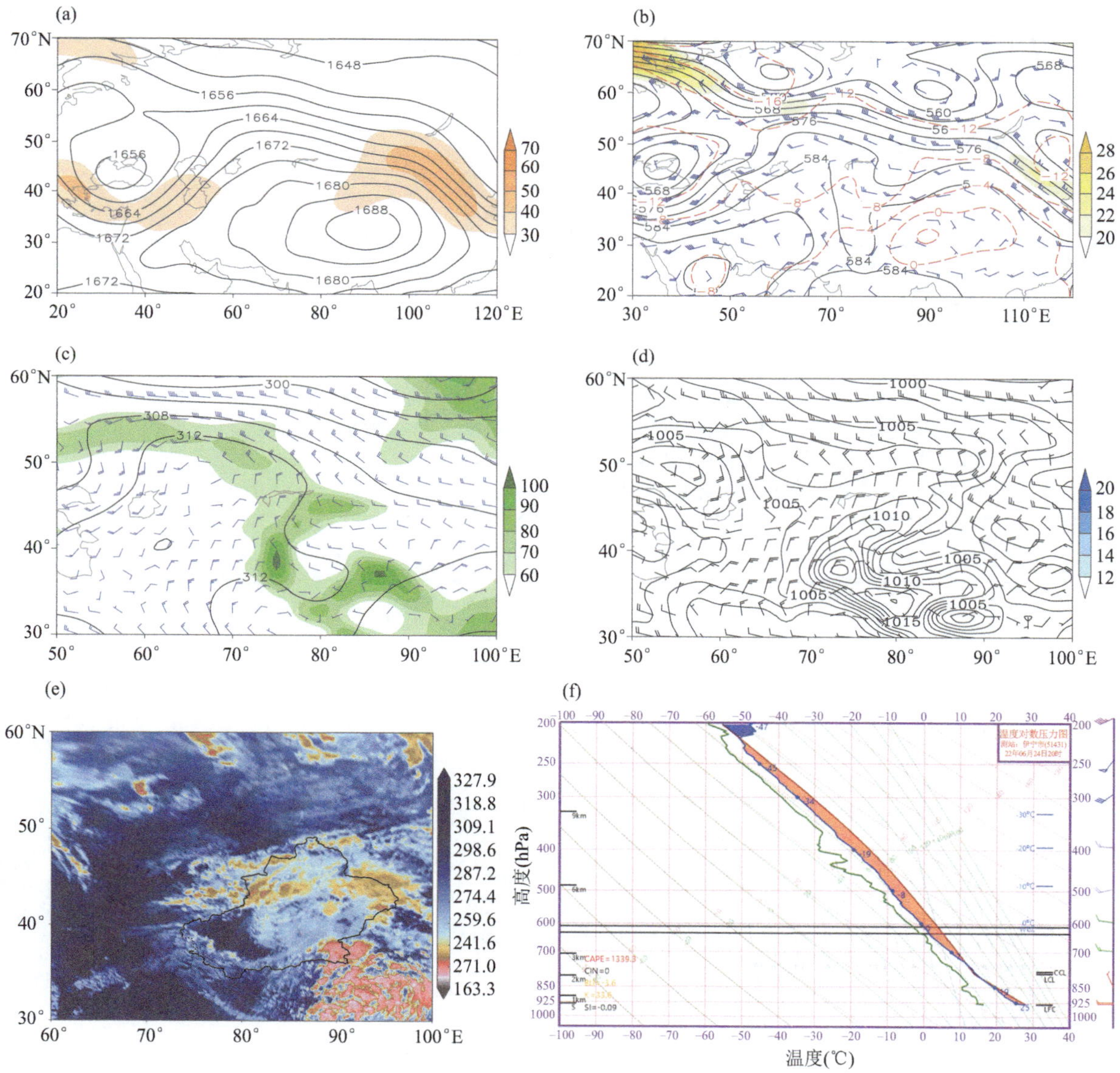

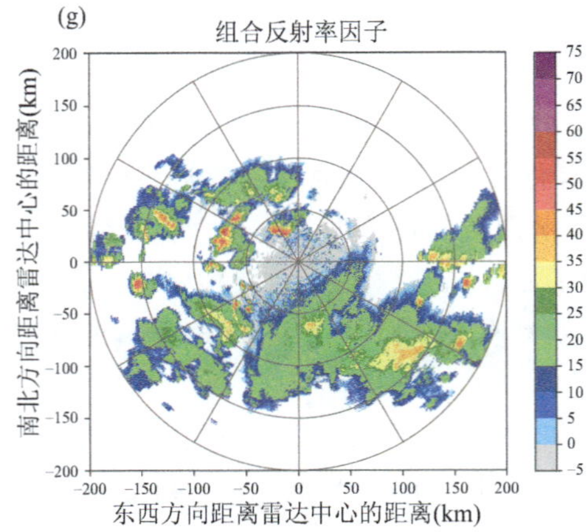

图 3.38 (a)6 月 24 日 20 时 100 hPa 高度场(实线,单位:dagpm),填色区为风速≥30 m/s 的 200 hPa 急流;(b)500 hPa 高度场(黑实线,单位:dagpm)、风场(填色区,单位:m/s)、温度场(红虚线,单位:℃);(c)700 hPa 高度场(黑实线,单位:dagpm)、风场(单位:m/s)和相对湿度(填色区,单位:%);(d)海平面气压(黑实线,单位:hPa)和 850 hPa 风场(填色区,单位:m/s);(e)6 月 24 日 18 时 FY-4A 红外云图(单位:K);(f)6 月 24 日 20 时伊宁站 T-ln$p$ 图;(g)6 月 24 日 18 时 59 分伊宁站雷达图(单位:dBZ)

3.20 7 月 17 日 08 时至 31 日 20 时全疆高温天气

3.20.1 天气实况综述

天气类型	高温	过程强度	强
天气实况	持续时间:15 d。 高温范围:全疆日最高气温 1408 站≥35 ℃,其中 1059 站≥37 ℃,416 站≥40 ℃,27 站≥45 ℃; 国家站日最高气温 78 站≥35 ℃,其中 60 站≥37 ℃,25 站≥40 ℃,3 站≥45 ℃(图 3.39a)。 单日最大范围:7 月 23 日,全疆日最高气温 1235 站≥35 ℃,其中 820 站≥37 ℃,203 站≥40 ℃,20 站≥45 ℃日,国家站日最高气温 72 站≥35 ℃,其中 49 站≥37 ℃,14 站≥40 ℃,3 站≥45 ℃(图 3.39b)。 高温极值:吐鲁番市高昌区沙漠植物园站 48.3 ℃(23 日 17:45)。 突破极值:岳普湖、阿拉尔、且末突破有气象记录以来高温历史极值。		

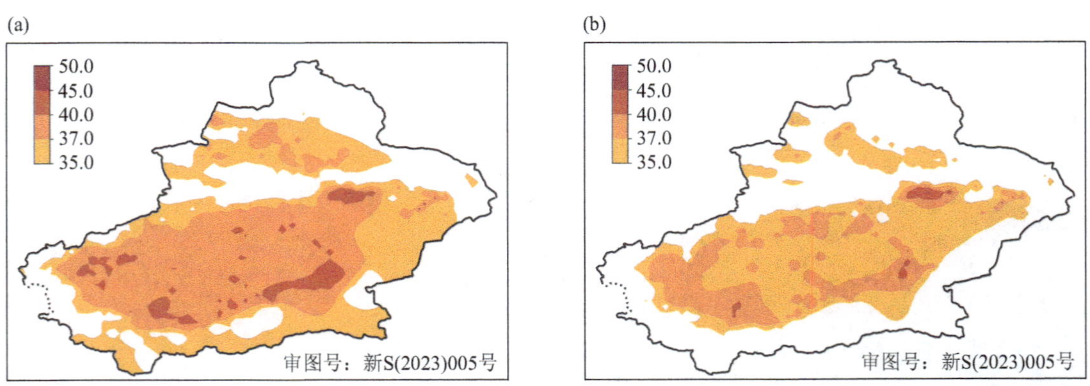

图 3.39 (a)7 月 17 日 08 时至 7 月 31 日 20 时过程最高气温(单位:℃);(b)7 月 23 日最高气温(单位:℃)

3.20.2 环流形势

影响系统:500 hPa 伊朗副高、西太副高、新疆脊。

100～200 hPa：南亚高压呈单体型，高压脊主体偏强，200 hPa 新疆受高压脊控制(图 3.40a)。

500 hPa：受高压脊控制，全疆大部出现高温。17—21 日，伊朗副高东伸北挺，584 dagpm 线控制南疆大部和北疆西部，588 dagpm 线控制南疆西部，高压中心 592 hPa；22—29 日，全疆大部持续受高压脊控制，伊朗副高和西太副高继续发展，两者结合，588 dagpm 线控制南疆大部，592 dagpm 线断续控制南疆西部；30 日开始，伊朗副高和西太副高减弱衰退，西西伯利亚低涡底部分裂冷空气南下影响新疆，高温过程逐渐结束(图 3.40b)。

700～850 hPa：新疆上空暖脊强烈发展，24 日 20 时，700 hPa 北疆大部气温上升至 7～14 ℃，南疆、东疆气温上升至 15～24 ℃；850 hPa 北疆大部气温上升至 21～29 ℃，南疆和东疆地区上升至 30～38 ℃(图 3.40c)。

地面：南疆、东疆受低压控制，最低气压中心出现在 24 日 08 时，为 992.5 hPa(图 3.40d)

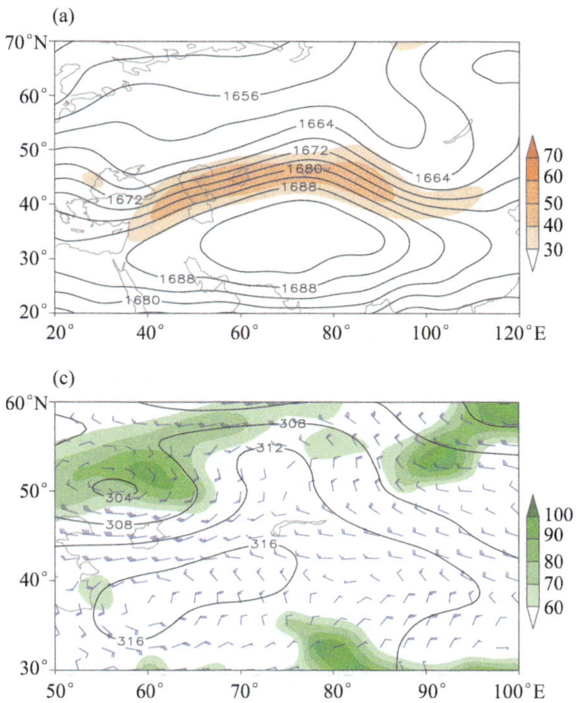

图 3.40　(a)7 月 26 日 20 时 100 hPa 高度场(实线，单位：dagpm)，填色区为风速≥30 m/s 的 200 hPa 急流；(b)500 hPa 高度场(黑实线，单位：dagpm)、风场(填色区，单位：m/s)、温度场(红虚线，单位：℃)；(c)700 hPa 高度场(黑实线，单位：dagpm)、风场(单位：m/s)和相对湿度(填色区，单位：%)；(d)海平面气压(黑实线，单位：hPa)和 850 hPa 风场(填色区，单位：m/s)

3.21　8 月 10 日 02 时至 13 日 14 时南疆、北疆偏西地区暴雨、风口大风

3.21.1　天气实况综述

天气类型	降雨、大风	过程强度	中度
天气实况	①降雨：北疆大部、喀什地区、克州、和田地区南部、阿克苏地区、巴州山区、哈密市小雨，其中伊犁州、博州西部、塔城地区、石河子市、乌鲁木齐市南部山区、昌吉州山区、喀什地区山区、克州、和田地区南部、阿克苏地区西部北部、巴州山区、哈密市的局部区域累计降水量 6.1～62.0 mm，最大累计降雨中心为巴州和静县独库高速南天山隧道进口站(图 3.41a)。 ②风沙：北疆大部、南疆西部、巴州北部、吐鲁番市、哈密市出现 5～6 级西北风，风口风力 10～11 级，阵风 12 级；南疆东部有 5 级左右偏东风，阵风 7～8 级，局地出现扬沙或浮尘。		

续表

灾害性天气	暴雨	暴雨站数:共 42 站,10 日 19 站(伊犁州、克州、阿克苏地区),11 日 2 站(巴州),12 日 21 站(伊犁州、阿克苏地区、巴州)。 日最大降雨中心:区域站伊犁州新源县那拉提镇塔亚苏村站(12 日)51.6 mm,国家站巴州巴音布鲁克站(12 日)34.5 mm。 最大小时雨强:区域站博州博乐市小营盘镇哈日图热格站 18.2 mm/h(12 日 16:00—17:00),国家站昌吉州天池站 7.1 mm/h(12 日 17:00—18:00)。
	大风	博州西部、阿勒泰地区东部、昌吉州东部、克州山区、和田地区南部、阿克苏地区西部、巴州、吐鲁番市、哈密市共 294 站出现 8 级以上大风,其中 10 级以上 25 站,12 级以上 1 站。过程极大风速,区域站为吐鲁番市托克逊县克尔碱镇站 32.9 m/s(11 日 23:00),国家站为哈密市十三间房站 29.5 m/s(12 日 21:00)(图 3.41b)。
灾情		9 日至 10 日,喀什地区英吉沙县、叶城县、塔什库尔干县暴雨洪涝造成农作物、草场受灾,房屋、基础设施受损。 9 日至 11 日,克州阿合奇县暴雨洪涝造成农作物、草场受灾,房屋、基础设施受损。

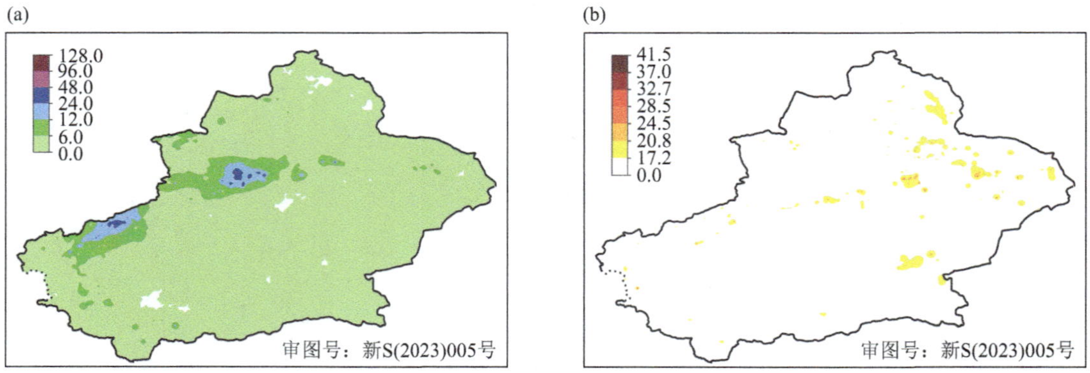

图 3.41 (a)8 月 10 日 02 时至 8 月 13 日 14 时过程累计降水量(单位:mm);(b)过程极大风速(单位:m/s)

3.21.2 环流形势

影响系统:200 hPa 西南急流、500 hPa 中亚低槽、700~850 hPa 切变线、地面辐合线。

100~200 hPa:200 hPa 为西南急流,11 日 20 时西南急流核最大风速达 58 m/s(图 3.42a)。

500 hPa:欧亚范围中高纬为两槽两脊的环流型,乌拉尔山和蒙古国附近为高压脊区,欧洲至黑海一线和巴尔喀什湖至中亚地区为低涡活动区,中亚多短波槽活动,新疆地区下游西太副高发展强盛,西边界稳定维持在河西走廊。伊朗副高北挺,乌拉尔山脊向东南衰退,受西太副高阻挡,推动中亚低涡减弱成槽东移,造成此次降水天气;中低层冷暖空气交汇剧烈且有不稳定能量,造成天山山区及两侧短时强降水、雷电等对流天气(图 3.42b)

700~850 hPa:12 日 20 时 700 hPa 伊犁河谷有 14 m/s 偏西急流,巴州北部有弱切变(图 3.42c)。

地面:1007.5 hPa 的冷高压前沿进入北疆西部(图 3.42d)。

云图:全疆大部有较明显的低槽云系,12 日 12 时,伊犁州境内有多个小尺度对流云团发展,云顶亮温最低值约为 240 K(图 3.42e)。

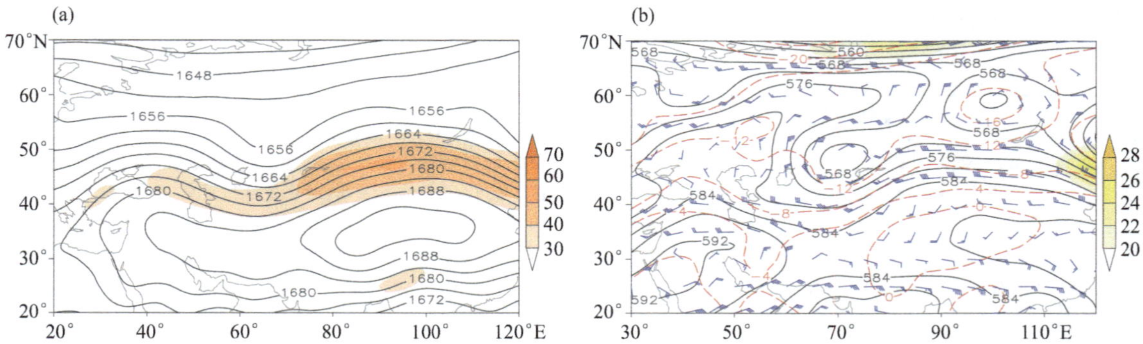

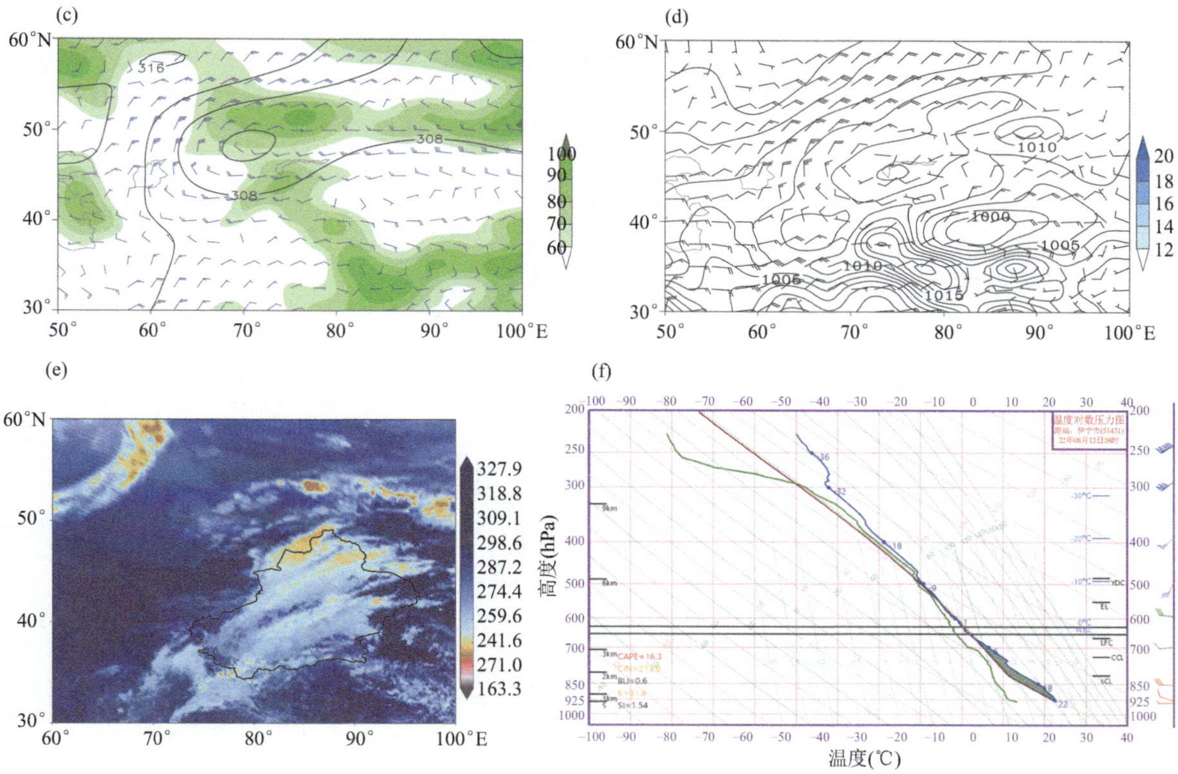

图 3.42 (a)8 月 10 日 08 时 100 hPa 高度场(实线,单位:dagpm),填色区为风速≥30 m/s 的 200 hPa 急流;
(b)500 hPa 高度场(黑实线,单位:dagpm)、风场(填色区,单位:m/s)、温度场(红虚线,单位:℃);
(c)700 hPa 高度场(黑实线,单位:dagpm)、风场(单位:m/s)和相对湿度(填色区,单位:%);
(d)海平面气压(黑实线,单位:hPa)和 850 hPa 风场(填色区,单位:m/s);
(e)8 月 12 日 12 时 FY-4A 红外云图(单位:K);(f)8 月 12 日 08 时伊宁站 T-ln$p$ 图

探空 T-ln$p$:中上层湿度大,离暴雨点最近的探空站(阿克苏站)资料显示,K 指数为 31.6 ℃、SI 指数为 1.54 ℃、CAPE 值为 16.3 J/kg、BIL 指数为 0.6、$T_{850\sim500}$ 为 27.7 ℃(图 3.42f)。

3.22 8 月 13 日 20 时至 18 日 20 时南疆暴雨、短时强降水、冰雹、雷暴大风

3.22.1 天气实况综述

天气类型	降雨、大风、冰雹	过程强度	中度
天气实况	①降雨:南疆大部和伊犁州山区、博州西部、塔城地区山区、阿勒泰地区山区、乌鲁木齐市南部山区、昌吉州山区、吐鲁番市、哈密市小雨,其中伊犁州南部山区、喀什地区、克州、和田地区南部、阿克苏地区、巴州山区、哈密市的局部区域累计降水量 6.1~67.4 mm,最大累计降雨中心为和田地区一牧场新疆生产建设兵团第十四师 1 连站(图 3.43a)。 ②风:全疆大部出现 5~6 级西北风,风口风力 9~10 级、阵风 11 级。		
灾害性天气	暴雨	暴雨站数:共 29 站,14 日 1 站(和田地区),15 日 3 站(克州),16 日 13 站(喀什地区、阿克苏地区),17 日 9 站(喀什地区、和田地区、阿克苏地区、巴州、哈密市),18 日 3 站(阿克苏地区、巴州)。 日最大降雨中心:区域站克州乌恰县膘尔托阔依乡阿合奇村站(15 日)48.1 mm,国家站阿克苏地区温宿站(16 日)46.7 mm。 最大小时雨强:区域站巴州轮台县哈尔巴克乡巴格吉格代村格站 25.9 mm/h(17 日 18:00—19:00),国家站阿克苏地区温宿站 46.6 mm/h(16 日 18:00—19:00)。 短时强降水:6 站(阿克苏地区 3 站、巴州 3 站)。 突破极值:阿克苏地区、克州、喀什地区共计 16 个测站(含区域站)降水量打破本站建站以来 8 月日降水量历史极值。	

续表

灾害性天气	大风	博州西部、塔城地区北部、阿勒泰地区西部、喀什地区南部山区、克州山区、和田地区南部、阿克苏地区西部、巴州、吐鲁番市、哈密市共 343 站出现 8 级以上大风,其中 10 级以上 12 站。过程极大风速,区域站为喀什地区塔县班迪尔乡下板地水库站 30.9 m/s(14 日 21:00),国家站为哈密市伊州区红柳河站 25.8 m/s(17 日 17:00)(图 3.43b)。
	冰雹	阿瓦提县 18 日 00:00—01:00 出现冰雹天气,阿拉尔市 07:00 左右出现冰雹天气。
灾情	16 日,阿克苏地区温宿县暴雨洪涝造成林果受灾。 18 日,阿克苏地区阿瓦提县、阿拉尔市暴雨冰雹造成农作物受灾。 15 日至 18 日,和田地区墨玉县混合型洪水造成基础设施受损,于田县暴雨洪涝造成农作物受灾,基础设施受损。 16 日至 17 日,和田地区策勒县、和田县暴雨洪涝造成农作物受灾。 15 日至 17 日,喀什地区塔什库尔干县、叶城县暴雨洪涝造成农作物、草场受灾,房屋、基础设施受损。	

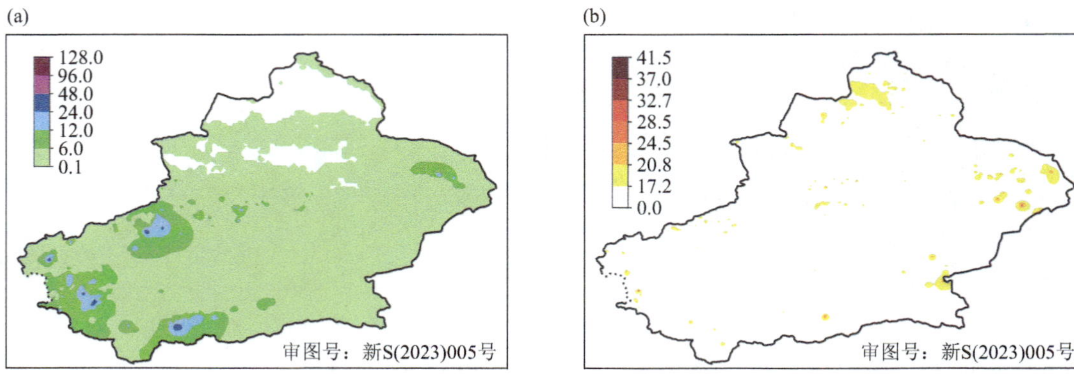

图 3.43 (a)8 月 13 日 20 时至 8 月 18 日 20 时过程累计降水量(单位:mm);(b)过程极大风速(单位:m/s)

3.22.2 环流形势

影响系统:200 hPa 西南急流、500 hPa 中亚低槽、700～850 hPa 偏东风、地面辐合线。

100～200 hPa:200 hPa 为西南急流,16 日 20 时西南急流核最大风速达 60 m/s(图 3.44a)。

500 hPa:欧亚范围中高纬为两槽两脊的环流型,里海、咸海、西西伯利亚为高压脊区,欧洲、新地岛为低值系统活动区,新疆地区下游西太副高发展强盛。伊朗副高发展与东欧脊同位相发展,13 日至 14 日脊前中纬度短波槽南下东移,15 日 20 时巴尔喀什湖低槽进入南疆盆地,造成明显降水;中低层冷暖空气交汇剧烈且有不稳定能量,造成南疆偏西地区短时强降水、雷电等对流天气(图 3.44b)

700～850 hPa:15 日 20 时 700 hPa 南疆盆地有偏东气流,喀什南部、和田西部有偏西风和偏东风的辐合(图 3.44c)。

地面:1020 hPa 的冷高压前沿翻越天山进入南疆盆地,16 日 17 时阿克苏地区北部存在西北风与东南风的辐合线(图 3.44d)。

云图:全疆大部有较明显的低槽云系,16 日 18 时,阿克苏北部有多个小尺度对流云团发展,云顶亮温最低值约为 220 K(图 3.44e)。

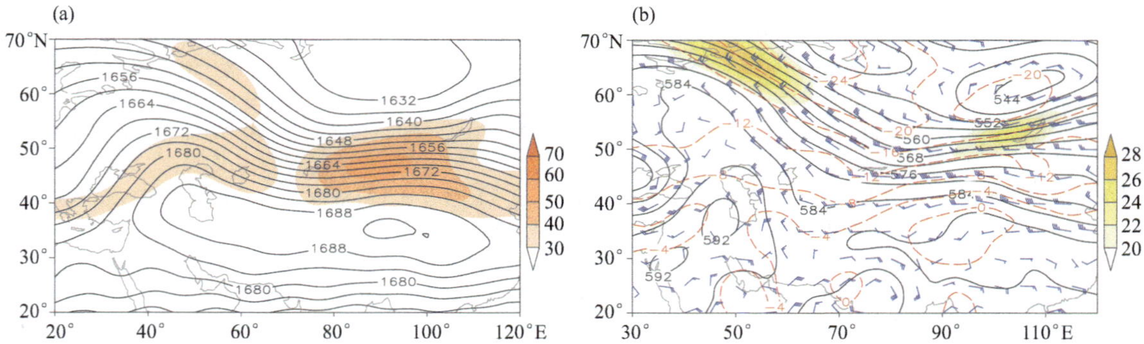

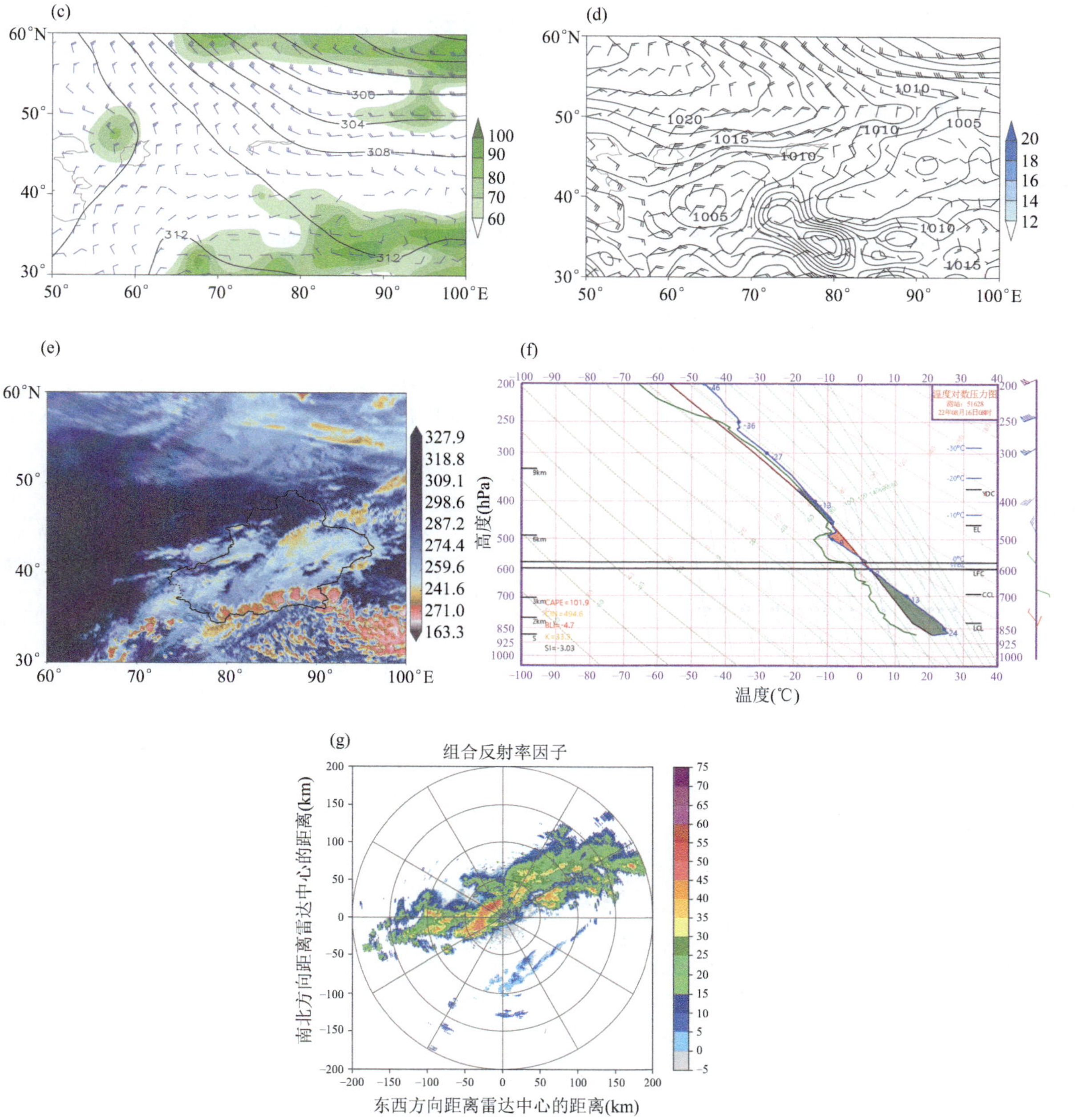

图 3.44　(a)8 月 16 日 08 时 100 hPa 高度场(实线,单位:dagpm),填色区为风速≥30 m/s 的 200 hPa 急流;(b)500 hPa 高度场(黑实线,单位:dagpm)、风场(填色区,单位:m/s)、温度场(红虚线,单位:℃);(c)700 hPa 高度场(黑实线,单位:dagpm)、风场(单位:m/s)和相对湿度(填色区,单位:%);(d)海平面气压(黑实线,单位:hPa)和 850 hPa 风场(填色区,单位:m/s);(e)8 月 16 日 18 时 FY-4A 红外云图(单位:K);(f)8 月 16 日 08 时阿克苏站 T-ln$p$ 图;(g)8 月 16 日 18 时 06 分阿克苏站雷达图(单位:dBZ)

探空 T-ln$p$:整层湿度大,离暴雨点最近的探空站(伊宁站)资料显示,K 指数为 33.3 ℃、SI 指数为 −3.03 ℃、CAPE 值为 101.9 J/kg、BIL 指数为 −4.7、$T_{850\sim500}$ 为 33.1 ℃(图 3.44f)。

雷达:8 月 16 日 18 时,温宿县多个对流云团新生并发展,对流单体向东北方向发展,组合反射率强度在 45~60 dBZ(图 3.44g),18:06 达到最大强度 62 dBZ,18:01VIL 值达到最大值 29 kg/m^2,18:20 左右开始减弱,新生发展到强盛仅 20 min。

3.23 8 月 20 日 08 时至 23 日 02 时南疆暴雨、冰雹、风口大风

3.23.1 天气实况综述

天气类型	降雨、大风、冰雹	过程强度	中度
天气实况	①降雨:北疆大部和喀什地区、克州、和田地区南部山区、阿克苏地区、巴州、哈密市北部小雨,其中伊犁州山区、博州西部、喀什地区山区、克州山区、阿克苏地区西部北部、巴州北部山区的局部区域累计降水量 6.1～71.7 mm,最大累计降雨中心为阿克苏地区库车县独库高速南天山隧道出口站(图 3.45a)。 ②风沙:北疆大部、南疆西部、巴州北部、吐鲁番市、哈密市出现 5～6 级西北风,风口风力 10～11 级,阵风 12 级,南疆东部有 6 级左右偏东风,阵风 9～10 级,局地出现扬沙或浮尘。		
灾害性天气	暴雨	暴雨站数:共 13 站,20 日 6 站(阿克苏地区),22 日 7 站(阿克苏地区、巴州)。 日最大降雨中心:区域站阿克苏地区库车县苗圃站雨情监测站(22 日)56.1 mm,国家站阿克苏地区乌什站(23 日)11.5 mm。 最大小时雨强:区域站阿克苏地区拜城县老虎台乡开普台尔村站 19.2 mm/h(20 日 17:00—18:00),国家站阿克苏地区乌什站(20 日 19:00—20:00)和库车站(20 日 21:00—22:00)7.2 mm/h。	
	大风	塔城地区北部、阿勒泰地区西部、喀什地区南部山区、克州山区、和田地区南部、巴州、吐鲁番市、哈密市共 356 站出现 8 级以上大风,其中 10 级以上 44 站,12 级以上 5 站。过程极大风速,区域站为巴州库尔勒市库尔楚收费站 37.4 m/s(20 日 19:00),国家站为哈密市十三间房站 31.8 m/s(20 日 21:00)(图 3.45b)。	
	冰雹	20 日 20:00—24:00 阿克苏地区库车县出现冰雹天气。	
灾情	20 日,阿克苏地区库车县、新和县暴雨冰雹造成农作物、林果受灾、基础设施受损。 20 日至 21 日,巴州库尔勒市大风造成林果受灾。 21 日,和田地区皮山县洪水造成农作物受灾。		

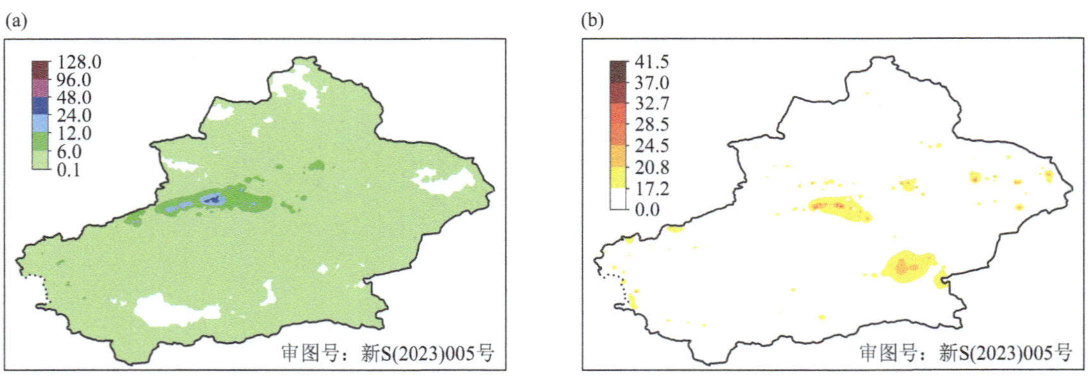

图 3.45 (a)8 月 20 日 08 时至 8 月 23 日 02 时过程累计降水量(单位:mm);(b)过程极大风速(单位:m/s)

3.23.2 环流形势

影响系统:200 hPa 西南急流、500 hPa 中亚短波槽、700～850 hPa 切变线。

100～200 hPa:200 hPa 为西南急流,22 日 20 时西南急流核最大风速达 68 m/s(图 3.46a)。

500 hPa:欧亚范围中高纬为一脊一槽的环流型,东欧为高压脊区,西西伯利亚为低值系统活动区,中亚地区多短波活动。西西伯利亚低槽底部分裂短波槽东移,与中亚低槽分裂短波结合,共同影响新疆地区,造成此次降水天气(图 3.46b)

700～850 hPa:22 日 20 时 700 hPa 巴州北部有弱切变(图 3.46c)。

地面:1020 hPa 的冷高压进入北疆(图 3.46d)。

云图:北疆西部有较明显的低槽云系,槽后有干冷空气侵入,云顶亮温最低值约为 230 K(图 3.48e)。

探空 T-ln$p$:中层湿度大,对流参数中,离暴雨点最近探空站(库车站)资料显示,K 指数为 31.9 ℃、SI 指数为−0.18 ℃、CAPE 值为 620.6 J/kg、BIL 指数为−3.1、$T_{850\sim500}$ 为 34.6 ℃(图 3.46f)。

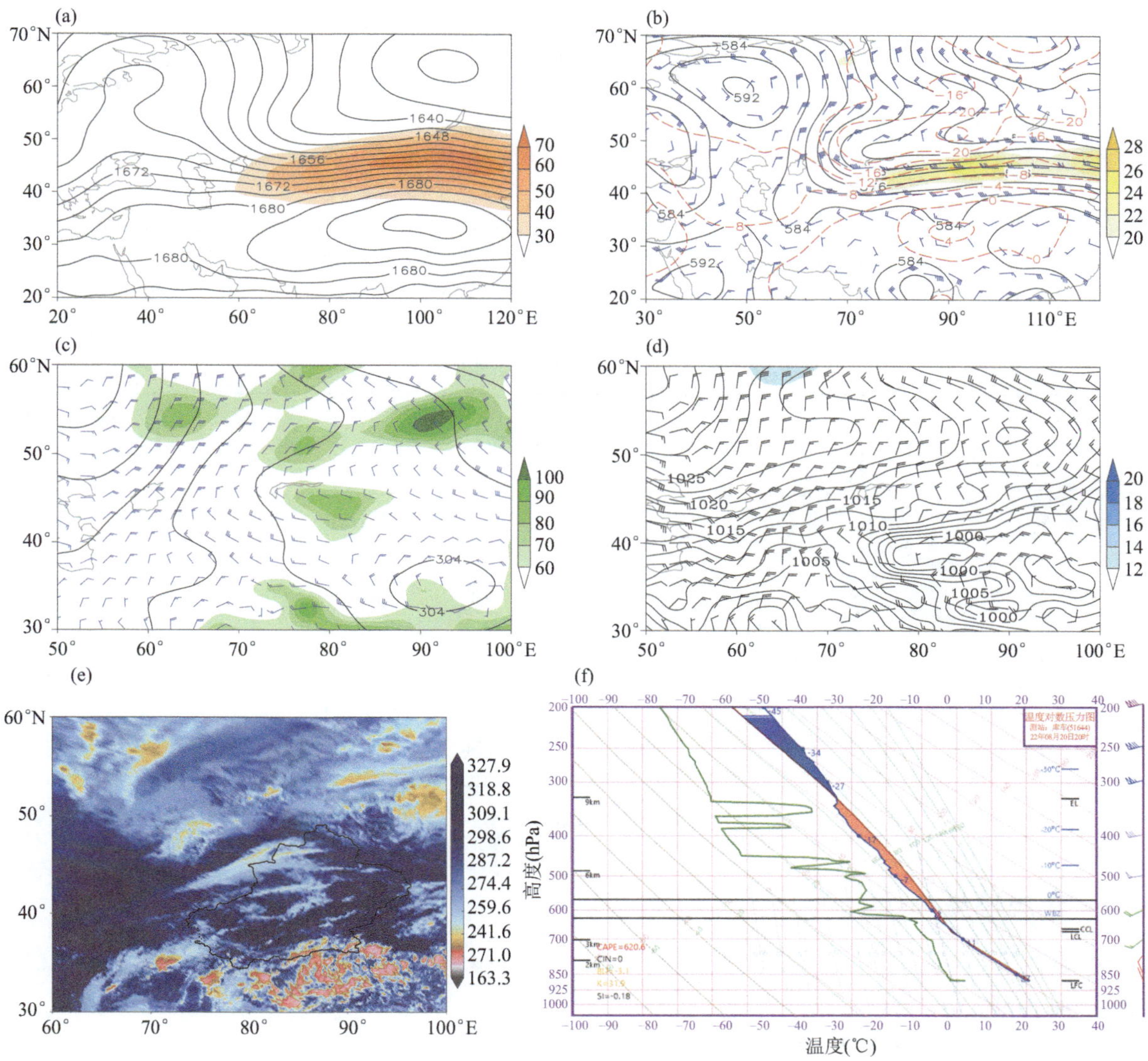

图 3.46 (a)8 月 20 日 20 时 100 hPa 高度场(实线,单位:dagpm),填色区为风速≥30 m/s 的 200 hPa 急流;(b)500 hPa 高度场(黑实线,单位:dagpm)、风场(填色区,单位:m/s)、温度场(红虚线,单位:℃);(c)700 hPa 高度场(黑实线,单位:dagpm)、风场(单位:m/s)和相对湿度(填色区,单位:%);(d)海平面气压(黑实线,单位:hPa)和 850 hPa 风场(填色区,单位:m/s);(e)8 月 20 日 16 时 FY-4A 红外云图(单位:K);(f)8 月 20 日 20 时库车站 T-ln$p$ 图

3.24 9 月 11 日 14 时至 14 日 08 时北疆西部、天山山区暴雨、南疆东疆局地沙尘、风口大风

3.24.1 天气实况综述

天气类型	雨(高山区雪)、大风、沙尘暴	过程强度	中强
天气实况	①雨雪:北疆大部、喀什地区南部山区、克州北部山区、和田地区南部山区、阿克苏地区北部山区、巴州山区小雨(高海拔山区为雪),其中伊犁州、博州、塔城地区、阿勒泰地区西部北部、克拉玛依市、石河子市、乌鲁木齐市、昌吉州、克州北部山区、阿克苏地区北部山区、巴州北部山区的局部区域累计降水量 6.1~47.9 mm,最大累计降水中心为巴州和静县独库高速南天山隧道进口站(图 3.47a)。 ②风沙:北疆大部、南疆西部、巴州、吐鲁番市、哈密市出现 5~6 级西北风,风口风力 9~10 级,阵风 11~12 级;南疆塔里木盆地 6 级左右偏东风、阵风 8~9 级。南疆大部、吐鲁番市、哈密市出现沙尘天气,阿克苏地区、哈密市局地沙尘暴。		

续表

灾害性天气	暴雨	暴雨站数：共 5 站，12 日 3 站(伊犁州、博州西部)，13 日 2 站(巴州北部)。 日最大降雨中心：区域站巴州和静县独库高速南天山隧道进口站(13 日)32.9 mm，国家站伊犁州伊宁站(12 日)18.1 mm。 最大小时雨强：区域站博州温泉县查干屯格乡乌兰洪夏尔村站 18.0 mm/h(11 日 20:00—21:00)，国家站博州温泉站 6.6 mm/h(11 日 19:00—20:00)。
	大风	伊犁州、博州、塔城地区北部、阿勒泰地区、克拉玛依市、昌吉州东部、喀什地区南部、克州、和田地区南部、阿克苏地区西部北部、巴州、吐鲁番市、哈密市共 670 站出现 8 级以上大风，其中 10 级以上 83 站，12 级以上 4 站。过程极大风速，区域站为吐鲁番市高昌区小草湖服务区站 36.9 m/s(12 日 16:00)，国家站为哈密市十三间房站 36.6 m/s(12 日 16:00)(图 3.47b)。
	沙尘暴	阿克苏站沙尘暴，十三间房站出现强沙尘暴(最小能见度 148 m)。

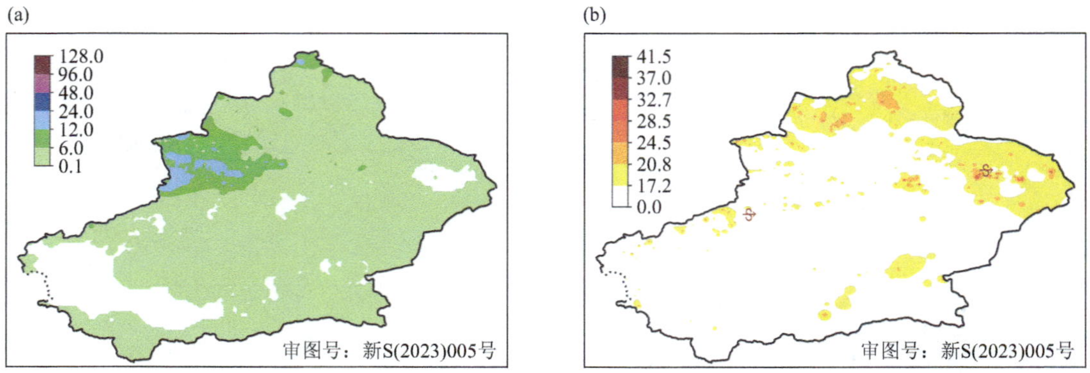

图 3.47 (a)9 月 11 日 14 时至 9 月 14 日 08 时过程累计降水量(单位：mm)；(b)过程极大风速(单位：m/s)

3.24.2 环流形势

影响系统：100～200 hPa 副热带长波槽、500 hPa 西西伯利亚低值系统、700～850 hPa 北疆冷高压，南疆暖低压、地面冷高压。

100～200 hPa：新疆受副热带长波槽影响，13 日 08 时，200 hPa 最大风速达 46 m/s(图 3.48a)。

500 hPa：欧亚范围中高纬为两槽两脊的环流型，黑海附近和东亚大陆为高压脊区，乌拉尔山、西伯利亚地区至里海一带为低槽活动区，随着黑海脊东移发展，引导乌拉尔山地区冷空气南下，补充至西西伯利亚低槽中，槽底分裂短波南下，后东移北收，造成北疆大部、东疆等地的降水降温大风天气(图 3.48b)。

700～850 hPa：850 hPa 北疆为较明显的高压控制，南疆为明显的低压控制，深厚的南北气压梯度为大风天气提供有力气压形势(图 3.48c)。

地面：1025 hPa 的冷高压以偏西路径进入新疆地区，12 日开始控制北疆大部，南疆暖低压中心值为 995 hPa，天山山区附近等压线密集，造成较大梯度风(图 3.48d)。

探空 T-ln$p$：中低层湿度较大，伊宁探空站资料显示，K 指数为 21.6 ℃、SI 指数为 10.49 ℃、CAPE 值为 71.1 J/kg、BIL 指数为 4.9(图 3.48e)。

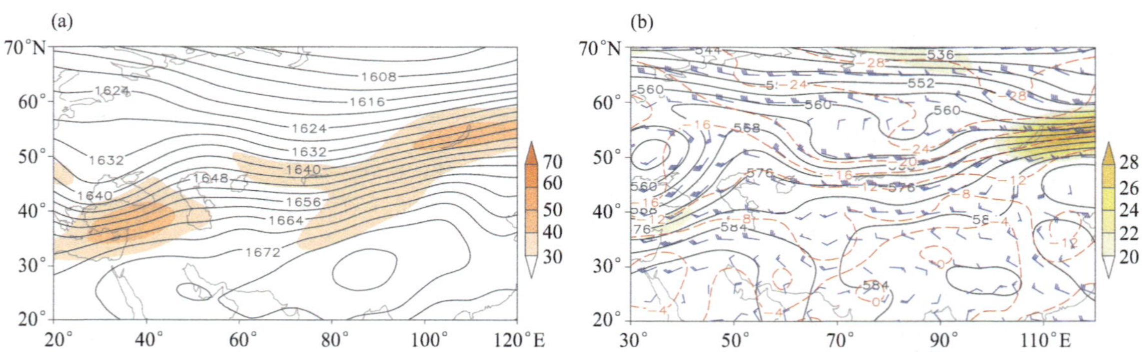

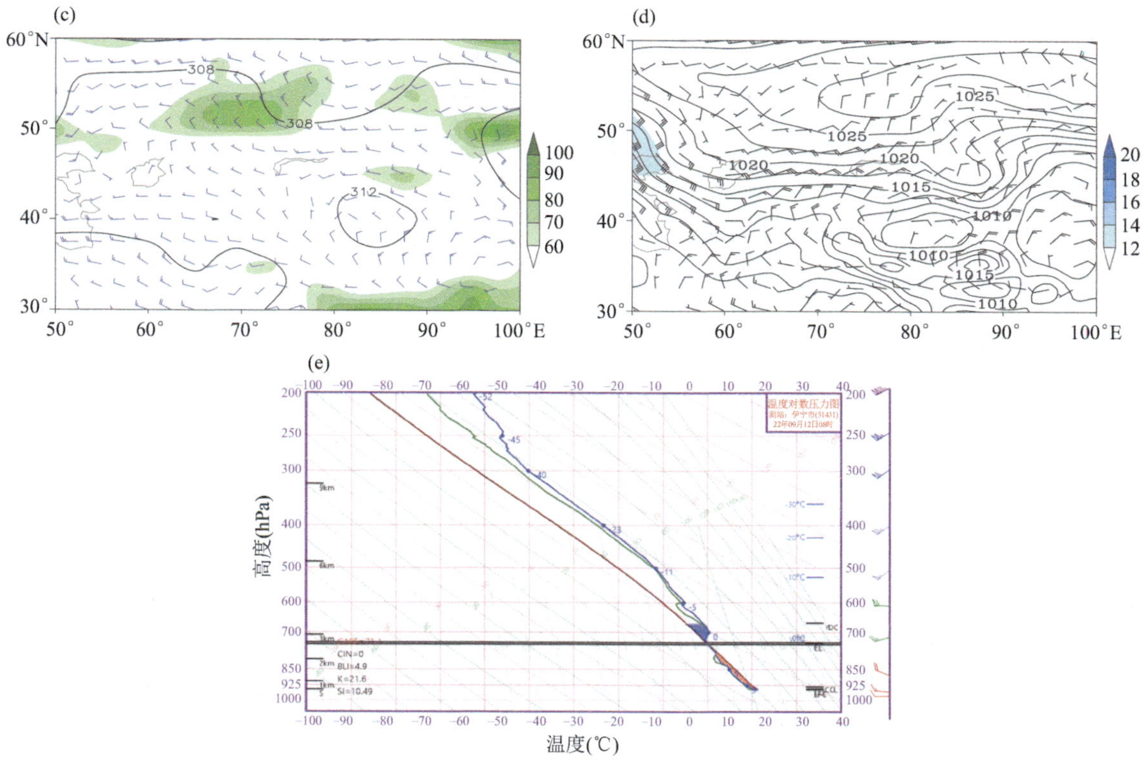

图 3.48　(a)9 月 13 日 20 时 100 hPa 高度场(实线,单位:dagpm),填色区为风速≥30 m/s 的 200 hPa 急流;(b)500 hPa 高度场(黑实线,单位:dagpm)、风场(填色区,单位:m/s)、温度场(红虚线,单位:℃);(c)700 hPa 高度场(黑实线,单位:dagpm)、风场(单位:m/s)和相对湿度(填色区,单位:%);(d)海平面气压(黑实线,单位:hPa)和 850 hPa 风场(填色区,单位:m/s);(e)9 月 12 日 08 时伊宁站 T-ln$p$ 图

3.25　9 月 27 日 08 时至 29 日 08 时阿勒泰地区局部暴雨、哈密市沙尘暴、风口大风

3.25.1　天气实况综述

<table>
<tr><td>天气类型</td><td colspan="2">降雨、大风、沙尘暴</td><td>过程强度</td><td>中度</td></tr>
<tr><td>天气实况</td><td colspan="4">①降雨:北疆大部、哈密市和喀什地区、阿克苏地区北部、巴州的局部区域小雨(高海拔山区为雪),其中博州、塔城地区、阿勒泰地区、昌吉州东部、阿克苏地区北部、哈密市的局部区域累计降水量 6.1～48.6 mm,最大累计降雨中心为阿勒泰地区阿勒泰市切木尔切克镇塑什喀布拉克村站(图 3.49a)。
②风沙:北疆大部、南疆西部、吐鲁番市、哈密市出现 5～6 级西北风,风口风力 9～10 级、阵风 11～12 级;南疆盆地东部出现 5 级左右偏东风、阵风 9～10 级。昌吉州东部、南疆、东疆出现沙尘天气,哈密市局地沙尘暴。</td></tr>
<tr><td rowspan="3">灾害性天气</td><td>暴雨</td><td colspan="3">暴雨站数:28 日 08:00—29 日 08:00 共 3 站(阿勒泰地区)。
日最大降雨中心:区域站阿勒泰地区阿勒泰市切木尔切克镇塑什喀布拉克村站 43.3 mm(28 日 08:00—29 日 08:00),国家站阿勒泰地区青河站 14.8 mm(28 日 08:00—29 日 08:00)。
最大小时雨强:区域站阿勒泰地区阿勒泰市切木尔切克镇塑什喀布拉克村站 24.4 mm/h(28 日 13:00—14:00),国家站阿勒泰地区阿勒泰站 6.4 mm/h(28 日 17:00—18:00)。
短时强降水:1 站(阿勒泰地区)。</td></tr>
<tr><td>大风</td><td colspan="3">博州、塔城地区北部、阿勒泰地区、克拉玛依市、昌吉州东部、克州山区、阿克苏地区北部山区、巴州、吐鲁番市、哈密市共 513 站出现 8 级以上大风,其中 10 级以上 63 站,12 级以上 1 站。过程极大风速,区域站为昌吉州木垒县大石头风场站 34.8 m/s(27 日 20:00),国家站为哈密市十三间房站 31.9 m/s(28 日 20:00)(图 3.49b)。</td></tr>
<tr><td>沙尘暴</td><td colspan="3">伊吾站沙尘暴,十三间房、巴里坤、淖毛湖 3 站强沙尘暴,最小能见度淖毛湖站 413 m。</td></tr>
<tr><td>灾情</td><td colspan="4">27 日,乌鲁木齐市大风刮断树木压垮钢管大棚一座。</td></tr>
</table>

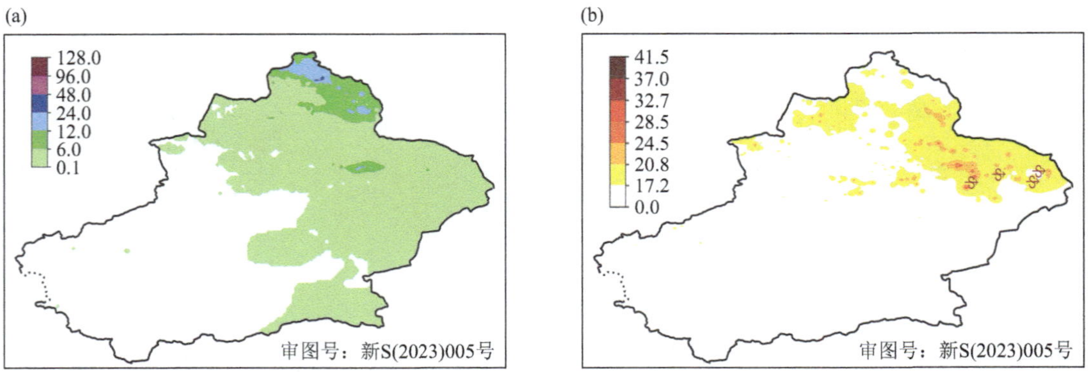

图 3.49 (a)9 月 27 日 08 时至 29 日 08 时过程累计降水量(单位:mm);(b)过程极大风速(单位:m/s)

3.25.2 环流形势

影响系统:100～200 hPa 急流、500 hPa 西西伯利亚低涡、700～850 hPa 急流、地面冷高压。

100～200 hPa:新疆受西北急流控制,28 日 08 时 200 hPa 西北急流核最大风速为 58 m/s(图 3.50a)。

500 hPa:欧亚范围中高纬为两槽一脊的环流型,乌拉尔山地区为高压脊区,西伯利亚地区为低涡活动区,随着贝加尔湖地区高压脊发展,西伯利亚低涡分裂成东西两个低涡系统,乌拉尔山高压脊发展,引导脊前冷空气不断向西西伯利亚低涡补充,低涡底部锋区加强,随着西西伯利亚低涡东移,造成此次大风降水降温天气过程(图 3.50b)。

700～850 hPa:受偏西或偏北急流影响,28 日 08 时,700 hPa 上最大偏西风为 20 m/s(图 3.50c)。

地面:1022.5 hPa 弱冷高压沿偏西路径移动,在东移过程中减弱,进入新疆地区时强度为 1015 hPa(图 3.50d)。

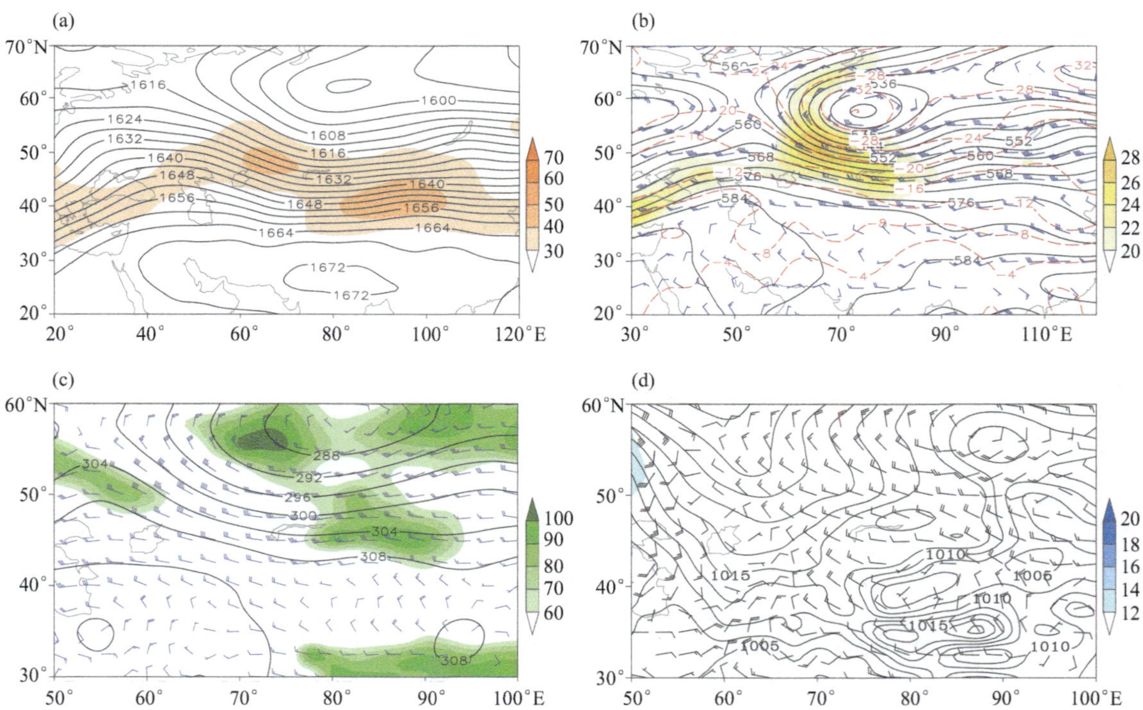

图 3.50 (a)9 月 28 日 20 时 100 hPa 高度场(实线,单位:dagpm),填色区为风速≥30 m/s 的 200 hPa 急流;(b)500 hPa 高度场(黑实线,单位:dagpm)、风场(填色区,单位:m/s)、温度场(红虚线,单位:℃);(c)700 hPa 高度场(黑实线,单位:dagpm)、风场(单位:m/s)和相对湿度(填色区,单位:%);(d)海平面气压(黑实线,单位:hPa)和 850 hPa 风场(填色区,单位:m/s)

3.26 9 月 29 日 08 时至 10 月 3 日 08 时北疆东疆寒潮、阿克苏地区局部暴雨、巴州局地沙尘、风口大风

3.26.1 天气实况综述

天气类型	雨雪、寒潮、大风、沙尘暴	过程强度	中强
天气实况	①雨雪：北疆大部、喀什地区南部、克州、和田地区南部、阿克苏地区北部、巴州山区、哈密市北部小雨(山区为雨夹雪或雪)，其中伊犁州、塔城地区南部、阿勒泰地区北部东部、克拉玛依市、石河子市、乌鲁木齐市、昌吉州、喀什地区南部山区、克州北部山区、阿克苏地区北部山区的局部区域累计降水量 6.1～41.0 mm，最大累计降水中心为巴州和静县巩乃斯镇凯宏矿业站(图 3.51a)。 ②降温：全疆大部气温下降 5～8 ℃；北疆部分区域、喀什地区、巴州北部、吐鲁番市、哈密市下降 8～10 ℃，塔城地区、阿勒泰地区、昌吉州、巴州北部、哈密市下降 10 ℃以上，出现寒潮。 ③风沙：北疆大部、南疆西部、吐鲁番市、哈密市出现 5～6 级西北风，风口风力 9～10 级，阵风 11～13 级；南疆塔里木盆地 5～6 级偏东风，阵风 8～9 级。南疆大部、吐鲁番市、哈密市出现沙尘天气，巴州局地沙尘暴。		
灾害性天气	暴雨	暴雨站数：10 月 2 日 2 站(阿克苏地区北部)。 日最大降雨中心：区域站阿克苏地区拜城县布隆乡乔格塔勒村站 26.9 mm(10 月 2 日)，国家站石河子站 16.0 mm(10 月 1 日)。 最大小时雨强：区域站阿勒泰地区富蕴县库尔特乡站 9.7 mm/h(9 月 29 日 15:00—16:00)，国家站昌吉州玛纳斯站 7.4 mm/h(10 月 1 日 07:00—08:00)。	
	暴雪	暴雪站数：共 7 站，其中 9 月 30 日 3 站(昌吉州、五家渠)，10 月 1 日 3 站(伊犁州山区、巴州北部山区)，10 月 2 日 1 站(伊犁州山区)。 日最大降雪中心：巴州和静县巩乃斯镇凯宏矿业站 24.5 mm(10 月 1 日)。 最大小时雪强：区域站阿勒泰地区哈巴河县萨尔布拉克镇大萨子站 4.7 mm/h(9 月 29 日 09:00—10:00)，国家站哈密市巴里坤站 4.3 mm/h(9 月 30 日 23:00—10 月 1 日 00:00)。	
	寒潮	寒潮站数：共 219 站・次(强寒潮 42 站・次，特强寒潮 8 站・次)，9 月 29 日博州、塔城地区南部、阿勒泰地区西部、克拉玛依市、喀什地区共 27 站(强寒潮 7 站)，9 月 30 日塔城地区北部、阿勒泰地区、克拉玛依市、石河子市、乌鲁木齐市、昌吉州共 115 站(强寒潮 26 站，特强寒潮 7 站)，10 月 1 日博州西部、塔城地区北部、阿勒泰地区东部、昌吉州东部、哈密市共 7 站(特强寒潮 1 站)，10 月 2 日伊犁州西部、昌吉州、喀什地区南部、巴州北部、吐鲁番市北部、哈密市共 56 站(强寒潮 7 站)，10 月 3 日和田地区东部、阿克苏地区东部、巴州北部、吐鲁番市共 14 站(强寒潮 1 站)(图 3.51b)。 日最大降温中心：区域站哈密市伊州区连霍下行 K2892 应用(交通)站降温 19.8 ℃(10 月 1 日)，国家站塔城地区塔城站降温 11.6 ℃(9 月 30 日)。 过程最低气温：区域站阿勒泰地区富蕴县滑雪场 1 号站－21.9 ℃(10 月 2 日 06:50)，国家站乌鲁木齐市天山大西沟站－12.6 ℃(10 月 2 日 08:01)(图 3.51c)。	
	大风	博州、塔城地区北部、阿勒泰地区西部、克州、和田地区南部、阿克苏地区北部、巴州、吐鲁番市、哈密市共 392 站出现 8 级以上大风，其中 10 级以上 51 站，12 级以上 4 站。过程极大风速，区域站为吐鲁番市托克逊县克尔碱镇站 39.1 m/s(10 月 1 日 21:00)，国家站为哈密市十三间房站 35.5 m/s(10 月 1 日 20:00)(图 3.51d)。	
	沙尘暴	若羌站沙尘暴，塔中站强沙尘暴(最小能见度 423 m)。	

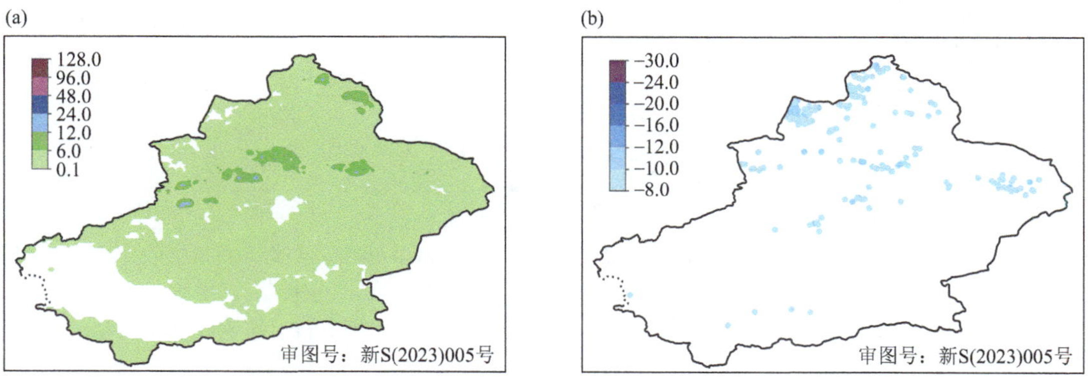

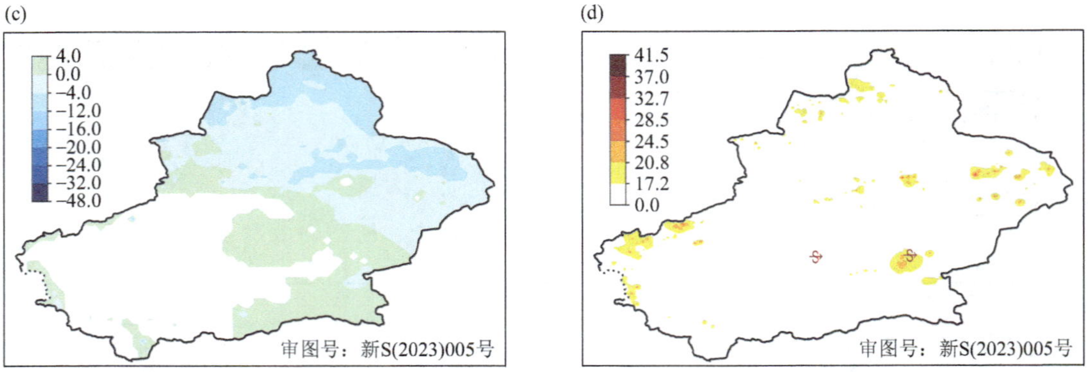

图 3.51 (a)9 月 29 日 08 时至 10 月 3 日 08 时过程累计降水量(单位:mm);
(b)过程最低气温 24 h 降温(单位:℃);(c)过程最低气温(单位:℃);(d)过程极大风速(单位:m/s)

3.26.2 环流形势

影响系统:100～200 hPa 极锋锋区、500 hPa 西西伯利亚低涡、700～850 hPa 低槽、地面冷高压和冷锋。

100～200 hPa:新疆受极涡底部极锋锋区控制,10 月 1 日 20 时 200 hPa 偏西急流位于东疆,急流核最大风速达 54 m/s(图 3.52a)。

500 hPa:欧亚范围中高纬为两槽一脊的经向环流型,欧洲东部和西西伯利亚地区为低涡系统,乌拉尔山至里海、咸海地区为大经向度高压脊控制,脊顶北伸至 80°N 附近。30 日,乌拉尔脊受上游不稳定小槽侵袭,向东南衰退,脊前西北气流引导冷空气南下,推动西西伯利亚低涡东移,造成此次寒潮大风降水天气过程(图 3.52b)。

700～850 hPa:700 hPa 新疆处于西西伯利亚低涡底部锋区控制,说明此次低值系统较为深厚。29 日 20 时,锋区最大风速达 24 m/s(图 3.52c)。

地面:1032.5 hPa 高压以北方路径进入新疆地区,南下过程中不断增强,2 日 08 时最强中心达 1045 hPa,冷高压前沿有冷锋配合(图 3.52d)。

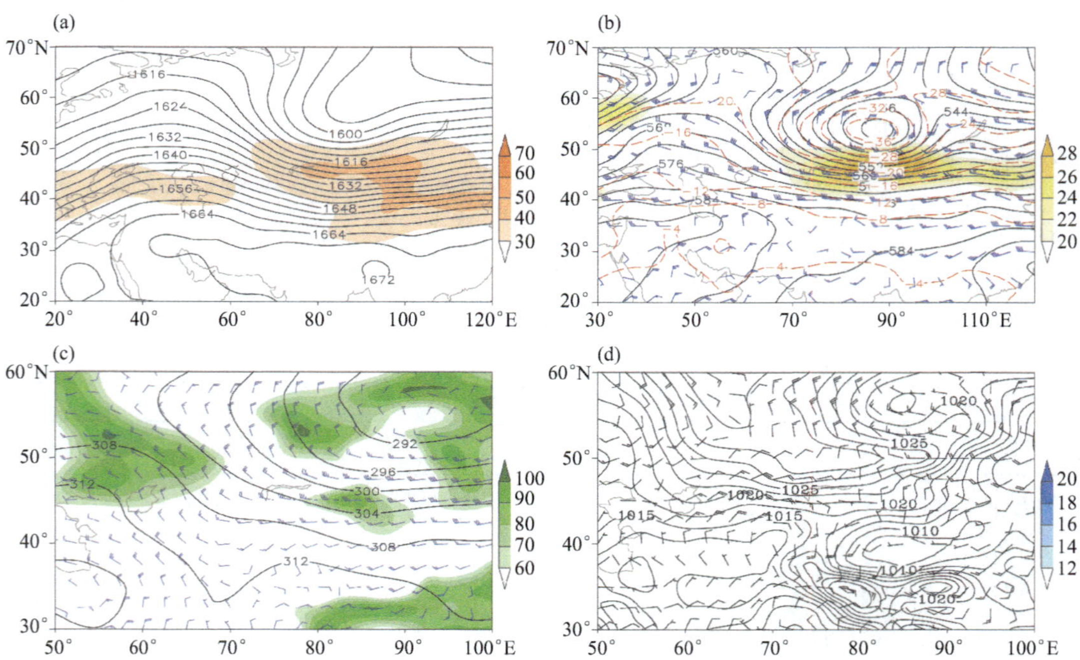

图 3.52 (a)9 月 30 日 08 时 100 hPa 高度场(实线,单位:dagpm),填色区为风速≥30 m/s 的 200 hPa 急流;
(b)500 hPa 高度场(黑实线,单位:dagpm)、风场(填色区,单位:m/s)、温度场(红虚线,单位:℃);
(c)700 hPa 高度场(黑实线,单位:dagpm)、风场(单位:m/s)和相对湿度(填色区,单位:%);
(d)海平面气压(黑实线,单位:hPa)和 850 hPa 风场(填色区,单位:m/s)

3.27　10 月 10 日 05 时至 12 日 20 时北疆大部、南疆西部寒潮、风口大风

3.27.1　天气实况综述

<table>
<tr><td>天气类型</td><td colspan="2">雨雪、降温、大风</td><td>过程强度</td><td>中度</td></tr>
<tr><td>天气实况</td><td colspan="4">①雨雪：伊犁州山区、博州西部、塔城地区北部、阿勒泰地区西部、石河子市、乌鲁木齐市山区、昌吉州、喀什地区南部山区、阿克苏地区北部山区、巴州、哈密市北部小雨（山区为雨转雪或雪），其中博州西部、石河子市南部山区、昌吉州山区、巴州北部山区等地的部分区域累计降水量 6.1～19.8 mm，最大累计降水中心位于巴州和硕县沙井子三队站（图 3.53a）。
②降温：全疆大部气温下降 5～8 ℃；伊犁州、塔城地区、阿勒泰地区、石河子市、乌鲁木齐市、昌吉州、克州、阿克苏地区、巴州北部最低气温下降 8～10 ℃，山区局地下降 10 ℃以上，出现寒潮。
③风：北疆大部、南疆西部、巴州、吐鲁番市、哈密市出现 6 级左右西北风，风口风力 9～10 级、阵风 11 级。</td></tr>
<tr><td rowspan="2">灾害性天气</td><td>寒潮</td><td colspan="3">寒潮站数：共 229 站・次（强寒潮 46 站・次，特强寒潮 15 站・次），11 日伊犁州、塔城地区北部、阿勒泰地区西部、克州共 95 站（强寒潮 20 站，特强寒潮 7 站），12 日塔城地区南部、阿勒泰地区、石河子市、乌鲁木齐市、昌吉州、阿克苏地区、巴州北部共 134 站（强寒潮 25 站，特强寒潮 9 站）（图 3.53b）。
日最大降温中心：区域站阿克苏地区沙雅县胡杨故里站降温 16.4 ℃（12 日），国家站阿克苏地区沙雅站降温 11.2 ℃（12 日）。
过程最低气温：区域站巴州和静县巴音郭楞乡站最低气温－17.2 ℃（12 日 08:10），国家站巴州巴音布鲁克站－12.8 ℃（12 日 07:38）（图 3.53c）。</td></tr>
<tr><td>大风</td><td colspan="3">博州西部、塔城地区北部、阿勒泰地区西部、昌吉州、喀什地区南部山区、和田地区南部山区、阿克苏地区北部山区、巴州山区、吐鲁番市、哈密市等地共 222 站出现 8 级以上大风，其中 10 级以上 18 站。过程极大风速，区域站为吐鲁番市小草湖服务区站 29.0 m/s（11 日 00:00），国家站为哈密市十三间房站 27.7 m/s（11 日 01:00）（图 3.53d）。</td></tr>
</table>

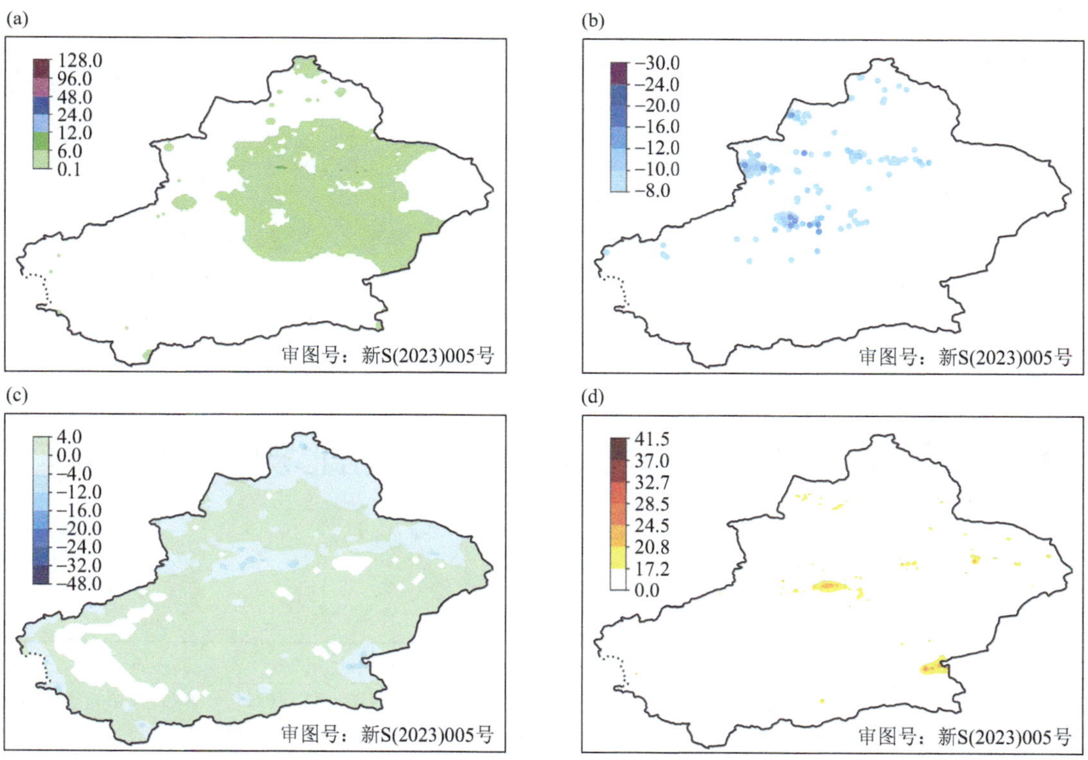

图 3.53　(a)10 月 10 日 05 时至 10 月 12 日 20 时过程累计降水量（单位：mm）；(b)过程最低气温 24 h 降温（单位：℃）；(c)过程最低气温（单位：℃）；(d)过程极大风速（单位：m/s）

3.27.2　环流形势

影响系统：100～200 hPa 低涡底部锋区、500 hPa 巴尔喀什湖低槽、中纬度波动、700～850 hPa 偏北急

流、地面冷高压、冷锋。

100～200 hPa:新疆受极涡底部锋区控制,10 日 20 时 200 hPa 偏西急流核最大风速达 56 m/s(图 3.54a)。

500 hPa:欧亚范围中高纬为三槽两脊的环流型,乌拉尔山、贝加尔湖地区为高压脊区,欧洲、西西伯利亚至中亚和东北地区为低槽活动区。巴尔喀什湖低槽东移南压,在巴州北部切涡,而后减弱东移,造成北疆大部、巴州等地的降水降温大风天气(图 3.54b)。

700～850 hPa:850 hPa 有弱冷高压自西向东移入新疆地区,控制南北疆大部;700 hPa 上北疆有偏北急流,最大风速达 12 m/s(图 3.54c)。

地面:1035 hPa 冷高压以偏西路径进入新疆地区,冷高压前伴随有冷锋,天山山区附近等压线密集,造成较大梯度风(图 3.54d)。

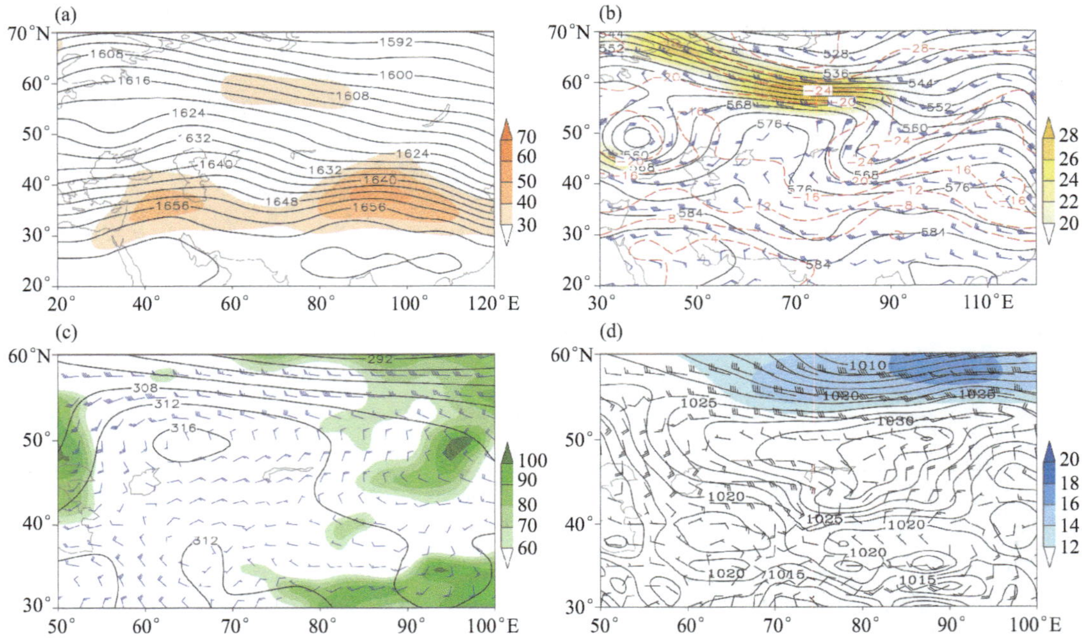

图 3.54 (a)10 月 11 日 08 时 100 hPa 高度场(实线,单位:dagpm),填色区为风速≥30 m/s 的 200 hPa 急流;(b)500 hPa 高度场(黑实线,单位:dagpm)、风场(填色区,单位:m/s)、温度场(红虚线,单位:℃);(c)700 hPa 高度场(黑实线,单位:dagpm)、风场(单位:m/s)和相对湿度(填色区,单位:%);(d)海平面气压(黑实线,单位:hPa)和 850 hPa 风场(填色区,单位:m/s)

3.28 11 月 8 日 08 时至 11 日 08 时新疆寒潮、天山北坡局地暴雪、风口大风

3.28.1 天气实况综述

天气类型	雨雪、降温、大风	过程强度	中强
天气实况	①雨雪:北疆大部、喀什地区南部、克州、和田地区南部、阿克苏地区西部北部和巴州、吐鲁番市、哈密市北部的局部区域雨转雪或雪,其中伊犁州、博州、塔城地区、阿勒泰地区西部北部、克拉玛依市、石河子市、乌鲁木齐市、昌吉州、喀什地区南部山区、阿克苏地区北部山区、巴州北部山区的局部区域累计降水量 6.2～28.0 mm,最大累计降水中心为乌鲁木齐市米东区峡门子东站(图 3.55a)。 ②降温:全疆大部气温下降 5～8 ℃;伊犁州、塔城地区北部、阿勒泰地区、克拉玛依市、昌吉州、喀什地区南部、克州、和田地区、阿克苏地区东部、巴州、吐鲁番市、哈密市下降 8～10 ℃,伊犁州山区、塔城地区北部、阿勒泰地区、克拉玛依市、和田地区、巴州北部、吐鲁番市的部分区域下降 10 ℃以上,出现寒潮。 ③风沙:北疆大部、南疆西部、巴州北部、吐鲁番市、哈密市出现 5 级左右西北风,风口风力 9～10 级,阵风 11～12 级;南疆塔里木盆地 5 级左右偏东风、阵风 8 级。南疆大部、吐鲁番市、哈密市出现沙尘天气,巴州、哈密市局地扬沙。		

续表

灾害性天气	暴雪	暴雪站数：9 日 9 站（伊犁州山区、乌鲁木齐市、昌吉州东部、阿克苏地区北部山区）。 日最大降雪中心：乌鲁木齐市新市区蜘蛛山站（9 日）21.6 mm。 最大小时雪强：区域站阿克苏地区温宿县塔村旅游度假区站 4.2 mm/h（9 日 18：00—19：00），国家站乌鲁木齐站 1.8 mm/h（9 日 15：00—16：00）。
	寒潮	寒潮站数：共 291 站・次（强寒潮 64 站・次，特强寒潮 28 站・次），8 日新疆生产建设兵团 1 站强寒潮，9 日塔城地区北部、阿勒泰地区、克拉玛依市、巴州北部共 8 站（强寒潮 2 站），10 日伊犁州、阿勒泰地区北部东部、昌吉州东部、喀什地区南部、克州、巴州北部共 99 站（强寒潮 28 站，特强寒潮 9 站），11 日伊犁州西部、昌吉州、和田地区、阿克苏地区东部、巴州、吐鲁番市、哈密市共 183 站（强寒潮 37 站，特强寒潮 19 站）（图 3.55b）。 日最大降温中心：区域站克州阿克陶县木吉乡布拉克村站降温 15.6 ℃（10 日），国家站巴州库尔勒站降温 11.7 ℃（11 日）。 过程最低气温：区域站阿勒泰地区青河县喀拉布拉套山站−27.7 ℃（11 日 04：03），国家站克州吐尔尕特站−18.1 ℃（11 日 07：01）（图 3.55c）。
	大风	博州、塔城地区北部、阿勒泰地区、喀什地区南部、克州、和田地区南部、阿克苏地区北部、巴州、吐鲁番市、哈密市共 181 站出现 8 级以上大风，其中 10 级以上 20 站，12 级以上 2 站。过程极大风速，区域站为吐鲁番市高昌区小草湖服务区站 34.5 m/s（10 日 01：00），国家站为博州阿拉山口站 24.9 m/s（9 日 04：00）（图 3.55d）。

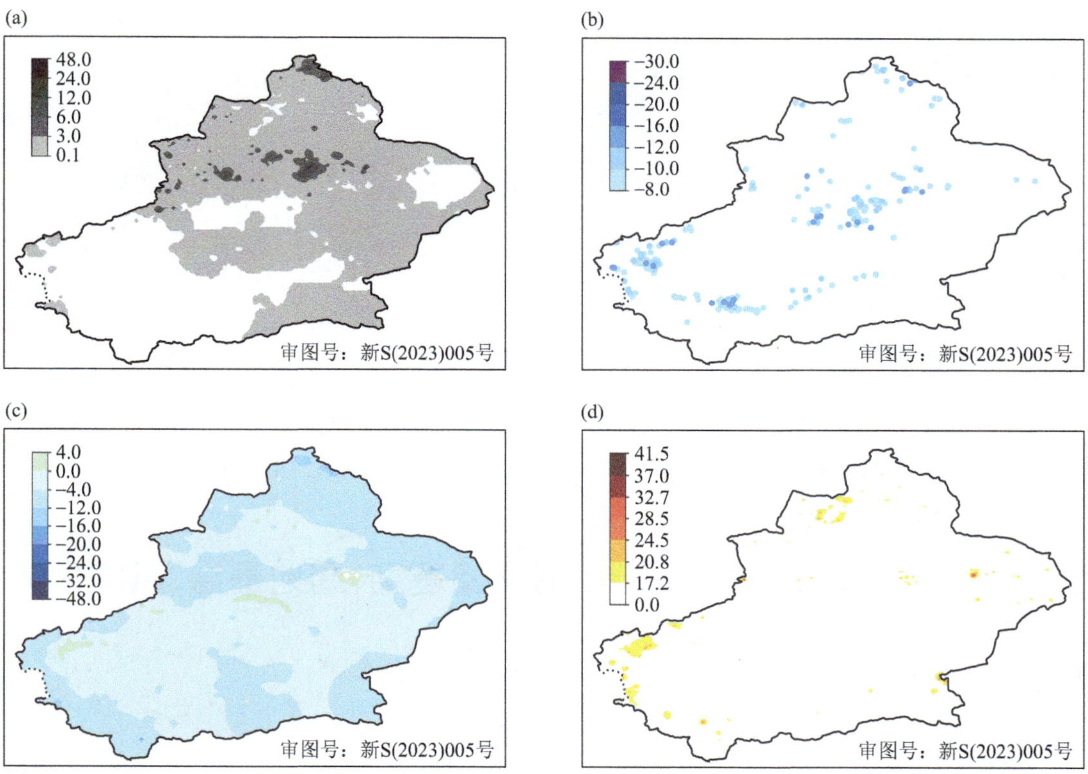

图 3.55　(a)11 月 08 日 08 时至 11 月 11 日 08 时过程累计降水量（单位：mm）；(b)过程最低气温 24 h 降温（单位：℃）；(c)过程最低气温（单位：℃）；(d)过程极大风速（单位：m/s）

3.28.2　环流形势

影响系统：100～200 hPa 低涡底部锋区、500 hPa 巴尔喀什湖低槽、中纬度波动、700～850 hPa 西北急流、地面冷高压、冷锋。

100～200 hPa：新疆受极涡底部锋区控制，9 日 08 时 200 hPa 偏西急流核最大风速达 40 m/s（图 3.56a）。

500 hPa：欧亚范围中纬度为一槽两脊的环流型，巴尔喀什湖附近为低槽区，中纬度多波动。8 日，巴尔喀什湖低槽南下，与中纬度波动结合，经向度加大，槽底南伸至 30°N 附近。随着上游脊发展，推动巴尔喀什湖低槽东移北上，与中纬度波动脱离，造成北疆大部降水大风天气(图 3.56b)。

700～850 hPa：850 hPa 有偏西急流，9 日 08 时最大风速达 18 m/s；700 hPa 上北疆有偏北急流，最大风速达 16 m/s(图 3.56c)。

地面：1030 hPa 冷高压以偏西路径进入新疆地区，并在北疆加强，10 日 08 时最强中心达 1045 hPa，冷高压前伴随有冷锋，地面冷锋受天山阻挡在北疆沿天山一带停留约 36 h(图 3.56d)。

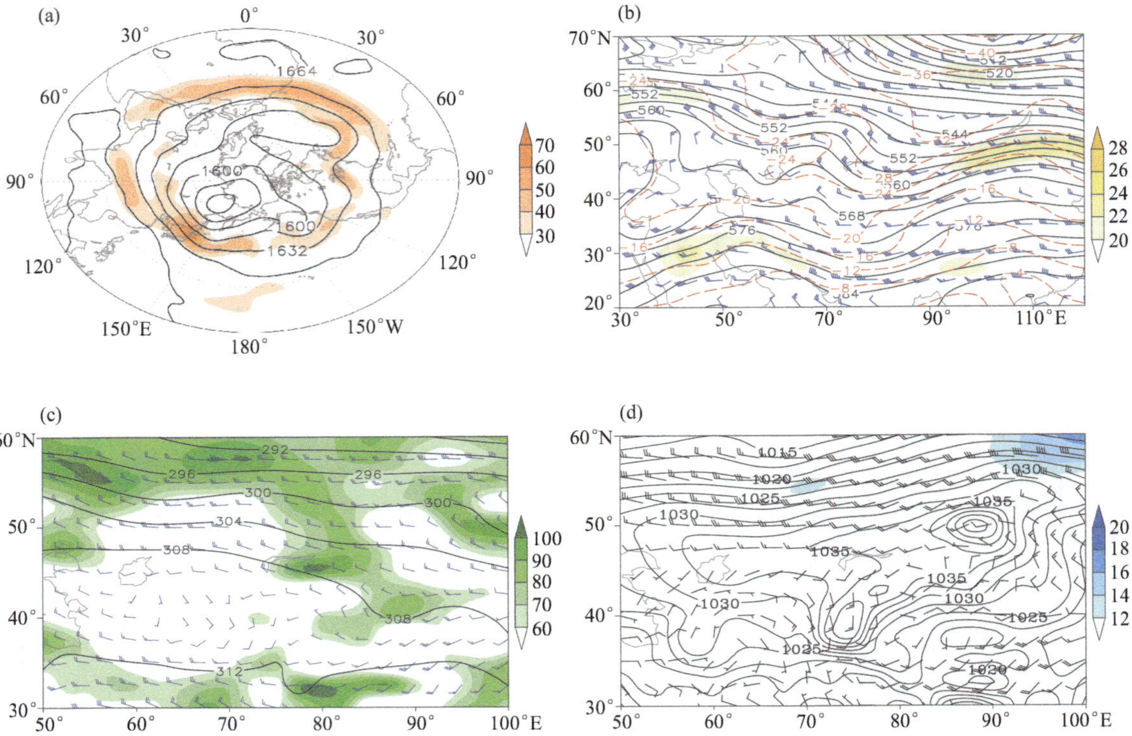

图 3.56 (a)11 月 10 日 08 时 100 hPa 高度场(实线，单位：dagpm)，填色区为风速≥30 m/s 的 200 hPa 急流；(b)500 hPa 高度场(黑实线，单位：dagpm)、风场(填色区，单位：m/s)、温度场(红虚线，单位：℃)；(c)700 hPa 高度场(黑实线，单位：dagpm)、风场(单位：m/s)和相对湿度(填色区，单位：%)；(d)海平面气压(黑实线，单位：hPa)和 850 hPa 风场(填色区，单位：m/s)

3.29 11 月 16 日 20 时至 18 日 08 时北疆寒潮、局地暴雪、风口大风

3.29.1 天气实况综述

<table>
<tr><td>天气类型</td><td>降雪、降温、大风</td><td>过程强度</td><td>中度</td></tr>
<tr><td>天气实况</td><td colspan="3">①降雪：北疆大部、喀什地区南部、克州山区、阿克苏地区北部山区、巴州北部山区、吐鲁番市北部、哈密市北部小雪，其中伊犁州、博州、塔城地区北部、阿勒泰地区、克拉玛依市、石河子市、乌鲁木齐市、昌吉州、巴州北部山区、哈密市的局部区域累计降雪量 3.1～14.3 mm，最大累计降雪中心为伊犁州新源站(图 3.57a)。
②降温：全疆大部气温下降 5～8 ℃；伊犁州、塔城地区北部、阿勒泰地区、昌吉州东部下降 8～10 ℃，伊犁州北部、塔城地区北部、阿勒泰地区中部东部下降 10 ℃以上，出现寒潮。
③风：北疆大部、南疆西部、巴州北部、吐鲁番市、哈密市出现 5 级左右西北风，风口风力 9～10 级，阵风 11～12 级。</td></tr>
<tr><td>灾害性天气</td><td>暴雪</td><td colspan="2">暴雪站数：17 日 1 站(伊犁州)。
日最大降雪中心：伊犁州新源站(17 日)14.3 mm。
最大小时雪强：区域站四师 71 团第四师气象站站 3.7 mm/h(17 日 13:00—14:00)，国家站伊犁州新源站 4.9 mm/h(17 日 12:00—13:00)。</td></tr>
</table>

续表

灾害性天气	寒潮	寒潮站数：共 144 站·次(强寒潮 23 站·次，特强寒潮 9 站·次)，17 日塔城地区北部、阿勒泰地区共 110 站(强寒潮 16 站，特强寒潮 7 站)，18 日伊犁州、阿勒泰地区、昌吉州东部共 34 站(强寒潮 7 站，特强寒潮 2 站)(图 3.57b)。 日最大降温中心：区域站塔城地区托里县多拉特乡加尔巴斯洪沟站降温 14.5 ℃(17 日)，国家站喀什地区塔什库尔干站降温 11.1 ℃(18 日) 过程最低气温：区域站阿勒泰地区青河县喀拉布拉套山站−25.1 ℃(18 日 03:32)，国家站巴州巴音布鲁克站−15.5 ℃(18 日 07:46)(图 3.57c)。
	大风	博州西部、塔城地区北部、阿勒泰地区、克州、阿克苏地区西部、巴州、吐鲁番市、哈密市共 322 站出现 8 级以上大风，其中 10 级以上 46 站，12 级以上 2 站。过程极大风速，区域站为克州阿克陶县布伦口乡盖孜村依热库如木站 33.0 m/s(17 日 05:00)，国家站为塔城地区和布克赛尔站 26.8 m/s(17 日 10:00)(图 3.57d)。

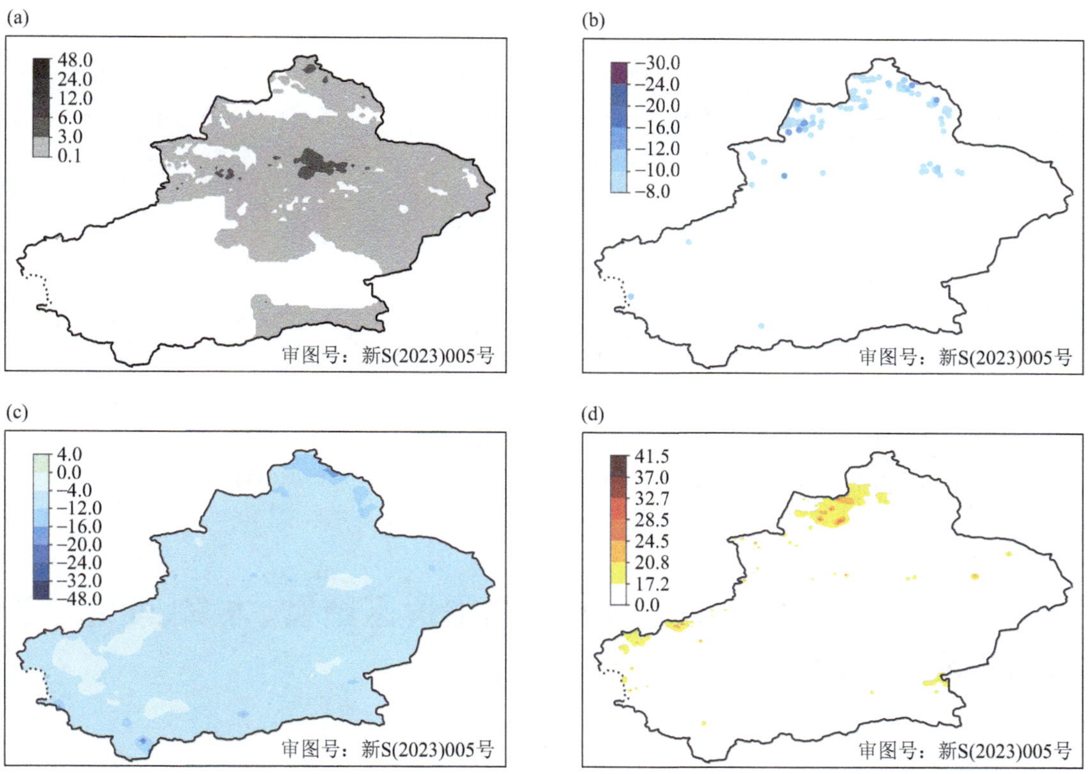

图 3.57 (a)11 月 16 日 20 时至 11 月 18 日 08 时过程累计降水量(单位：mm)；(b)过程最低气温 24 h 降温(单位：℃)；(c)过程最低气温(单位：℃)；(d)过程极大风速(单位：m/s)

3.29.2 环流形势

影响系统：100～200 hPa 低涡底部锋区、500 hPa 西西伯利亚低槽、中纬度强锋区、700～850 hPa 锋区、地面冷高压、冷锋。

100～200 hPa：新疆受极涡底部锋区控制，16 日 08 时 200 hPa 偏西急流核最大风速达 52 m/s(图 3.58a)。

500 hPa：欧亚范围中纬度以纬向环流为主，西西伯利亚地区为低槽活动区，槽底锋区强盛且多短波活动，500 hPa 最大西北风达 40 m/s。受锋区短波槽东移影响，造成北疆大部降水、降温、大风天气过程(图 3.58b)。

700～850 hPa：新疆受西西伯利亚低涡底部锋区影响，17 日 08 时，700 hPa 偏西急流最大风速达 24 m/s；850 hPa 偏西急流核最大风速达 22 m/s(图 3.58c)。

地面：1027.5 hPa 冷高压以偏西路径进入新疆地区，并在北疆加强，17 日 20 时最强中心达 1035 hPa，冷高压前伴随有冷锋，地面冷锋受天山阻挡在北疆沿天山一带停留约 36 h(图 3.58d)。

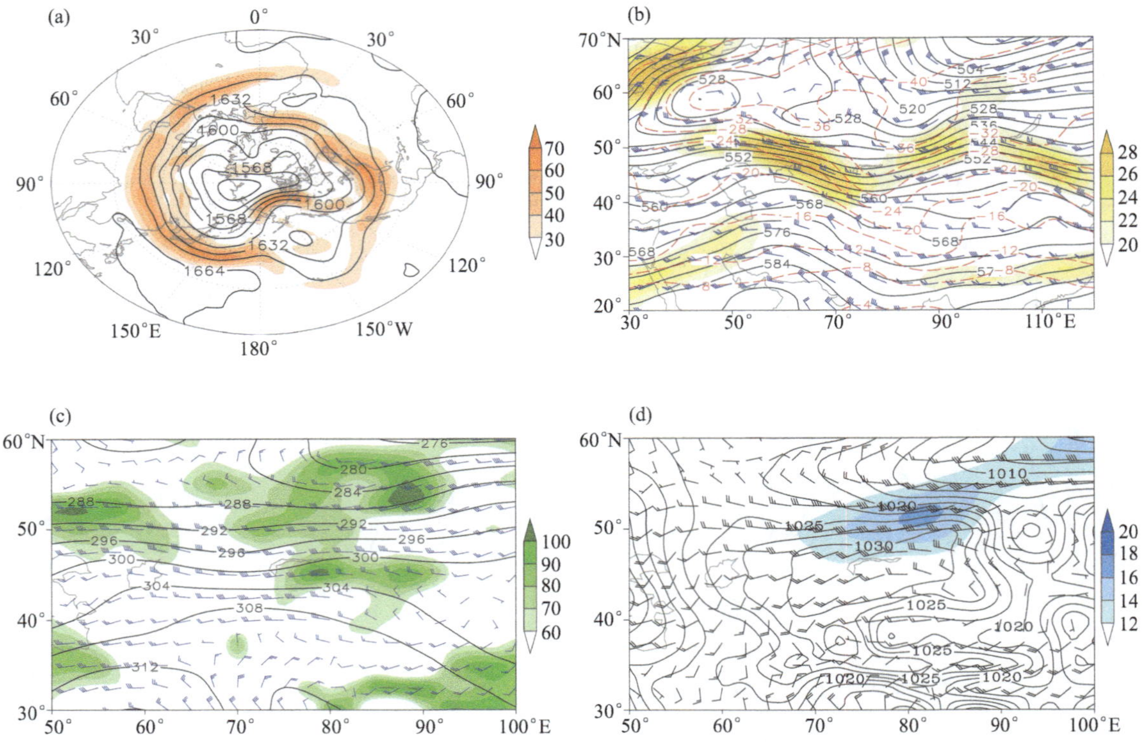

图 3.58 (a)11 月 17 日 08 时 100 hPa 高度场(实线，单位：dagpm)，填色区为风速≥30 m/s 的 200 hPa 急流；(b)500 hPa 高度场(黑实线，单位：dagpm)、风场(填色区，单位：m/s)、温度场(红虚线，单位：℃)；(c)700 hPa 高度场(黑实线，单位：dagpm)、风场(单位：m/s)和相对湿度(填色区，单位：%)；(d)海平面气压(黑实线，单位：hPa)和 850 hPa 风场(填色区，单位：m/s)

3.30 11 月 20 日 08 时至 24 日 08 时北疆暖区暴雪、大雾、南北疆部分区域寒潮、风口大风

3.30.1 天气实况综述

天气类型	降雪、寒潮、大风、大雾	过程强度	中强
天气实况	①降雪：北疆大部、克州北部山区、和田地区南部山区、巴州山区、哈密市北部小雪，其中伊犁州、塔城地区北部、阿勒泰地区、石河子市、乌鲁木齐市、昌吉州、巴州北部山区的局部区域累计降雪量 3.1～71.6 mm，最大累计降雪中心为伊犁州霍城县大西沟乡麻子沟站(图 3.59a)。 ②降温：北疆大部气温下降 5～8 ℃；塔城地区北部、阿勒泰地区、克拉玛依市、喀什地区、克州山区、和田地区、巴州南部下降 8～10 ℃，塔城地区北部、阿勒泰地区、克州山区、和田地区的部分区域下降 10 ℃以上，出现寒潮。 ③风：北疆大部、南疆西部、吐鲁番市、哈密市出现 5～6 级西北风，风口风力 9～10 级，阵风 11～13 级。 ④大雾：伊犁州、博州、塔城地区、阿勒泰地区、石河子市、乌鲁木齐市、昌吉州出现大雾。		
灾害性天气	暴雪	暴雪站数：共 54 站，21 日 13 站(伊犁州山区、塔城地区北部、阿勒泰地区东部)，其中大暴雪 2 站，22 日 14 站(伊犁州西部、塔城地区北部、阿勒泰地区东部)，其中大暴雪 1 站，23 日 27 站(伊犁州、阿勒泰地区东部)，其中大暴雪 10 站。 日最大降雪中心：伊犁州察布查尔站(23 日)36.8 mm。 最大小时雪强：区域站伊犁州霍城县芦草沟镇大东沟站 5.4 mm/h(23 日 13:00—14:00)，国家站塔城地区塔城站 5.0 mm/h(22 日 10:00—11:00)。	

续表

灾害性天气	寒潮	寒潮站数：共 179 站・次（强寒潮 34 站・次，特强寒潮 68 站・次），20 日克拉玛依市、克州山区共 3 站，21 日喀什地区、克州山区、和田地区共 30 站（强寒潮 6 站），22 日阿勒泰地区东部、巴州南部共 9 站（强寒潮 1 站，特强寒潮 1 站），23 日塔城地区北部共 10 站（特强寒潮 1 站），24 日阿勒泰地区共 127 站（强寒潮 27 站，特强寒潮 66 站）（图 3.59b）。 日最大降温中心：区域站阿勒泰地区富蕴县吐尔洪乡站降温 24.3 ℃（24 日），国家站阿勒泰地区青河站降温 13.7 ℃（24 日） 过程最低气温：区域站阿勒泰地区青河县喀拉布拉套山站－31.5 ℃（22 日 04:47），国家站阿勒泰地区阿勒泰站－19.9 ℃（24 日 07:15）（图 3.59c）。
	大风	博州西部、塔城地区北部、阿勒泰地区西部、克州、巴州、哈密市共 274 站出现 8 级以上大风，其中 10 级以上 36 站，12 级以上 4 站。过程极大风速，区域站为巴州和静县巴仑台镇备战采矿区站 39.2 m/s（24 日 06:00），国家站为哈密市十三间房站 24.6 m/s（24 日 04:00）（图 3.59d）。
	大雾	大雾站数：共 39 站（≤1000 m），其中 33 站浓雾（≤500 m），24 站强浓雾（≤200 m），1 站特强浓雾（≤50 m）。伊犁州 8 站（昭苏、霍尔果斯、新源、察布查尔、尼勒克、伊宁、伊宁县、霍城），博州 1 站（温泉），塔城地区 7 站（乌苏、沙湾、托里、和布克赛尔、裕民、额敏、塔城），阿勒泰地区 6 站（富蕴、阿克达拉、阿勒泰、吉木乃、哈巴河、青河），石河子市 4 站（石河子、乌兰乌苏、莫索湾、炮台），乌鲁木齐市 2 站（乌鲁木齐、米东），昌吉州 10 站（昌吉、天池、呼图壁、奇台、木垒、北塔山、吉木萨尔、蔡家湖、阜康、玛纳斯），巴州 1 站（巴音布鲁克）。 最小能见度：石河子站，21 日 20:56 最小能见度 43 m。

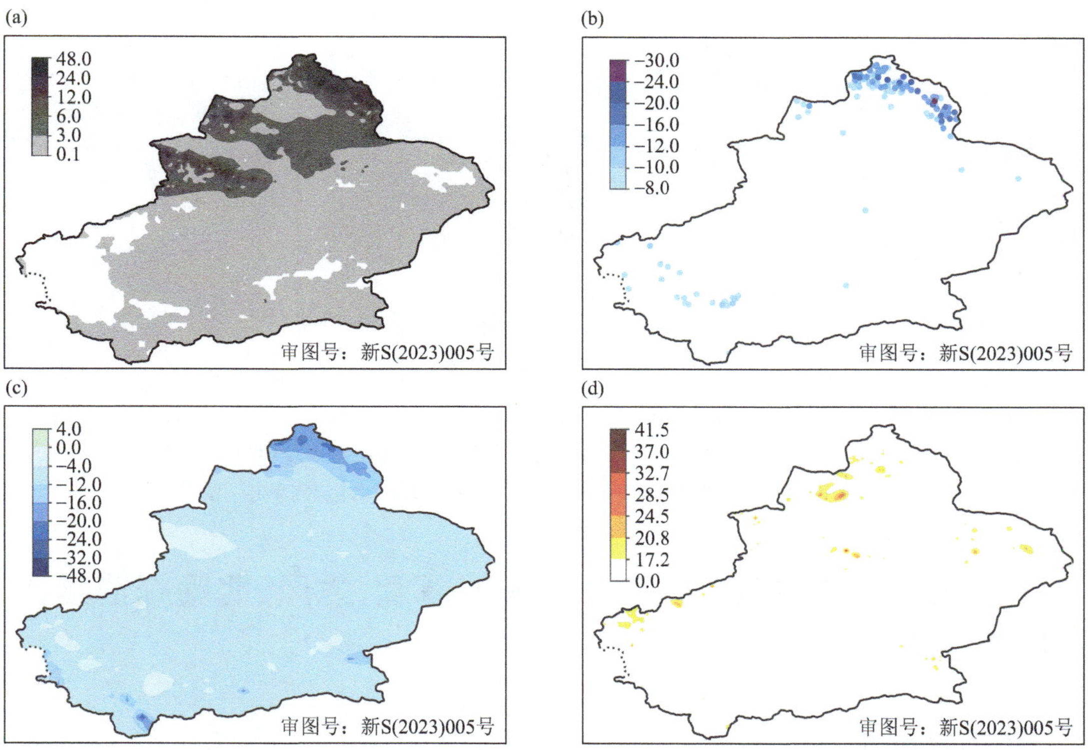

图 3.59　(a)11 月 20 日 08 时至 11 月 24 日 08 时过程累计降水量（单位：mm）；(b)过程最低气温 24 h 降温（单位：℃）；(c)过程最低气温（单位：℃）；(d)过程极大风速（单位：m/s）

3.30.2　环流形势

影响系统：100～200 hPa 低涡底部锋区、500 hPa 西西伯利亚低槽、中纬度波动、700～850 hPa 锋区、地面冷高压、冷锋。

100～200 hPa：新疆受极涡底部锋区控制，24 日 08 时 200 hPa 西北急流核最大风速达 52 m/s（图 3.60a）。

500 hPa：欧亚范围中高纬为两槽一脊的经向环流，欧洲地区和西西伯利亚地区为低槽活动区，经向度大,乌拉尔山为高压脊区,西西伯利亚低槽底锋区与中纬度短波有所结合,锋区较强。后期上游高压脊发展,推动西西伯利亚低槽东移,锋区南压,造成此次持续性暖区降雪天气过程(图 3.60b)。

700～850 hPa:新疆受西西伯利亚低涡底部锋区影响,700 hPa 上,多站、多时次风速超过 20 m/s,23 日 20 时,偏西急流最大风速达 24 m/s(图 3.60c)。

地面:20 日至 21 日,北疆为暖区降水,新疆地区受暖低压影响,低压中心强度为 1025 hPa;23 日至 24 日,1030 hPa 冷高压在东南下的过程中加强至 1040 hPa 并进入新疆地区北部,冷高压前沿伴随有冷锋(图 3.60d)。

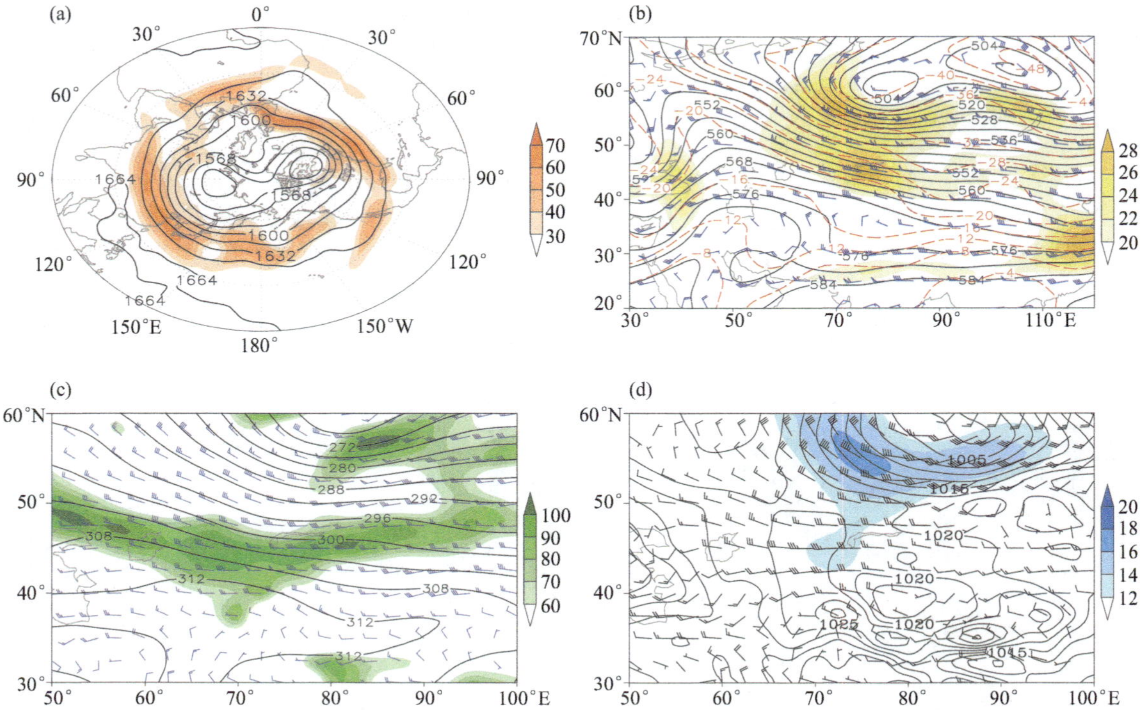

图 3.60 (a)11 月 22 日 20 时 100 hPa 高度场(实线,单位:dagpm),填色区为风速≥30 m/s 的 200 hPa 急流;(b)500 hPa 高度场(黑实线,单位:dagpm)、风场(填色区,单位:m/s)、温度场(红虚线,单位:℃);(c)700 hPa 高度场(黑实线,单位:dagpm)、风场(单位:m/s)和相对湿度(填色区,单位:%);(d)海平面气压(黑实线,单位:hPa)和 850 hPa 风场(填色区,单位:m/s)

3.31 11 月 25 日 08 时至 29 日 20 时特强寒潮、大风、北疆局地暴雪、南疆东疆沙尘暴

3.31.1 天气实况综述

天气类型	降雪、降温、大风、沙尘暴	过程强度	强
天气实况	①降雪:北疆大部、巴州北部山区、吐鲁番市北部山区、哈密市小雪,其中伊犁州北部东部、塔城地区、阿勒泰地区、石河子市、乌鲁木齐市、昌吉州的局部区域累计降雪量 3.1～32.2 mm,最大累计降雪中心为新疆生产建设兵团第八师 142 团站(图 3.61a)。 ②降温:全疆大部气温下降 5～8 ℃;北疆大部、喀什地区南部、克州、和田地区、阿克苏地区北部、巴州、吐鲁番市、哈密市下降 8～10 ℃,伊犁州北部、博州西部、塔城地区北部、阿勒泰地区北部东部、克拉玛依市、石河子市、乌鲁木齐市、昌吉州、哈密市的部分区域下降 10 ℃以上,出现寒潮。 ③风沙:北疆大部、南疆西部、巴州北部、吐鲁番市、哈密市出现 5～6 级西北风,风口风力 10～12 级,阵风 13～15 级;南疆盆地出现 5 级左右偏东风,阵风 8～9 级。南疆大部、吐鲁番市、哈密市出现沙尘天气,喀什地区、阿克苏地区、巴州、吐鲁番市、哈密市局地沙尘暴。		

续表

灾害性天气	暴雪	暴雪站数：共 18 站，26 日 8 站（伊犁州东部山区、塔城地区北部、阿勒泰地区），27 日 10 站（伊犁州东部山区、塔城地区南部、石河子市、昌吉州山区、乌鲁木齐市），其中大暴雪 2 站。 日最大降雪中心：新疆生产建设兵团第八师 142 团站（27 日）31.1 mm。 最大小时雪强：区域站伊犁州新源县阿热勒托别镇站 8.4 mm/h（26 日 22:00—23:00），国家站塔城地区沙湾站 6.2 mm/h（26 日 23:00—27 日 00:00）。 突破极值：27 日沙湾站降水量 28.3 mm，破本站 11 月历史极值。
	寒潮	寒潮站数：共 1743 站・次（强寒潮 434 站・次，特强寒潮 701 站・次），25 日伊犁州西部、塔城地区、阿勒泰地区、昌吉州东部、克州、巴州、哈密市共 42 站（强寒潮 5 站，特强寒潮 7 站），26 日塔城地区北部、巴州北部共 2 站（强寒潮 1 站），27 日北疆大部、哈密市共 1022 站（强寒潮 239 站，特强寒潮 587 站），28 日伊犁州西部、博州西部、阿勒泰地区北部东部、克拉玛依市、石河子市、乌鲁木齐市、昌吉州、喀什地区南部、克州、和田地区、阿克苏地区北部、巴州、吐鲁番市、哈密市共 626 站（强寒潮 180 站，特强寒潮 107 站），29 日博州东部、克拉玛依市、克州山区、和田地区、巴州、吐鲁番市、哈密市共 51 站（强寒潮 9 站）（图 3.61b）。 日最大降温中心：区域站塔城地区额敏县玛热勒苏乡塔斯吾特开勒村站和塔城市奥布森站降温 30.6 ℃（27 日），国家站塔城地区额敏站降温 24.8 ℃（27 日） 过程最低气温：区域站阿勒泰地区富蕴县吐尔洪乡站－48.6 ℃（28 日 04:08），国家站阿勒泰地区青河站－42.1 ℃（28 日 06:47）（图 3.61c）。
	大风	伊犁州、博州、塔城地区北部、阿勒泰地区、克拉玛依市、昌吉州东部、喀什地区南部山区、克州、和田地区南部山区、阿克苏地区西部北部、巴州、吐鲁番市、哈密市共 956 站出现 8 级以上大风，其中 10 级以上 339 站，12 级以上 57 站。过程极大风速，区域站为巴州和静县阿拉沟乡奎先达坂站 46.6 m/s（27 日 03:00），国家站为哈密市十三间房站 37.6 m/s（27 日 16:00）（图 3.61d）。 突破极值：巴州和静县阿拉沟乡奎先达坂站 46.6 m/s（15 级）大风，突破该地区有记录以来大风极值记录。
	沙尘暴	巴楚、和硕、焉耆、塔中、吐鲁番 5 站沙尘暴，喀什、库车、库尔勒、铁干里克、尉犁、轮台、吐鲁番东坎、鄯善、十三间房、淖毛湖 11 站强沙尘暴，最小能见度吐鲁番东坎站 86 m。
灾情	26 日至 27 日，博州阿拉山口市大风造成市政设施受损。 25 日至 28 日，阿勒泰地区富蕴县雪灾、寒潮造成牲畜死亡。 25 日至 27 日，阿勒泰地区吉木乃县寒潮造成牲畜死亡、棚圈受损、围墙倒塌、水库设施损毁。 20 日至 28 日，阿勒泰地区阿勒泰市雪灾、寒潮造成人员伤亡、牲畜死亡、房屋损毁、棚圈受损等。 24 日至 27 日，阿勒泰地区哈巴河县寒潮造成牲畜死亡、棚圈受损。 25 日至 30 日，克拉玛依市大风、寒潮造成光伏企业太阳能板损坏。 27 日，阿克苏地区库车市大风造成农作物、设施农业、畜牧业受灾以及光伏电厂支架和光伏组件受损。	

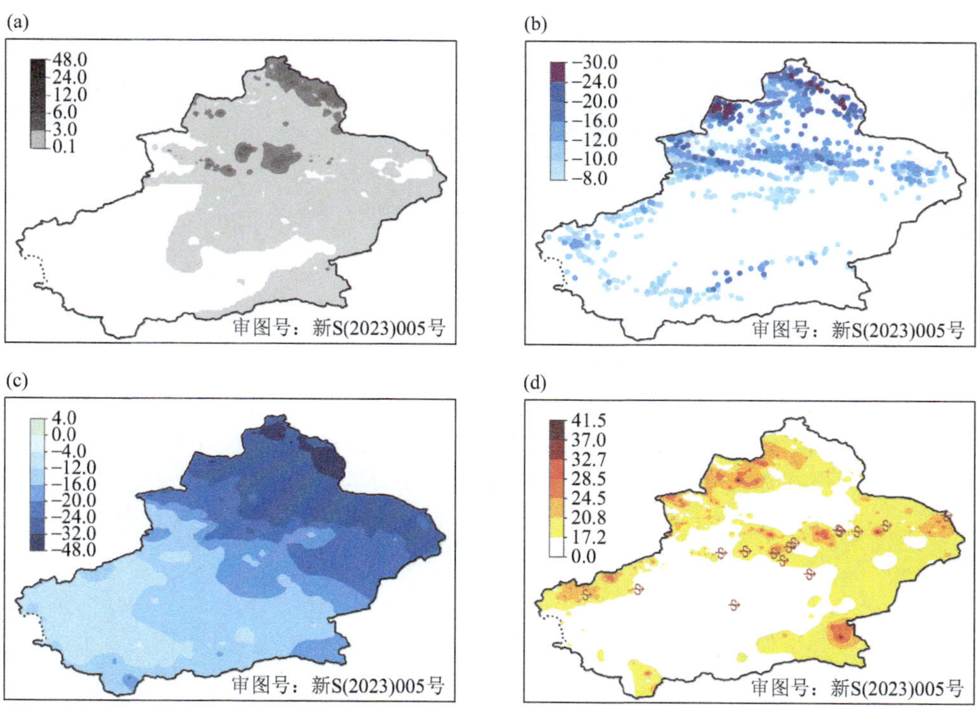

图 3.61　(a)11 月 25 日 08 时至 11 月 29 日 20 时过程累计降水量（单位：mm）；(b)过程最低气温 24 h 降温（单位：℃）；(c)过程最低气温（单位：℃）；(d)过程极大风速（单位：m/s）

3.31.2 环流形势

影响系统:100～200 hPa 急流、500 hPa 西西伯利亚低值系统、700～850 hPa 急流、地面强冷高压、冷锋。

100～200 hPa:新疆受西北急流控制,27 日 08 时 200 hPa 西北急流核最大风速达 62 m/s(图 3.62a)。

500 hPa:欧亚范围中高纬为两槽一脊的经向环流,里海至北欧地区为高压脊区,西伯利亚地区为低值系统活动区,前期里海脊略有东移,推动中纬度短波槽东移,影响北疆偏西偏北地区,后期随着上游脊向北发展,脊前北风带加强,引导冷空气南下堆积,配合有－48 ℃冷中心,西西伯利亚低槽与中纬度短波槽结合,锋区加强,随后上游脊推动低槽整体东移,锋区南压,影响新疆大部地区,造成此次强寒潮降雪天气过程(图 3.62b)。

700～850 hPa:700 hPa 上为偏西或偏北急流,26 日 20 时,最大偏西风为 34 m/s;850 hPa 受偏西或偏北急流影响,27 日 08 时最大偏北风速达 24 m/s(图 3.62c)。

地面:冷高压沿偏西北路径移动,25 日位于西西伯利亚平原北部,高压中心为 1037.5 hPa;26 日冷高压南下加强,高压中心加强至 1047.5 hPa,高压前沿到达西部国境线附近;27 日 1060 hPa 冷高压控制整个新疆;28 日高压主体东移出新疆地区;29 日在蒙古国地区加强为 1075 hPa(图 3.62d)。

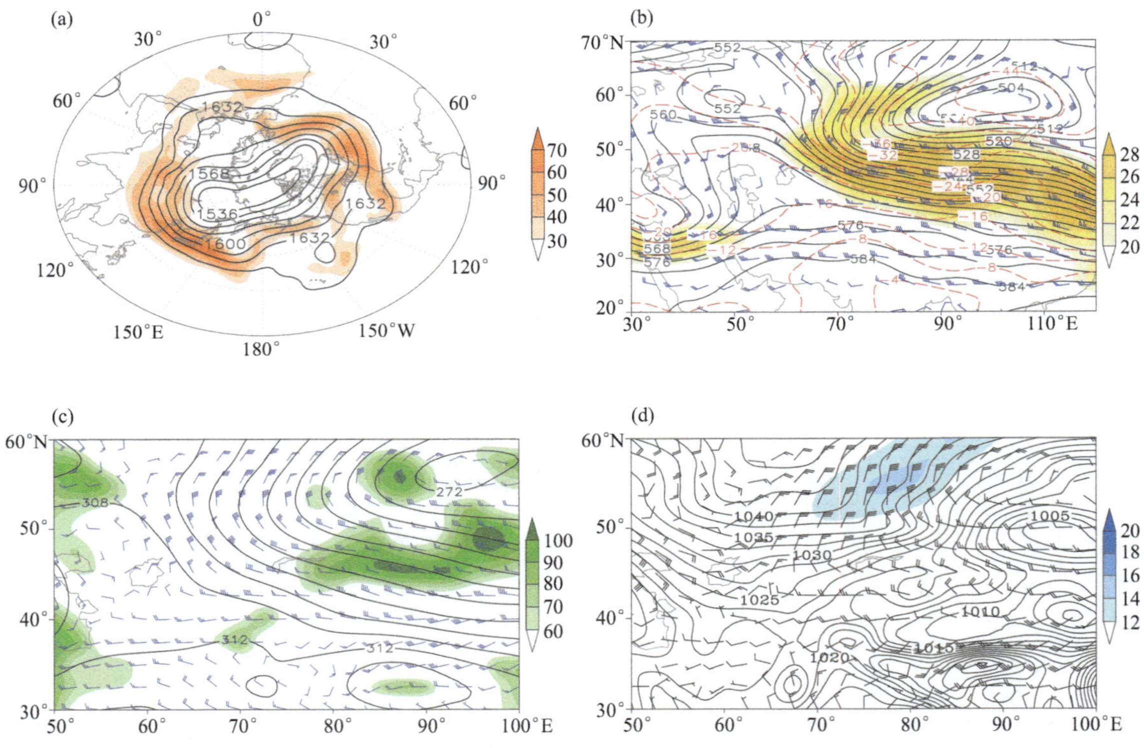

图 3.62 (a)11 月 26 日 08 时 100 hPa 高度场(实线,单位:dagpm),填色区为风速≥30 m/s 的 200 hPa 急流;(b)500 hPa 高度场(黑实线,单位:dagpm)、风场(填色区,单位:m/s)、温度场(红虚线,单位:℃);(c)700 hPa 高度场(黑实线,单位:dagpm)、风场(单位:m/s)和相对湿度(填色区,单位:%);(d)海平面气压(黑实线,单位:hPa)和 850 hPa 风场(填色区,单位:m/s)

第 4 章　2022 年中弱和弱天气过程

4.1　1 月 8 日 02 时至 20 时北疆北部降雪、阿勒泰地区局地中雪

天气类型	降雪	过程强度	弱
天气实况	塔城地区北部、阿勒泰地区的部分区域小雪，阿勒泰地区 8 站中雪，累计降雪量 3.4～5.5 mm，最大降水中心位于阿勒泰地区吉木乃站(图 4.1a,b)。		

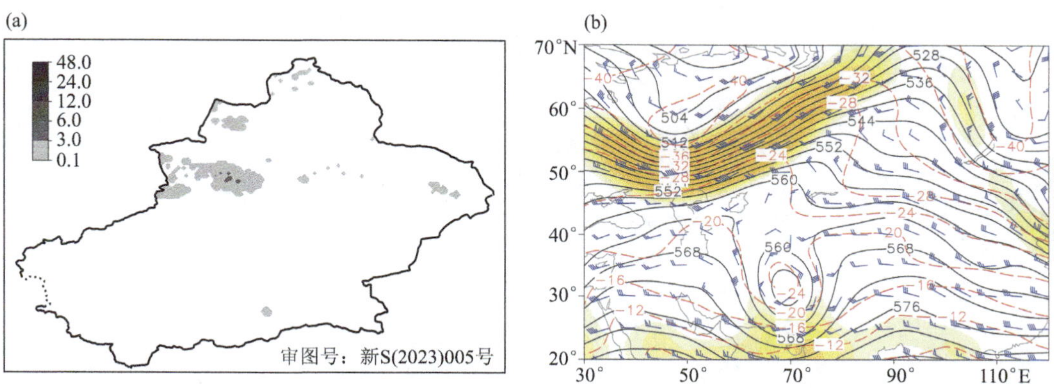

图 4.1　(a)1 月 8 日 02 时至 20 时过程累计降水量(单位：mm)；(b)1 月 8 日 08 时 500 hPa 高度场(黑实线，单位：dagpm)、风场(填色区，单位：m/s)、温度场(红虚线，单位：℃)

4.2　1 月 19 日 20 时至 22 日 08 时北疆降雪、局地暴雪寒潮、风口大风

天气类型	降雪、降温	过程强度	中弱
天气实况	①降雪：北疆大部和巴州北部、哈密市北部的部分区域小雪，其中伊犁州、博州、塔城地区、阿勒泰地区东北部、石河子市南部山区、乌鲁木齐市南部山区、哈密市北部等地的局部累计降雪量 3.2～17.3 mm，过程累计降雪中心位于伊犁州伊宁站(图 4.2a)。 ②降温：北疆西部北部、南疆西部山区气温下降 5～8 ℃；伊犁州、博州西部、塔城地区北部、阿勒泰地区西部北部、喀什地区山区、克州、巴州北部等地下降 8～10 ℃，山区局地下降 10 ℃以上，出现寒潮。 ③风：北疆大部、克州、巴州、哈密市出现 5 级左右西北风，风口风力 8～9 级。		
灾害性天气	暴雪	3 站暴雪均出现在伊犁州(20 日)，日最大降雪中心位于伊宁站，为 17.3 mm。最大小时雪强为伊犁州察布查尔站 3.0 mm/h(20 日 09:00—10:00)。	

续表

灾害性天气	寒潮	寒潮站数:共 197 站·次(强寒潮 48 站·次,特强寒潮 8 站·次),20 日克州、和田地区、阿克苏地区、巴州共 11 站(强寒潮 3 站),21 日伊犁州、博州西部、塔城地区北部、阿勒泰地区西部北部、喀什地区山区、克州、巴州共 66 站(强寒潮 19 站,特强寒潮 2 站);22 日伊犁州、博州西部、塔城地区北部、阿勒泰地区西部北部、乌鲁木齐市、巴州共 120 站(强寒潮 26 站,特强寒潮 6 站)(图 4.2b)。 日最大降温中心:区域站伊犁州昭苏县乌尊布拉克乡米斯村降温 15.0 ℃(22 日),国家站喀什地区塔什库尔干站降温 13.0 ℃(21 日)。 过程最低气温:区域站克州乌恰县乌鲁克恰提乡玉其塔什牧场站−30.9 ℃(21 日 10:13),国家站巴音布鲁克站−25.3 ℃(21 日 11:47)(图 4.2c)。
	大风	博州、克拉玛依市、喀什地区、克州、巴州北部、哈密市共 43 站出现 8 级以上大风,其中 10 级以上 1 站。过程极大风速,区域站为克州阿图什市阿湖乡托格拉克村站 25.7 m/s(20 日 18:00),国家站为克州乌恰站 18.6 m/s(20 日 17:00)(图 4.2d)。

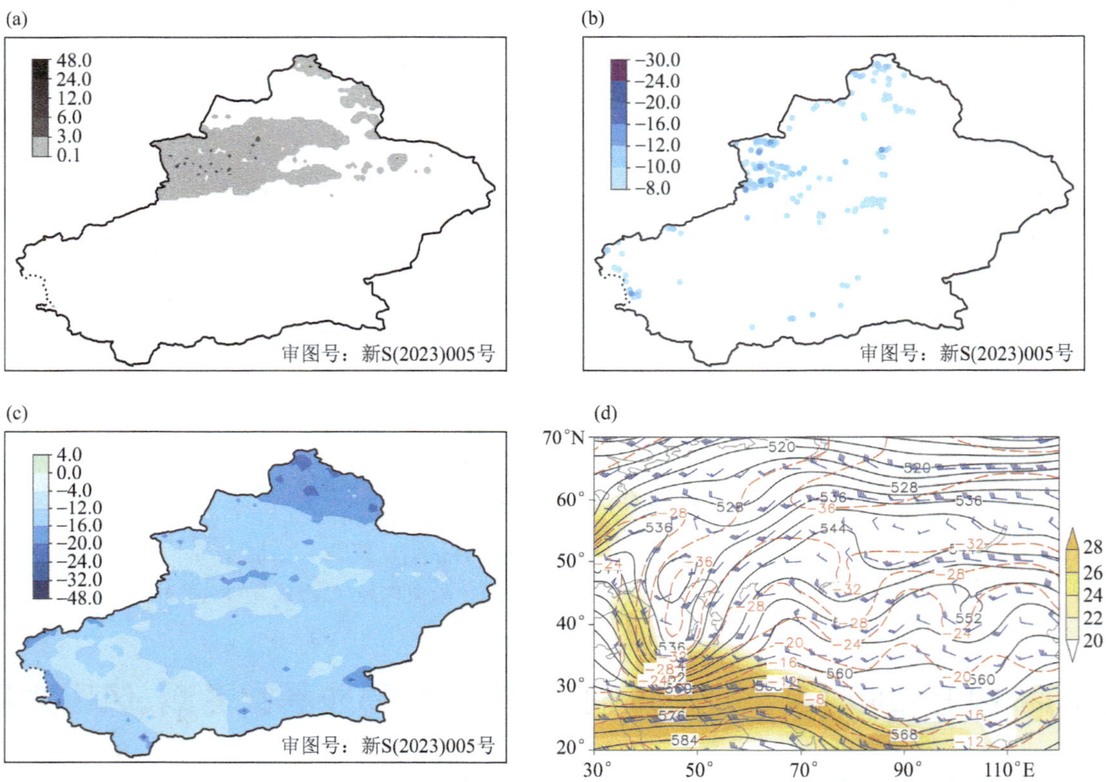

图 4.2 (a)1 月 19 日 20 时至 1 月 22 日 08 时过程累计降水量(单位:mm);(b)过程最低气温 24h 降温(单位:℃);(c)过程最低气温(单位:℃);(d)1 月 20 日 20 时 500 hPa 高度场(黑实线,单位:dagpm)、风场(填色区,单位:m/s)、温度场(红虚线,单位:℃)

4.3 2 月 5 日 08 时至 7 日 20 时南疆降雪,北疆区域性偏东风、阴雾

天气类型	降雪,偏东大风、大雾	过程强度	弱
天气实况	①降雪:喀什地区南部山区、克州、和田地区南部山区、阿克苏地区北部山区、巴州南部小雪,其中阿克苏地区北部山区、巴州南部的局部累计降雪量 3.1～6.5 mm,最大降雪中心位于巴州且末县库拉木拉克乡大石门水库站(图 4.3a)。 ②风:伊犁州、塔城地区北部、阿勒泰地区西部、乌鲁木齐市、昌吉州东部、哈密市等地的部分区域出现 4～5 级偏东风,风口风力 10～11 级,阵风 12～13 级(图 4.3b)。 ③雾:博州东部、塔城地区南部、石河子市、乌鲁木齐市、昌吉州出现大雾。		

续表

灾害性天气	大风	伊犁州、塔城地区北部、阿勒泰地区、乌鲁木齐市南郊、昌吉州东部和哈密市共 164 站出现 8 级以上偏东大风，其中 10 级以上 30 站，12 级以上 8 站。过程极大风速，区域站为塔城地区托里县阿合别斗乡航勒站 45.5 m/s (6 日 06:00)，国家站为塔城地区裕民站 25.2 m/s(6 日 00:00)。
	大雾	15 站大雾(≤1000 m)，其中 8 站浓雾(≤500 m)，5 站强浓雾(≤200 m)，1 站特强浓雾(≤50 m)。博州 1 站(精河)，塔城地区 1 站(乌苏)，石河子市 4 站(石河子、莫索湾、炮台、乌兰乌苏)，乌鲁木齐 2 站(米东区、天山区)，昌吉州 7 站(昌吉、蔡家湖、奇台、吉木萨尔、阜康、呼图壁、玛纳斯)。最小能见度出现在石河子市石河子站(2 月 5 日 08:46)，为 50 m。

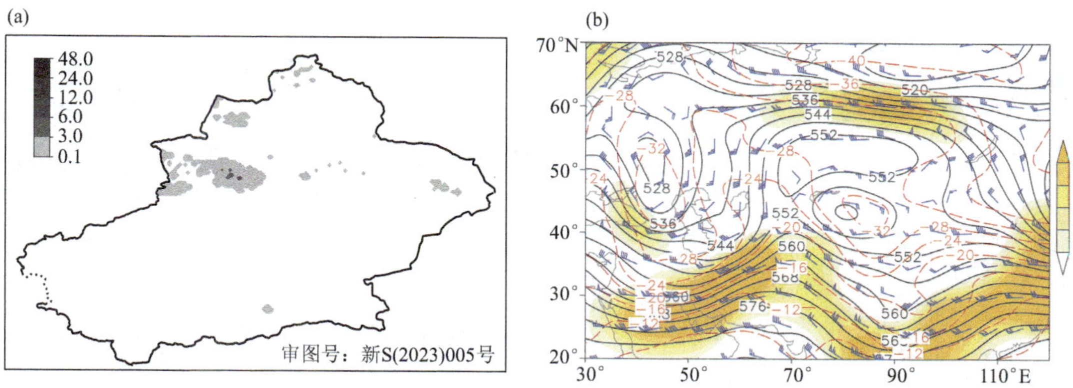

图 4.3　(a)2 月 5 日 08 时至 2 月 7 日 20 时过程累计降水量(单位:mm)；(b)2 月 5 日 20 时 500 hPa 高度场(黑实线，单位:dagpm)、风场(填色区，单位:m/s)、温度场(红虚线，单位:℃)

4.4　2 月 9 日 20 时至 12 日 08 时北疆东疆降雪

天气类型	降雪	过程强度	中弱
天气实况	伊犁州、博州和塔城地区、阿勒泰地区、克拉玛依市、乌鲁木齐市南部山区、昌吉州东部、克州山区、巴州山区、吐鲁番市北部山区、哈密市北部的部分区域小雪，其中伊犁州的部分区域和塔城地区北部、乌鲁木齐市南部山区、哈密市北部的局部区域累计降雪量 3.3～7.2mm，最大降雪中心为伊犁州尼勒克县科蒙乡莫托沟站和霍城县大西沟乡麻子沟站(图 4.4a,b)。		

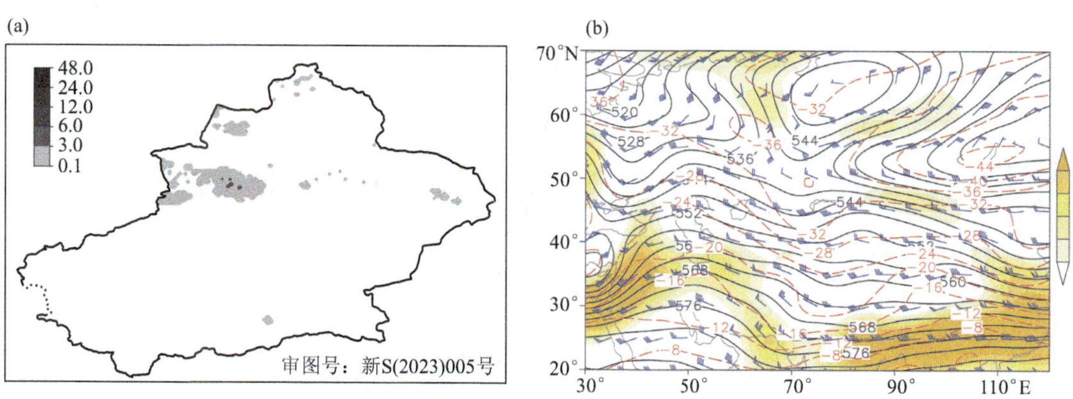

图 4.4　(a)2 月 9 日 20 时至 2 月 12 日 08 时过程累计降水量(单位:mm)；(b)2 月 9 日 20 时 500 hPa 高度场(黑实线，单位:dagpm)、风场(填色区，单位:m/s)、温度场(红虚线，单位:℃)

4.5 2月12日08时至13日14时北疆东疆降雪、伊犁州局地暴雪

天气类型	降雪		过程强度	中弱
天气实况	伊犁州、塔城地区、阿勒泰地区西部、克拉玛依市、石河子市、乌鲁木齐市、昌吉州、哈密市北部小雪，其中伊犁州山区、塔城地区北部的局部区域累计降雪量 3.2～17.4mm，最大降雪中心为伊犁州新源县那拉提镇站(图 4.5a,b)。			
灾害性天气	暴雪	1 站暴雪(12 日 08:00—13 日 08:00)位于新源县那拉提镇站(17.4 mm)，最大小时雪强 2.2 mm/h 出现在新源县阿热勒托别镇站(13 日 00:00—01:00)。		

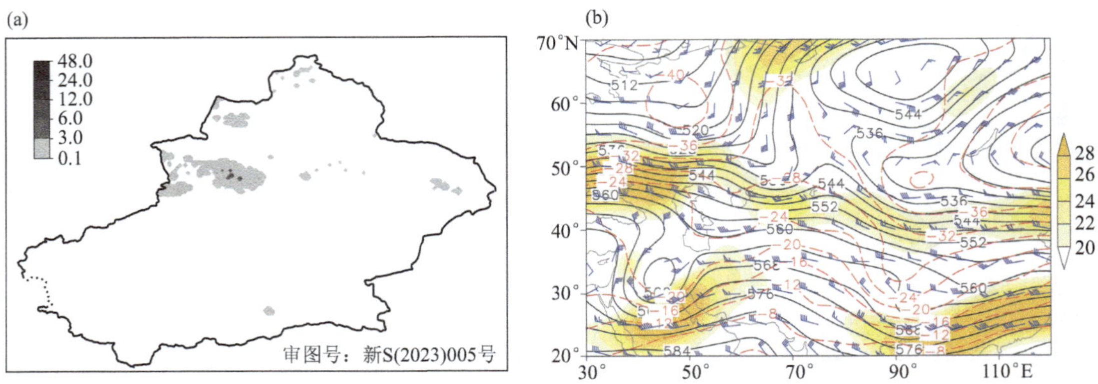

图 4.5 (a)2 月 12 日 08 时至 2 月 13 日 14 时过程累计降水量(单位:mm);(b)2 月 12 日 08 时 500 hPa 高度场(黑实线,单位:dagpm)、风场(填色区,单位:m/s)、温度场(红虚线,单位:℃)

4.6 3月1日20时至3日20时北疆大部降雪、风口大风

天气类型	雨雪、大风		过程强度	中弱
天气实况	①雨雪:伊犁州、塔城地区、阿勒泰地区、石河子市、乌鲁木齐市、昌吉州、哈密市北部的部分区域小雨或雨夹雪或雪，其中伊犁州东部山区、塔城地区北部、阿勒泰地区西部、昌吉州东部等地的局部累计降雪量 3.1～15.9 mm，最大降雪中心为塔城地区托里县乌雪特乡红卫二大队站(图 4.6a)。 ②风:北疆大部、克州山区、巴州南部山区、哈密市出现 5 级左右西北风，风口风力 9～10 级(图 4.6b)。			
灾害性天气	大风	塔城地区、喀什地区、克州、巴州南部山区、哈密市共 80 站出现 8 级以上大风，其中 10 级以上 4 站。过程极大风速，区域站为克州阿克陶县布伦口乡盖孜村依热库如木站 28.1 m/s(2 日 15:00)，国家站为哈密市十三间房站 21.2 m/s(3 日 15:00)。		

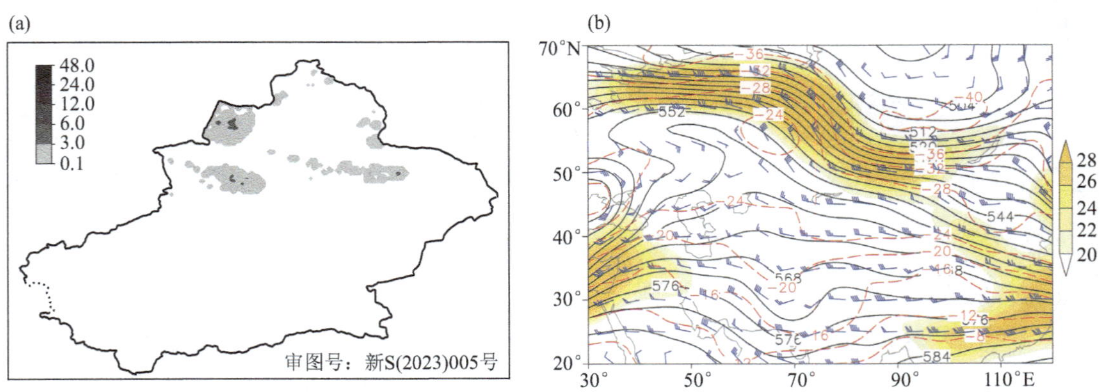

图 4.6 (a)3 月 1 日 20 时至 3 月 3 日 20 时过程累计降水量(单位:mm);(b)3 月 1 日 20 时 500 hPa 高度场(黑实线,单位:dagpm)、风场(填色区,单位:m/s)、温度场(红虚线,单位:℃)

4.7　3 月 7 日 17 时至 9 日 06 时北疆西部、北部雨雪、风口大风

天气类型	雨雪、大风		过程强度	弱
天气实况	①雨雪：伊犁州、博州、塔城地区北部、阿勒泰地区小雨(雪)或雨夹雪转雪，塔城地区北部、阿勒泰地区的局部累计降水量 3.1～18.6 mm，最大降水中心为阿勒泰地区哈巴河县萨尔布拉克镇大萨子站(图 4.7a)。 ②风：北疆东疆大部、南疆西部山区等地出现 4～5 级西北风(南疆塔里木盆地为偏东风)，风口区域风力 9～10 级、阵风 11～12 级(图 4.7b)。			
灾害性天气	暴雪	1 站暴雪(8 日 08:00—9 日 06:00)位于阿勒泰地区哈巴河县萨尔布拉克镇大萨子站(13.5 mm)，最大小时雪强 2.8 mm/h 出现在哈巴河县铁热克提乡白哈巴村站(3 月 7 日 22:00—23:00)。		
	大风	伊犁州、博州西部、塔城地区北部、阿勒泰地区西部、喀什地区南部山区、克州山区、巴州山区、哈密市等地共 254 站出现 8 级以上大风，其中 10 级以上 25 站，12 级以上 2 站。过程极大风速，区域站为克州阿克陶县布伦口乡恰克尔艾格勒村阿克库如木站 33.5 m/s(9 日 00:00)，国家站为博州阿拉山口站 29.1 m/s(7 日 18:00)。		

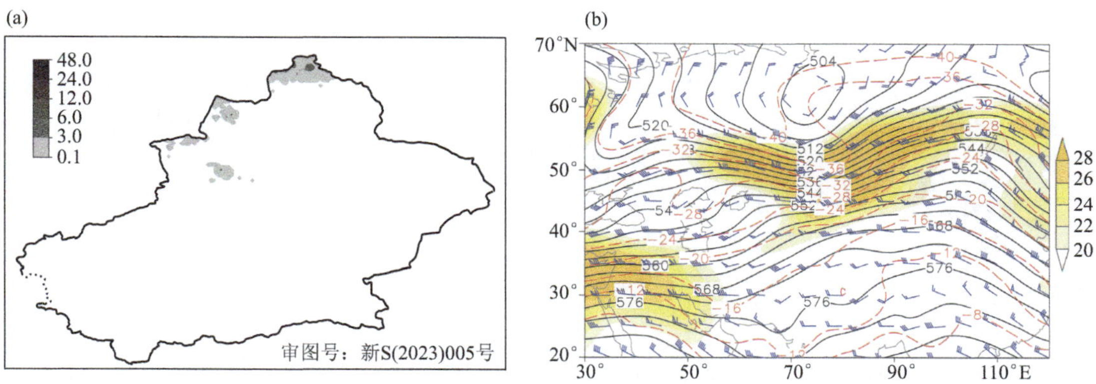

图 4.7　(a)3 月 7 日 17 时至 3 月 9 日 06 时过程累计降水量(单位：mm)；(b)3 月 8 日 08 时 500 hPa 高度场(黑实线，单位：dagpm)、风场(填色区，单位：m/s)、温度场(红虚线，单位：℃)

4.8　3 月 9 日 20 时至 11 日 14 时北疆雨雪、风口大风

天气类型	雨雪、大风		过程强度	弱
天气实况	①雨雪：伊犁州、博州、塔城地区北部、阿勒泰地区、乌鲁木齐市山区、昌吉州、克州、巴州北部山区、哈密市北部小雨或雨夹雪转雪，其中伊犁州的部分区域和塔城地区北部、阿勒泰地区北部等地的局部区域累计降水量 3.1～12.0 mm，最大降雪中心为塔城地区托里县乌雪特乡红卫二大队站(图 4.8a)。 ②风：北疆大部、喀什地区、克州、和田地区、阿克苏地区、巴州等地出现 5 级左右西北风，风口风力 9～10 级、阵风 11 级(图 4.8b)。			
灾害性天气	大风	博州西部、塔城地区北部、克州山区、巴州山区、哈密市等地共 191 站出现 8 级以上大风，其中 10 级以上 14 站。过程极大风速，区域站为博州温泉县哈夏林场站 31.5 m/s(10 日 16:00)，国家站为哈密市十三间房站 27.8 m/s(10 日 20:00)。		

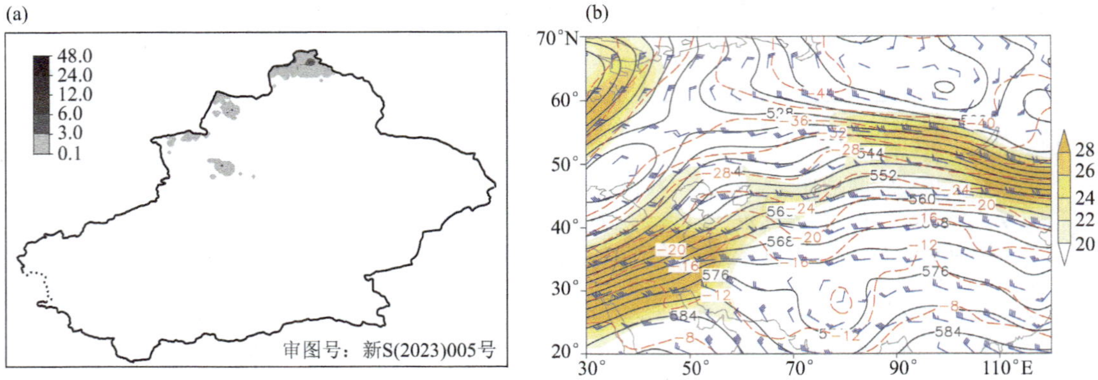

图 4.8 (a)3 月 9 日 20 时至 3 月 11 日 14 时过程累计降水量(单位:mm);(b)3 月 10 日 08 时 500 hPa 高度场(黑实线,单位:dagpm)、风场(填色区,单位:m/s)、温度场(红虚线,单位:℃)

4.9 3 月 11 日 14 时至 13 日 11 时北疆雨雪、克州局地暴雪、风口大风

天气类型	雨雪、大风	过程强度	弱
天气实况	①雨雪:伊犁州、博州、塔城地区、阿勒泰地区、石河子市、乌鲁木齐市、昌吉州、克州山区、巴州北部山区、哈密市北部山区小雨或雨夹雪转雪,其中伊犁州的部分区域和塔城地区北部、阿勒泰地区北部等地的局部区域累计降水量 3.1～24.6 mm,最大降雪中心为克州乌恰县吐尔尕特站(图 4.9a)。 ②风:北疆大部、喀什地区南部、克州、吐鲁番市、哈密市等地出现 5 级左右西北风,风口风力 9～10 级、阵风 11～12 级(图 4.9b)。		
灾害性天气	暴雪	1 站暴雪(12 日 20:00—13 日 11:00)位于克州吐尔尕特站(14.5 mm),最大小时雪强 2.8 mm/h(13 日 02:00—03:00)。	
	大风	塔城地区北部、克州山区、巴州山区、吐鲁番市、哈密市等地共 178 站出现 8 级以上大风,其中 10 级以上 14 站,12 级以上 1 站。过程极大风速,区域站为克州阿克陶县布伦口乡盖孜村依热库如木站 34.6 m/s(12 日 15:00),国家站为哈密市十三间房站 25.7 m/s(12 日 22:00)。	

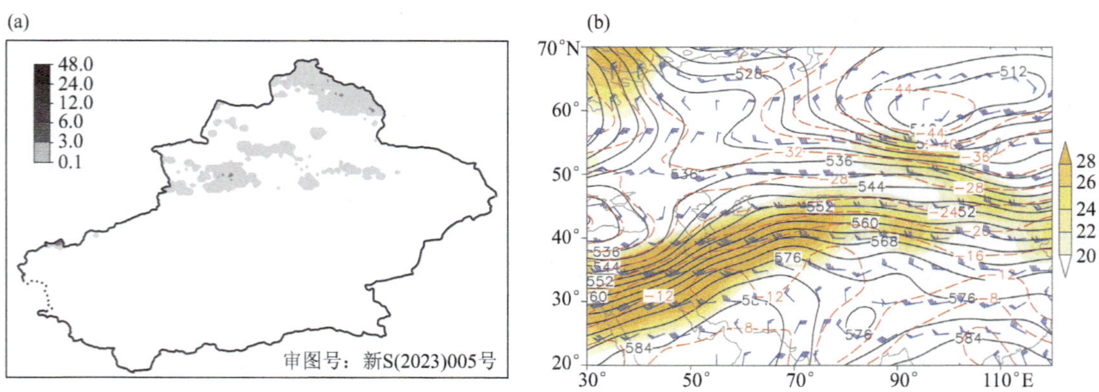

图 4.9 (a)3 月 11 日 14 时至 3 月 13 日 11 时过程累计降水量(单位:mm);(b)3 月 12 日 08 时 500 hPa 高度场(黑实线,单位:dagpm)、风场(填色区,单位:m/s)、温度场(红虚线,单位:℃)

4.10 3 月 17 日 08 时至 18 日 14 时北疆雨雪、风口大风

<table>
<tr><td>天气类型</td><td colspan="2">雨雪、大风</td><td>过程强度</td><td>弱</td></tr>
<tr><td>天气实况</td><td colspan="4">①雨雪：伊犁州、博州、塔城地区、克拉玛依市、石河子市和阿勒泰地区、乌鲁木齐市山区、昌吉州、巴州北部山区、哈密市北部山区的部分区域小雨或雪，其中伊犁州的部分区域和博州西部山区、塔城地区、巴州北部山区等地的局部区域累计降水量 3.1～19.6 mm，最大降水中心为伊犁州伊宁县站(图 4.10a)。
②风：北疆大部、喀什地区、克州、巴州、吐鲁番市、哈密市等地出现 5 级左右西北风，风口风力 9～10 级、阵风 13～14 级(图 4.10b)。</td></tr>
<tr><td>灾害性天气</td><td>大风</td><td colspan="3">伊犁州、博州西部、喀什地区南部山区、克州山区、巴州山区、哈密市等地共 124 站出现 8 级以上大风，其中 10 级以上 14 站，12 级以上 3 站，14 级以上 1 站。过程极大风速，区域站为克州阿克陶县布伦口乡盖孜村依热库如木站 43.9 m/s(18 日 10:00)，国家站为乌鲁木齐市天山大西沟站 23.6 m/s(17 日 14:00)。</td></tr>
</table>

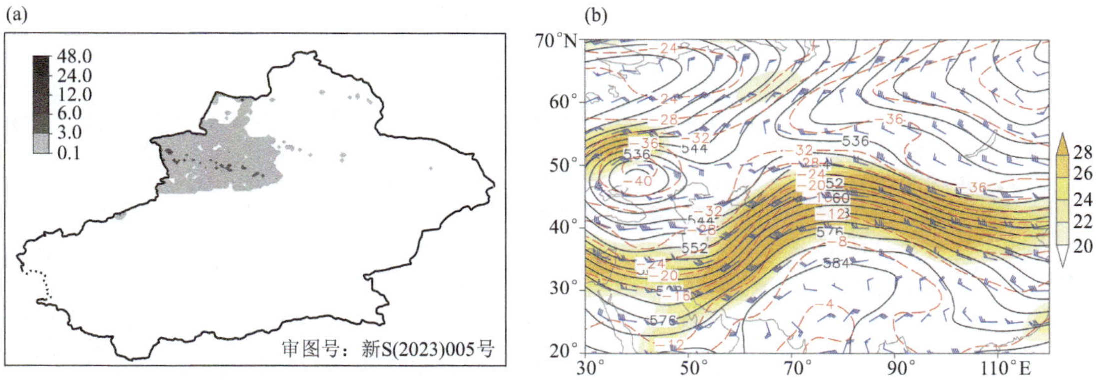

图 4.10 (a)3 月 17 日 08 时至 3 月 18 日 14 时过程累计降水量(单位：mm)；(b)3 月 17 日 08 时 500 hPa 高度场(黑实线，单位：dagpm)、风场(填色区，单位：m/s)、温度场(红虚线，单位：℃)

4.11 3 月 27 日 08 时至 28 日 20 时北疆雨雪、大风、局地暴雪

<table>
<tr><td>天气类型</td><td colspan="2">雨雪、大风</td><td>过程强度</td><td>弱</td></tr>
<tr><td>天气实况</td><td colspan="4">①雨雪：北疆大部、哈密市北部小雨或雨转雨夹雪或雪，其中伊犁州的部分区域和塔城地区北部、阿勒泰地区北部、乌鲁木齐市、昌吉州东部、巴州北部山区等地的局部区域累计降水量 6.1～23.8 mm，最大降雪中心为昌吉州木垒县大南沟站(图 4.11a)。
②风沙：北疆大部、克州、吐鲁番市、哈密市出现 6 级左右西北风，风口风力 10～11 级、阵风 12～13 级；南疆塔里木盆地出现 5～6 级偏东风、阵风 8～9 级；南疆塔里木盆地、吐鲁番市、哈密市出现浮尘或扬沙(图 4.11b)。</td></tr>
<tr><td rowspan="2">灾害性天气</td><td>暴雪</td><td colspan="3">7 站暴雪出现在阿勒泰地区北部山区、昌吉州东部山区(28 日)，日最大降雪中心位于昌吉州木垒县大南沟站(23.8 mm)，最大小时雪强为阿勒泰地区布尔津县禾木乡黑流滩中游站 5.8 mm/h(28 日 05:00—06:00)。</td></tr>
<tr><td>大风</td><td colspan="3">博州西部、塔城地区北部、阿勒泰地区西部、昌吉州东部、喀什地区南部山区、克州山区、巴州北部山区、吐鲁番市、哈密市等地共 366 站出现 8 级以上大风，其中 10 级以上 59 站，12 级以上 6 站。过程极大风速，区域站为吐鲁番市高昌区小草湖服务区站 40.1 m/s(27 日 23:00)，国家站为哈密市十三间房站 32.9 m/s(28 日 03:00)。</td></tr>
</table>

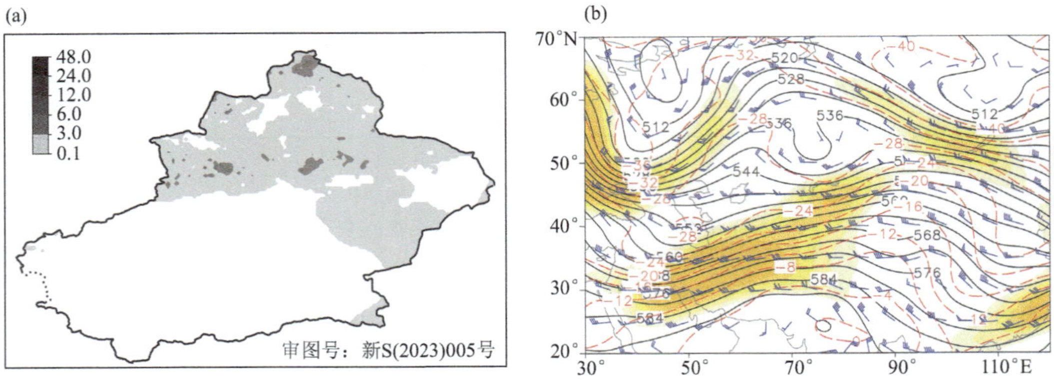

图 4.11 （a）3 月 27 日 08 时至 3 月 28 日 20 时过程累计降水量（单位：mm）；（b）3 月 27 日 20 时 500 hPa 高度场（黑实线，单位：dagpm）、风场（填色区，单位：m/s）、温度场（红虚线，单位：℃）

4.12 4 月 8 日 05 时至 9 日 20 时北疆东疆大风、局地雨雪

天气类型	大风、雨雪	过程强度	弱
天气实况	①风：北疆大部、克州、和田地区南部、阿克苏地区西部北部、巴州山区、吐鲁番市、哈密市出现 5 级左右西北风，风口风力 9～10 级、阵风 11 级（图 4.12a）。 ②雨雪：阿勒泰地区、石河子市、乌鲁木齐市南部山区、昌吉州和喀什地区南部山区、克州山区、巴州山区、哈密市北部的局地小雨或雨夹雪转雪，其中阿勒泰地区北部局地累计降水量 9.8～11.8 mm，最大降水中心为阿勒泰地区阿勒泰市野卡峡野雪公园 1 站（图 4.12b）。		
灾害性天气	大风	博州西部、塔城地区北部、阿勒泰地区西部、昌吉州东部、喀什地区南部山区、克州山区、巴州山区、吐鲁番市、哈密市等地共 569 站出现 8 级以上大风，其中 10 级以上 88 站，11 级以上 12 站。过程极大风速，区域站为吐鲁番市高昌区小草湖服务区站 31.9 m/s（9 日 07:00），国家站为哈密市十三间房站 30.8 m/s（9 日 03:00）（图 4.12c，d）。	

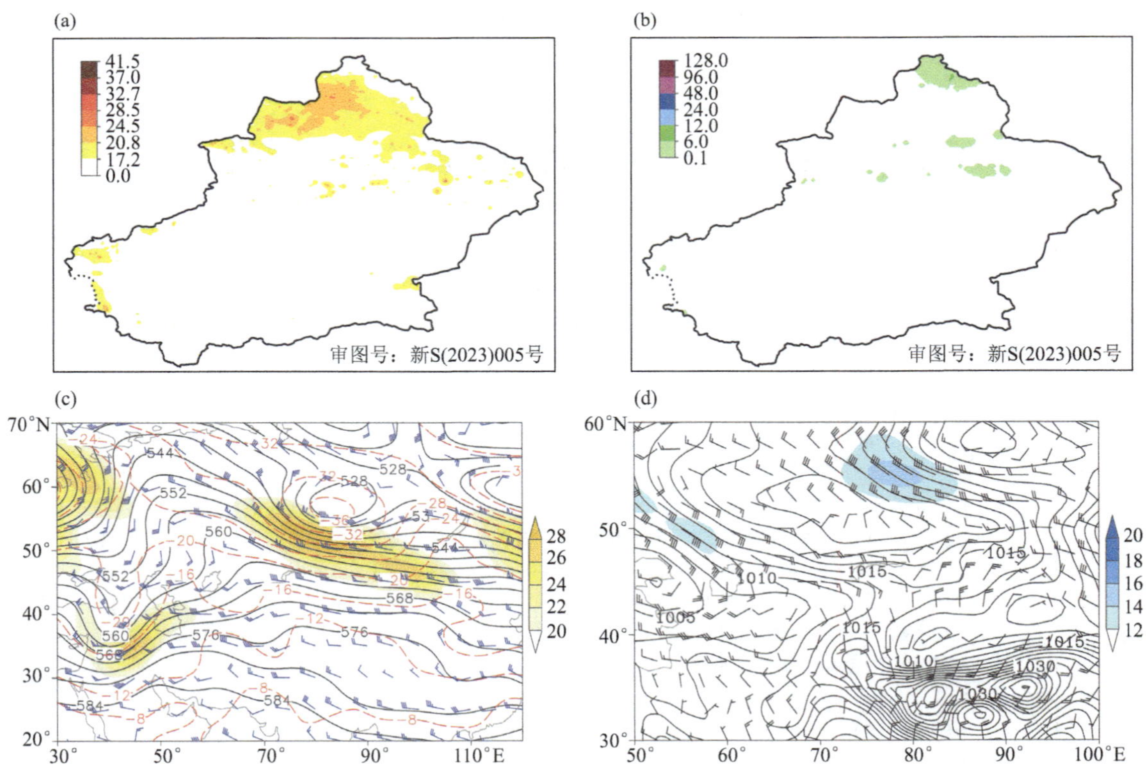

图 4.12 （a）过程极大风速（单位：m/s）；（b）4 月 8 日 05 时至 4 月 9 日 20 时过程累计降水量（单位：mm）；（c）4 月 9 日 08 时 500 hPa 高度场（黑实线，单位：dagpm）、风场（填色区，单位：m/s）、温度场（红虚线，单位：℃）；（d）4 月 9 日 08 时海平面气压（黑实线，单位：hPa）和 850 hPa 风场（填色区，单位：m/s）

4.13　4 月 9 日 20 时至 11 日 20 时新疆偏西及天山山区雨雪、北疆东疆大风

天气类型	雨雪、大风	过程强度	弱
天气实况	①雨雪：伊犁州、乌鲁木齐市南部山区、克州山区、阿克苏地区北部山区、巴州北部、吐鲁番市山区小雨或雨夹雪转雪，其中伊犁州、乌鲁木齐南部山区、克州山区、巴州北部山区的局部区域累计降水量 6.1～37.9mm，最大降水中心为伊犁州新源县吐尔根乡站(图 4.13a)。 ②风沙：北疆大部、南疆西部、巴州北部、吐鲁番市、哈密市出现 5 级左右西北风，风口风力 9～10 级、阵风 11～13 级；南疆塔里木盆地 5～6 级偏东风、阵风 8～9 级。南疆、吐鲁番市、哈密市局地出现浮尘或扬沙(图 4.13b)。		
灾害性天气	暴雨	10 日 6 站暴雨出现在伊犁州东部山区，日最大降雨中心位于伊犁州新源县吐尔根乡站 37.9 mm，最大小时雨强为伊宁县阿吾利亚乡克孜布拉克村帕特喀布拉克沟站 10.1 mm/h(10 日 02:00—03:00)。	
	大风	塔城地区北部、阿勒泰地区、昌吉州东部、喀什地区、克州山区、和田地区南部山区、阿克苏地区北部、巴州、吐鲁番市、哈密市共 343 站出现 8 级以上大风，其中 10 级以上 28 站，12 级以上 2 站。过程极大风速，区域站为伊犁州特克斯县喀拉达拉镇琼库什台牧业村站 41.0 m/s(10 日 10:00)，国家站为哈密市十三间房站 26.3 m/s(10 日 10:00)。	

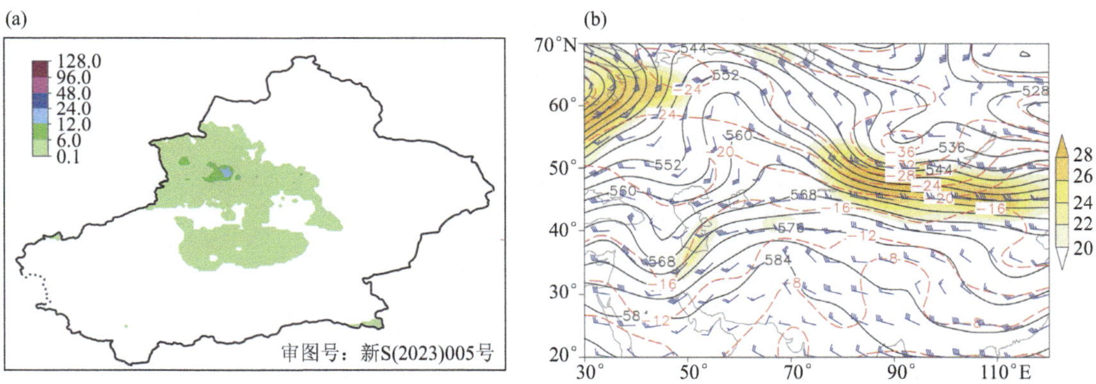

图 4.13　(a) 4 月 9 日 20 时至 4 月 11 日 20 时过程累计降水量(单位：mm)；(b) 4 月 9 日 20 时 500 hPa 高度场(黑实线，单位：dagpm)、风场(填色区，单位：m/s)、温度场(红虚线，单位：℃)

4.14　4 月 12 日 08 时至 14 日 09 时新疆偏西、天山山区雨雪、风口大风

天气类型	雨雪、大风	过程强度	弱
天气实况	①雨雪：伊犁州、塔城地区南部山区、乌鲁木齐市南部山区、喀什地区南部山区、克州山区、阿克苏地区北部山区、巴州山区小雨或雨夹雪转雪，其中伊犁州、喀什地区南部山区、巴州北部山区的局部区域累计降水量 6.2～19.6mm，最大降水中心为伊犁州巩留县库尔德宁镇木材检查站(图 4.14a)。 ②风：北疆大部、喀什地区山区、克州山区、和田地区、巴州、吐鲁番市、哈密市出现 6 级左右西北风，风口风力 9～10 级、阵风 11～13 级(图 4.14b)。		
灾害性天气	大风	伊犁州、塔城地区北部、阿勒泰地区、昌吉州东部、喀什地区、克州山区、和田地区南部山区、巴州、吐鲁番市、哈密市共 176 站出现 8 级以上大风，其中 10 级以上 16 站，12 级以上 2 站。过程极大风速，区域站为巴州若羌县红柳沟站 39.9 m/s(14 日 01:00)，国家站为阿勒泰地区青河站 19.5 m/s(14 日 07:00)。	

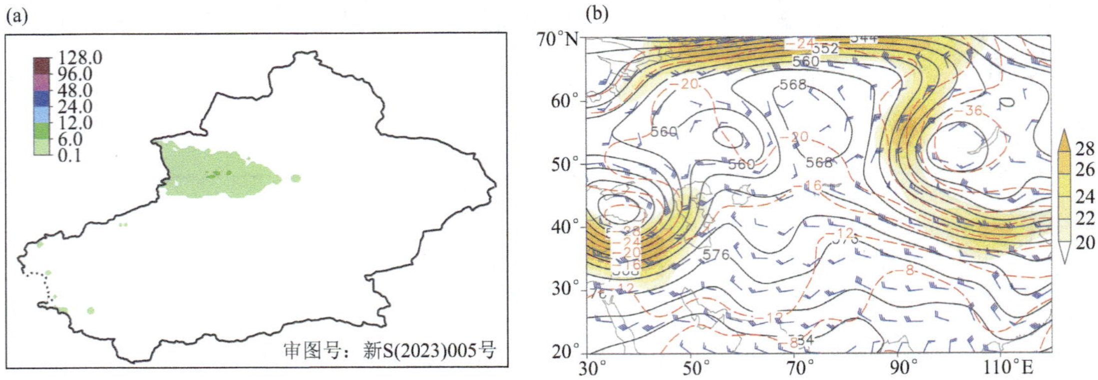

图 4.14　(a)4 月 12 日 08 时至 4 月 14 日 09 时过程累计降水量(单位:mm);(b)4 月 13 日 08 时 500 hPa 高度场(黑实线,单位:dagpm)、风场(填色区,单位:m/s)、温度场(红虚线,单位:℃)

4.15　4 月 21 日 20 时至 23 日 08 时南疆西部暴雨、沙尘、风口大风

<table>
<tr><td>天气类型</td><td colspan="2">雨雪、大风、沙尘暴</td><td>过程强度</td><td>弱</td></tr>
<tr><td>天气实况</td><td colspan="4">①雨雪:伊犁州南部、阿勒泰地区北部、喀什地区、克州、阿克苏地区西部北部小雨或雪,其中阿勒泰地区北部山区、喀什地区山区、克州山区、阿克苏地区西部山区的局部区域累计降水量 6.3～24.1 mm,最大累计降水中心位于克州阿合奇县哈拉奇乡布隆村站(图 4.15a)。
②风沙:北疆大部、南疆西部、巴州北部、吐鲁番市、哈密市出现 5～6 级西北风,风口风力 7～8 级、阵风 9～10 级;巴州南部 5～6 级偏东风、阵风 8 级。南疆大部、吐鲁番市、哈密市出现沙尘天气,和田地区局地沙尘暴(图 4.15b)。</td></tr>
<tr><td rowspan="3">灾害性天气</td><td>暴雨</td><td colspan="3">22 日 1 站暴雨出现在克州阿合奇县哈拉奇乡布隆村站 24.1 mm,最大小时雨强为克州乌恰县维他克水文站 13.7 mm/h(22 日 20:00—21:00)。</td></tr>
<tr><td>大风</td><td colspan="3">博州、塔城地区北部、阿勒泰地区、昌吉州东部、喀什地区山区、克州、和田地区、阿克苏地区北部、巴州、吐鲁番市、哈密市等地共 274 站出现 8 级以上大风,其中 10 级以上 3 站。过程极大风速,区域站为哈密市巴里坤县三塘湖乡站 27.5 m/s(22 日 13:00),国家站为喀什地区喀什站 22.1 m/s(22 日 20:00)。</td></tr>
<tr><td>沙尘暴</td><td colspan="3">策勒站沙尘暴,墨玉、洛浦 2 站强沙尘暴,最小能见度墨玉站 332 m。</td></tr>
</table>

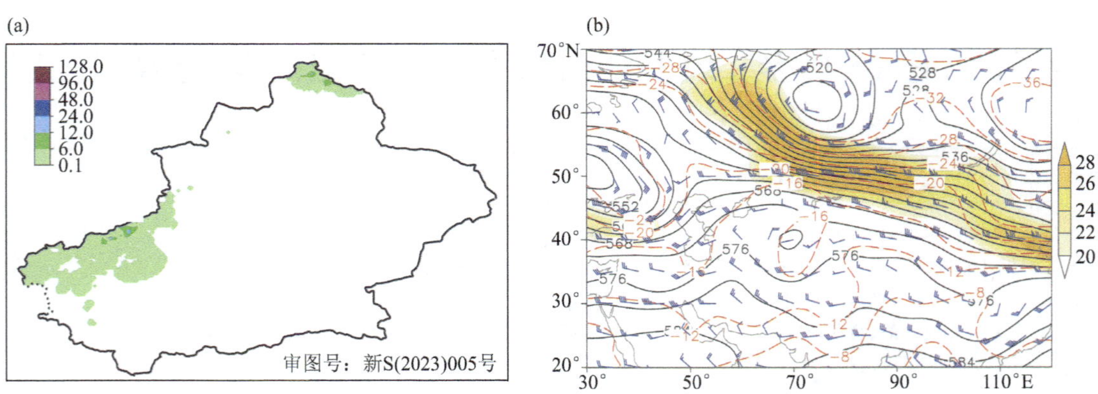

图 4.15　(a)4 月 21 日 20 时至 4 月 23 日 08 时过程累计降水量(单位:mm);(b)4 月 22 日 08 时 500 hPa 高度场(黑实线,单位:dagpm)、风场(填色区,单位:m/s)、温度场(红虚线,单位:℃)

4.16　4 月 27 日 08 时至 30 日 02 时伊犁州、巴州暴雨雪、南疆风沙

天气类型	雨雪、大风、沙尘暴		过程强度	弱
天气实况	①雨雪：伊犁州、乌鲁木齐市、昌吉州、喀什地区南部山区、克州山区、阿克苏地区、巴州、哈密市小雨或雨夹雪转雪，其中伊犁州、乌鲁木齐市南部山区、克州山区、巴州的局部区域累计降水量 6.1～44.7 mm，最大降水中心为伊犁州新源县喀拉布拉镇阿克布拉克牧业队站(图 4.16a)。 ②风沙：北疆大部、喀什地区山区、克州山区、和田地区、阿克苏地区、巴州、吐鲁番市、哈密市出现 6 级左右西北风，风口风力 8～9 级，阵风 10～11 级；南疆塔里木盆地 5～6 级偏东风、阵风 8～9 级。南疆、吐鲁番市、哈密市出现沙尘天气，和田地区局地沙尘暴(图 4.16b)。			
灾害性天气	暴雨	28 日 25 站暴雨均出现在伊犁州，日最大降雨中心位于伊犁州新源县喀拉布拉镇阿克布拉克牧业队站 44.4 mm(28 日)，最大小时雨强为巴州焉耆县七个星镇霍拉山村站 11.5 mm/h(28 日 02:00—03:00)。 突破极值：28 日和静县降水量 25.8 mm，打破该站 4 月历史最大日降水量极值，同时突破该站春季最大日降水量历史极值。		
	暴雪	29 日 1 站暴雪位于巴州且末县邦泰采矿厂站 13.0 mm，最大小时雪强 2.2 mm/h 出现在巴州且末县邦泰采矿厂站(29 日 03:00—04:00)。		
	大风	伊犁州、塔城地区北部、阿勒泰地区西部、昌吉州东部、喀什地区山区、克州山区、和田地区南部山区、阿克苏地区山区、巴州、吐鲁番市、哈密市共 303 站出现 8 级以上大风，其中 10 级以上 25 站，11 级以上 3 站。过程极大风速，区域站为塔城地区托里县阿合别斗乡航勒村站 32.0 m/s(29 日 23:00)，国家站为哈密市十三间房站 25.4 m/s(28 日 12:00)。		
	沙尘暴	皮山、洛浦、于田 3 站沙尘暴，最小能见度洛浦站 581 m。		
灾情	28 日至 29 日，阿克苏地区沙雅县、阿拉尔市、巴州库尔勒市大风、暴雨、冰雹天气造成农作物受灾。			

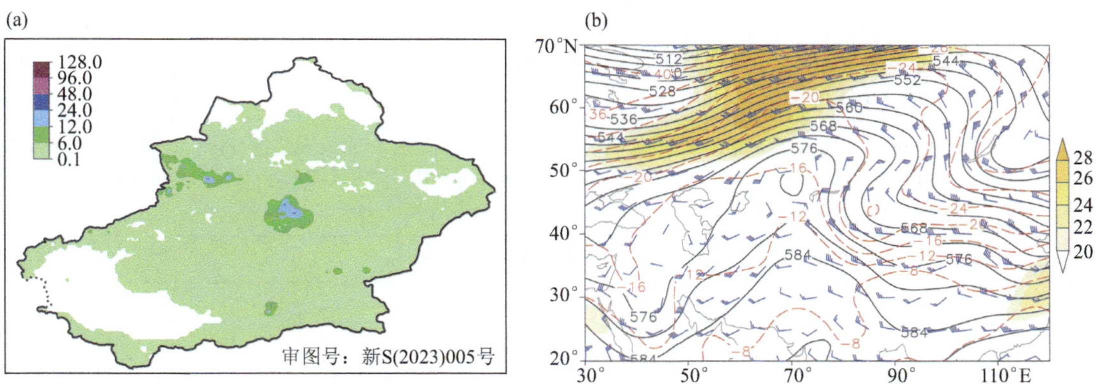

图 4.16　(a)4 月 27 日 08 时至 4 月 30 日 02 时过程累计降水量(单位：mm)；(b)4 月 28 日 20 时 500 hPa 高度场(黑实线，单位：dagpm)、风场(填色区，单位：m/s)、温度场(红虚线，单位：℃)

4.17　5 月 3 日 08 时至 4 日 20 时塔城地区北部、阿勒泰地区降雨、大风

天气类型	降雨、大风		过程强度	弱
天气实况	①降雨：塔城地区北部、阿勒泰地区西部北部和伊犁州西部、克州山区、阿克苏地区山区、的局地小雨，其中塔城地区北部、阿勒泰地区西部北部的局部区域累计降水量 6.2～12.3 mm，最大降雨中心为塔城地区塔城市 165 团站(图 4.17a)。 ②风：北疆大部、南疆西部山区、巴州、吐鲁番市、哈密市出现 5～6 级西北风，风口风力 8 级，阵风 9～10 级(图 4.17b)。			
灾害性天气	大风	博州、塔城地区北部、阿勒泰地区、乌鲁木齐市南部、克州山区、喀什地区山区、和田地区山区、吐鲁番市、哈密市共 172 站出现 8 级以上大风，其中 10 级以上 8 站。过程极大风速，区域站为阿勒泰地区福海县黄花沟农业开发区小哇槽站和喀什地区塔什库尔干县杜库里站 27.8 m/s(分别出现在 3 日 17:00、3 日 16:00)，国家站为博州阿拉山口站 24.6 m/s(3 日 17:00)。		

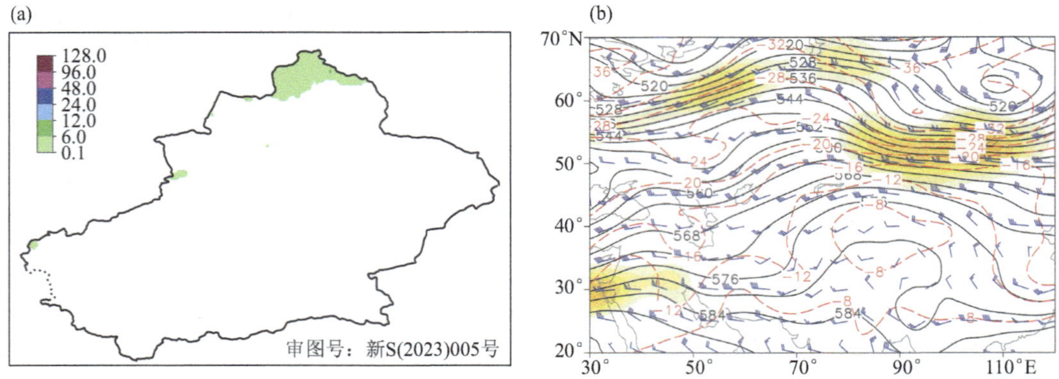

图 4.17 (a)5 月 3 日 08 时至 5 月 4 日 20 时过程累计降水量(单位:mm);(b)5 月 4 日 08 时 500 hPa 高度场(黑实线,单位:dagpm)、风场(填色区,单位:m/s)、温度场(红虚线,单位:℃)

4.18 5 月 7 日 02 时至 9 日 20 时伊犁州、克州局地暴雨、南疆风沙

<table>
<tr><td>天气类型</td><td colspan="2">降雨、大风、沙尘暴</td><td>过程强度</td><td>中弱</td></tr>
<tr><td>天气实况</td><td colspan="4">①降雨:北疆大部、喀什地区南部山区、克州山区、阿克苏地区、和田地区南部山区、巴州北部、吐鲁番市山区、哈密市北部小雨,其中伊犁州东部、阿勒泰地区北部、乌鲁木齐市南部山区、克州山区、和田地区南部山区、巴州北部、哈密市北部的局部区域累计降水量 6.1～32.6 mm,最大降雨中心为伊犁州新源县坎苏乡坎苏牧场站(图 4.18a)。
②风沙:北疆大部、南疆西部、巴州北部、吐鲁番市、哈密市出现 5～6 级西北风,风口风力 8～9 级、阵风 10～11 级;南疆塔里木盆地 5～6 级偏东风、阵风 8～9 级。南疆、吐鲁番市、哈密市出现沙尘天气,和田地区、阿克苏地区、巴州南部局地沙尘暴(图 4.18b)。</td></tr>
<tr><td rowspan="3">灾害性天气</td><td>暴雨</td><td colspan="3">3 站暴雨出现在伊犁州东部山区、克州山区(7 日 08:00—8 日 08:00),日最大降雨中心位于伊犁州新源县坎苏乡坎苏牧场站 31.1 mm,最大小时雨强为塔城地区和布克赛尔县查干库勒乡站 18.8 mm/h(7 日 20:00—21:00)。</td></tr>
<tr><td>大风</td><td colspan="3">塔城地区北部、阿勒泰地区、昌吉州东部、克州山区、和田地区、阿克苏地区、巴州、吐鲁番市、哈密市共 464 站出现 8 级以上大风,其中 10 级以上 19 站,11 级以上 1 站。过程极大风速,区域站为哈密市伊州区德外里克乡站 29.5 m/s(9 日 19:00),国家站为哈密市十三间房站 26.9 m/s(7 日 03:00)。</td></tr>
<tr><td>沙尘暴</td><td colspan="3">阿克苏、洛浦、且末 3 站沙尘暴,最小能见度阿克苏站 511 m。</td></tr>
</table>

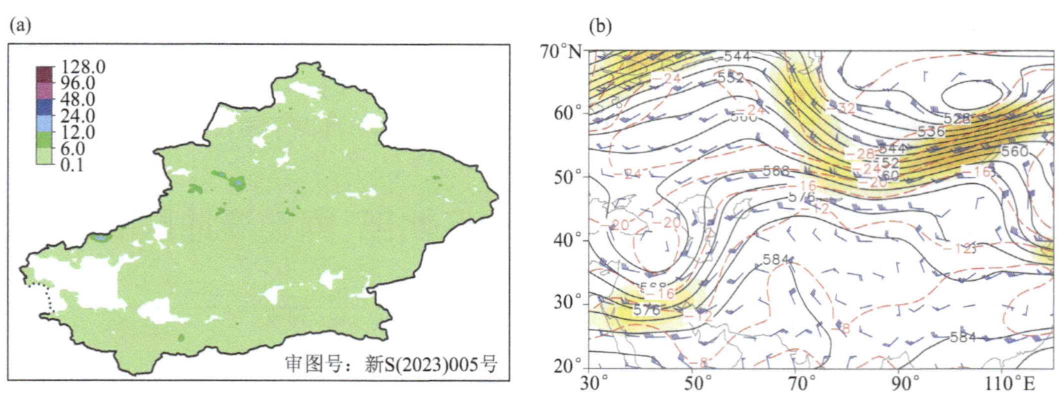

图 4.18 (a)5 月 7 日 02 时至 5 月 9 日 20 时过程累计降水量(单位:mm);(b)5 月 8 日 08 时 500 hPa 高度场(黑实线,单位:dagpm)、风场(填色区,单位:m/s)、温度场(红虚线,单位:℃)

4.19　5 月 14 日 22 时至 18 日 05 时南疆、北疆偏西地区降水大风、南疆局地沙尘暴

<table>
<tr><td>天气类型</td><td colspan="2">降雨、大风、沙尘暴</td><td>过程强度</td><td>中弱</td></tr>
<tr><td>天气实况</td><td colspan="4">①降雨：北疆西部北部、石河子市、乌鲁木齐市南部山区、昌吉州西部、喀什地区、克州、阿克苏地区西部北部、和田地区南部、巴州北部、哈密市北部小雨，其中伊犁州、博州西部、阿勒泰地区北部、乌鲁木齐市南部山区、喀什地区南部山区、克州、和田地区南部山区、巴州北部、哈密市北部的局部区域累计降水量 6.1～62.5 mm，最大降雨中心为伊犁州昭苏县乌尊布拉克乡吉浪赛站(图 4.19a)。
②风沙：北疆大部、南疆西部、巴州北部、吐鲁番市、哈密市出现 5～6 级西北风，风口风力 8～9 级、阵风 10～11 级；南疆塔里木盆地 5～6 级偏东风、阵风 8 级。南疆、吐鲁番市、哈密市出现沙尘天气，和田地区、巴州南部局地沙尘暴(图 4.19b)。</td></tr>
<tr><td rowspan="3">灾害性天气</td><td>暴雨</td><td colspan="3">16 日 10 站暴雨出现在伊犁州东部、喀什地区南部，17 日 1 站暴雨出现在伊犁州东部，日最大降雨中心位于伊犁州新源县那拉提镇东门站 29.6 mm(16 日)，最大小时雨强为伊犁州昭苏县乌尊布拉克乡吉浪赛站 26.1 mm/h(15 日 19:00—20:00)。过程中共出现 1 站短时强降水，位于伊犁州昭苏县。</td></tr>
<tr><td>大风</td><td colspan="3">博州、塔城地区北部、阿勒泰地区、昌吉州东部、喀什地区山区、克州、和田地区南部、巴州、吐鲁番市、哈密市共 368 站出现 8 级以上大风，其中 10 级以上 19 站，11 级以上 1 站。过程极大风速，区域站为克州阿图什市阿湖乡阿其克村站 28.5 m/s(17 日 19:00)，国家站为博州阿拉山口站 24.5 m/s(15 日 15:00)。</td></tr>
<tr><td>沙尘暴</td><td colspan="3">洛浦站沙尘暴，塔中站强沙尘暴(最小能见度 495 m)。</td></tr>
<tr><td>灾情</td><td colspan="4">15 日至 16 日，克州阿克陶县大风造成小麦受灾。
15 日至 17 日，克州阿合奇县、乌恰县、阿克苏地区柯坪县暴雨、冰雹天气造成农作物受灾、牧道受损。</td></tr>
</table>

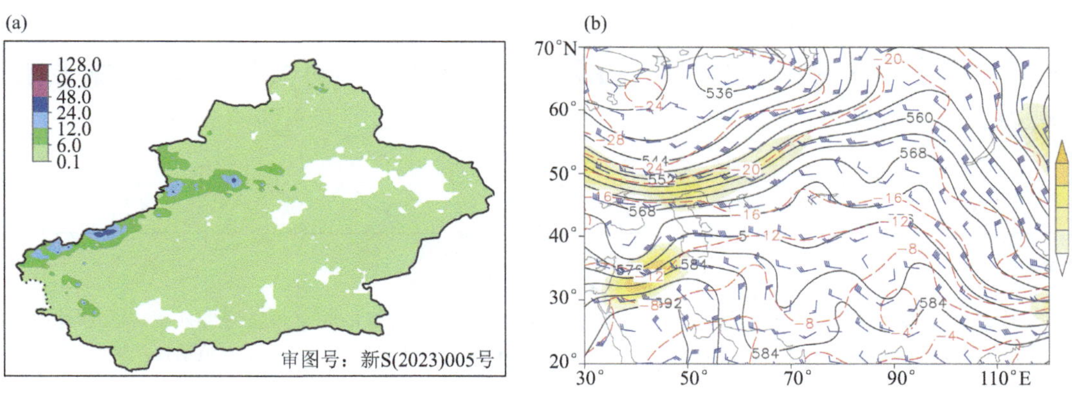

图 4.19　(a)5 月 14 日 22 时至 5 月 18 日 05 时过程累计降水量(单位：mm)；(b)5 月 16 日 08 时 500 hPa 高度场(黑实线，单位：dagpm)、风场(填色区，单位：m/s)、温度场(红虚线，单位：℃)

4.20　5 月 24 日 08 时至 26 日 08 时伊犁州局地暴雨、南疆局地沙尘暴、风口大风

天气类型	降雨、大风、沙尘暴	过程强度	弱
天气实况	①降雨：伊犁州、博州、塔城地区北部、喀什地区南部、克州、和田地区南部、阿克苏地区西部北部、巴州南部小雨(克州北部山区为雪)，其中伊犁州、博州西部、克州山区、和田地区南部山区、巴州南部山区的局部区域累计降水量 6.1～38.7 mm，最大降雨中心为伊犁州新源县那拉提镇塔亚苏村站(图 4.20a)。 ②风沙：北疆大部、南疆西部、巴州北部、吐鲁番市、哈密市出现 5～6 级西北风，风口风力 8～9 级、阵风 10～11 级；南疆塔里木盆地 5～6 级偏东风、阵风 8 级。南疆、吐鲁番市、哈密市出现沙尘天气，阿克苏地区、巴州南部局地沙尘暴(图 4.20b)。		

续表

灾害性天气	暴雨	5 站暴雨出现在伊犁州(25 日 08:00—26 日 08:00)，日最大降雨中心位于伊犁州新源县那拉提镇塔亚苏村站 38.7 mm(25 日 08:00—26 日 08:00)，最大小时雨强为伊犁州新源县那拉提镇塔亚苏村站 33.2 mm/h(26 日 02:00—03:00)。过程中共出现 4 站短时强降水，分别位于伊犁州特克斯县、新源县、巩留县。
	大风	阿勒泰地区东部、昌吉州东部、巴州、吐鲁番市、哈密市等地共 203 站出现 8 级以上大风，其中 10 级以上 9 站，11 级以上 1 站。过程极大风速，区域站为吐鲁番市高昌区小草湖服务区站 28.9 m/s(24 日 09:00)，国家站为哈密站 22.4 m/s(25 日 11:00)。
	沙尘暴	温宿、若羌 2 站沙尘暴，最小能见度若羌站 654 m。

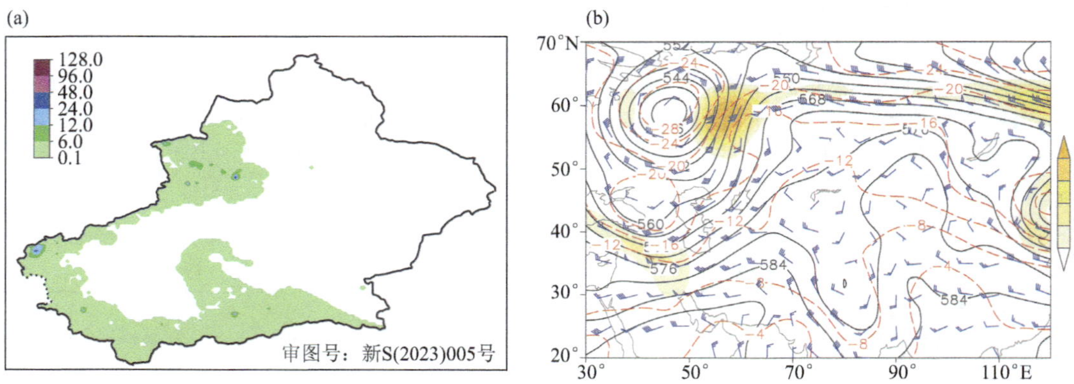

图 4.20 (a)5 月 24 日 08 时至 5 月 26 日 08 时过程累计降水量(单位：mm)；(b)5 月 25 日 08 时 500 hPa 高度场(黑实线，单位：dagpm)、风场(填色区，单位：m/s)、温度场(红虚线，单位：℃)

4.21 5 月 26 日 08 时至 28 日 20 时北疆大部降雨大风、伊犁州博州局地暴雨

天气类型	降雨、大风		过程强度	弱
天气实况	①降雨：北疆大部、喀什地区南部、克州、和田地区南部、阿克苏地区西部北部、巴州、哈密市小雨，其中伊犁州东部、博州西部、阿勒泰地区、乌鲁木齐市南部山区、昌吉州东部、和田地区南部山区、巴州山区的局地累计降水量 6.1～33.4 mm，最大降雨中心为博州博乐市赛里木湖西岸站(图 4.21a)。 ②风沙：北疆大部、南疆西部、巴州北部、吐鲁番市、哈密市出现 6 级左右西北风，风口风力 8～9 级，阵风 10～11 级；南疆塔里木盆地 5～6 级偏东风、阵风 8～9 级。南疆、吐鲁番市、哈密市出现浮尘或扬沙(图 4.21c、d)。			
灾害性天气	暴雨	2 站暴雨出现在伊犁州东部、博州西部(26 日 08:00—27 日 08:00)，1 站暴雨出现在昌吉州东部(27 日 08:00—28 日 08:00)，日最大降雨中心位于博州博乐市赛里木湖西岸站 33.4 mm(26 日 08:00—27 日 08:00)，最大小时雨强为博州博乐市赛里木湖西岸站 24.0 mm/h(26 日 18:00—19:00)。过程中共出现 1 站短时强降水，位于博州博乐市。		
	大风	博州、塔城地区北部、阿勒泰地区、昌吉州东部、喀什地区山区、克州山区、和田地区、阿克苏地区西部、巴州、吐鲁番市、哈密市共 511 站出现 8 级以上大风，其中 10 级以上 23 站，11 级以上 1 站。过程极大风速，区域站为哈密市伊州区柳树沟乡站 28.5 m/s(28 日 06:00)，国家站为哈密市十三间房站 26.8 m/s(26 日 17:00)(图 4.21b)。		
灾情	26 日伊犁州新源县暴雨洪涝灾害造成农作物及草场受灾、牲畜死亡、房屋倒塌。			

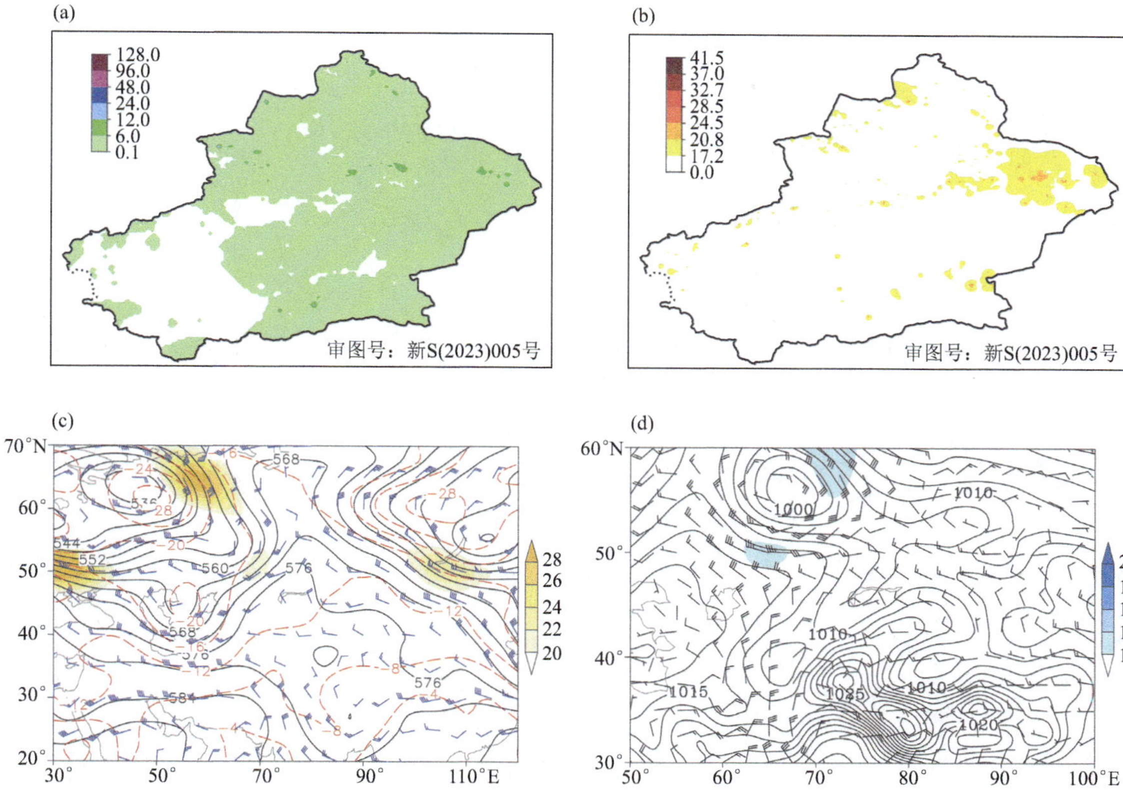

图 4.21 (a)5 月 26 日 08 时至 5 月 28 日 20 时过程累计降水量(单位:mm);(b)过程极大风速(单位:m/s);(c)5 月 27 日 08 时 500 hPa 高度场(黑实线,单位:dagpm)、风场(填色区,单位:m/s)、温度场(红虚线,单位:℃);(d)5 月 27 日 08 时海平面气压(黑实线,单位:hPa)和 850 hPa 风场(填色区,单位:m/s)

4.22 6 月 3 日 17 时至 6 日 08 时南疆、北疆偏西地区降雨大风、局地暴雨、沙尘暴

<table>
<tr><td>天气类型</td><td colspan="2">降雨、大风、沙尘暴</td><td>过程强度</td><td>中弱</td></tr>
<tr><td>天气实况</td><td colspan="4">①降雨:北疆大部、喀什地区南部山区、克州、和田地区南部、阿克苏地区西部北部、巴州北部、吐鲁番市北部、哈密市北部小雨,其中伊犁州、博州西部、塔城地区、阿勒泰地区、乌鲁木齐市南部山区、巴州北部的局部区域累计降水量 6.1～37.7 mm,最大累计降雨中心为伊犁州霍城县果子沟乡二台站(图 4.22a)。
②风沙:北疆大部、南疆西部、巴州北部、吐鲁番市、哈密市出现 5～6 级西北风,风口风力 9～10 级、阵风 11～12 级;南疆塔里木盆地 5～6 级偏东风、阵风 8 级。南疆盆地出现沙尘天气,巴州局地沙尘暴(图 4.22c,d)。</td></tr>
<tr><td rowspan="3">灾害性天气</td><td>暴雨</td><td colspan="3">4 日 5 站暴雨出现在伊犁州、博州、阿克苏地区、巴州,日最大降雨中心位于伊犁州霍城县果子沟乡二台站 28.4 mm(4 日),最大小时雨强为伊犁州霍城县大西沟乡苜蓿台子村切特克苏沟站 17.3 mm/h(3 日 18:00—19:00)。过程中共出现 1 站短时强降水,位于伊犁州尼勒克县。</td></tr>
<tr><td>大风</td><td colspan="3">博州西部、塔城地区北部、阿勒泰地区西部、昌吉州东部、克州山区、巴州、吐鲁番市、哈密市共 628 站出现 8 级以上大风,其中 10 级以上 54 站,12 级以上 1 站。过程极大风速,区域站为阿勒泰地区吉木乃县冰川站 33.0 m/s(5 日 20:00),国家站为塔城地区托里站 30.4 m/s(5 日 15:00)(图 4.22b)。</td></tr>
<tr><td>沙尘暴</td><td colspan="3">塔中站强沙尘暴,能见度 375 m。</td></tr>
</table>

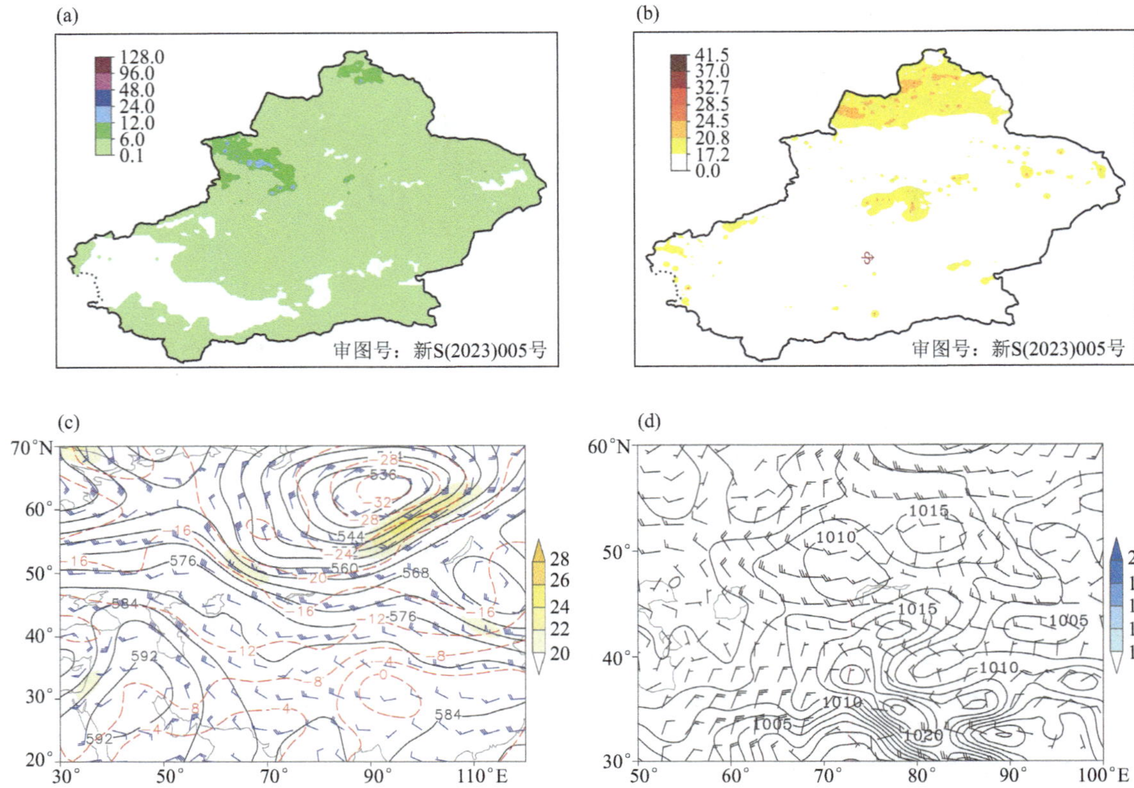

图 4.22 (a)6 月 3 日 17 时至 6 月 6 日 08 时过程累计降水量(单位:mm);(b)过程极大风速(单位:m/s);
(c)6 月 4 日 20 时 500 hPa 高度场(黑实线,单位:dagpm)、风场(填色区,单位:m/s)、温度场(红虚线,单位:℃);
(d)6 月 4 日 20 时海平面气压(黑实线,单位:hPa)和 850 hPa 风场(填色区,单位:m/s)

4.23 6 月 12 日 14 时至 15 日 08 时南疆、北疆偏西地区降水大风、克州局地暴雨

<table>
<tr><td>天气类型</td><td colspan="2">降雨、大风</td><td>过程强度</td><td>弱</td></tr>
<tr><td>天气实况</td><td colspan="4">①降雨:伊犁州、博州西部、塔城地区、阿勒泰地区、石河子市、乌鲁木齐市南部山区、昌吉州西部、喀什地区南部山区、克州、和田地区南部、巴州南部山区小雨,其中伊犁州山区、博州西部、塔城地区北部、喀什地区南部山区、克州、和田地区南部的局部区域累计降水量 6.1~49.9 mm,最大累计降雨中心为克州阿合奇县哈拉布拉克乡阿克翁库尔村特西克恰普站(图 4.23a)。
②风:北疆大部、南疆西部、吐鲁番市、哈密市出现 5 级左右西北风,风口风力 9~10 级、阵风 11 级;南疆盆地中东部出现 5 级左右偏东风、阵风 8~9 级(图 4.23c,d)。</td></tr>
<tr><td rowspan="2">灾害性天气</td><td>暴雨</td><td colspan="3">13 日 2 站暴雨均出现在克州阿合奇县,日最大降雨中心位于克州阿合奇县哈拉布拉克乡契恰尔站 28.4mm(13 日),最大小时雨强为伊犁州特克斯县特克斯镇阿克塔什牧业村站 18.6 mm(12 日 18:00—19:00)。过程中共出现 3 站短时强降水,分别位于喀什地区英吉沙县、乌鲁木齐市乌鲁木齐县、博州温泉县。</td></tr>
<tr><td>大风</td><td colspan="3">伊犁州、博州西部、塔城地区北部、阿勒泰地区、昌吉州东部、克州、阿克苏地区西部、和田地区南部、巴州、吐鲁番市、哈密市共 741 站出现 8 级以上大风,其中 10 级以上 30 站。过程极大风速,区域站为吐鲁番市高昌区小草湖服务区站 30.7 m/s(15 日 02:00),国家站为博州阿拉山口站 26.8 m/s(13 日 21:00)(图 4.23b)。</td></tr>
</table>

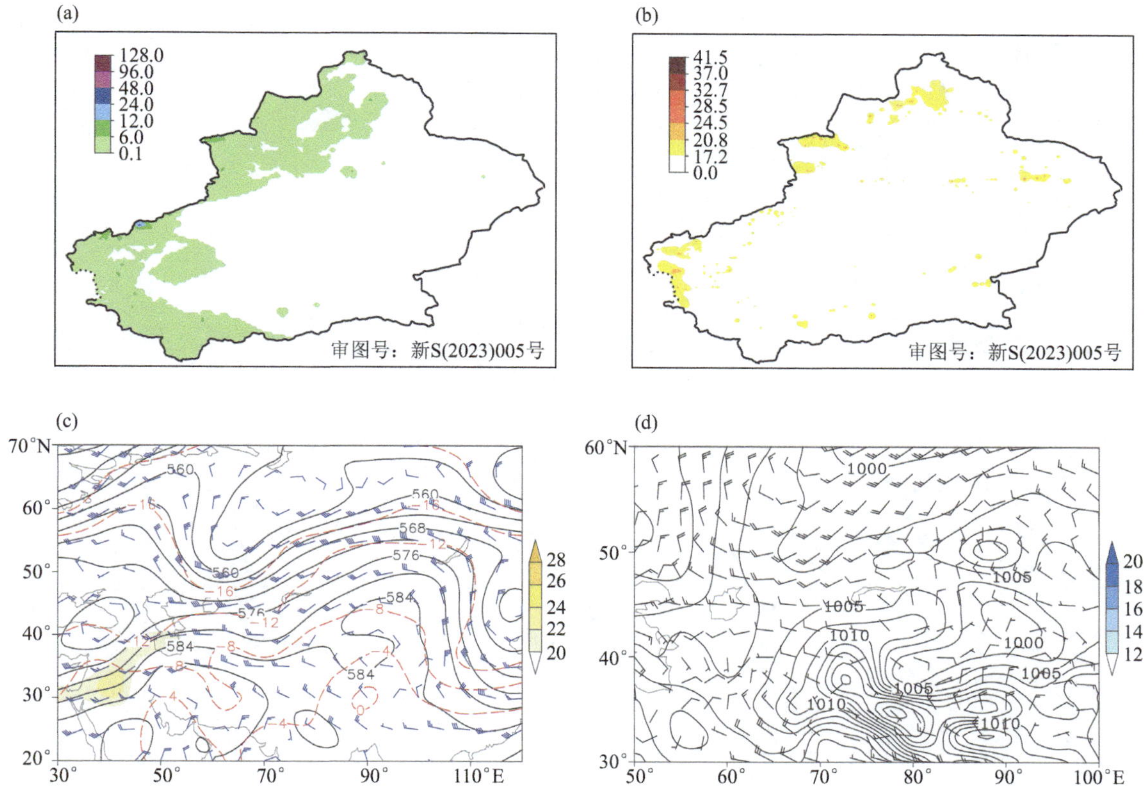

图 4.23　(a)6 月 12 日 14 时至 6 月 15 日 08 时过程累计降水量(单位:mm);(b)过程极大风速(单位:m/s);(c)6 月 13 日 20 时 500 hPa 高度场(黑实线,单位:dagpm)、风场(填色区,单位:m/s)、温度场(红虚线,单位:℃);(d)6 月 13 日 20 时海平面气压(黑实线,单位:hPa)和 850 hPa 风场(填色区,单位:m/s)

4.24　6 月 15 日 08 时至 18 日 20 时北疆降雨大风、伊犁州、昌吉州局地暴雨

<table>
<tr><td>天气类型</td><td colspan="2">降雨、大风</td><td>过程强度</td><td>中弱</td></tr>
<tr><td>天气实况</td><td colspan="4">①降雨:北疆大部、喀什地区、克州、和田地区南部、阿克苏地区西部北部、巴州山区、哈密市小雨,其中北疆大部、喀什地区南部、克州、和田地区南部、阿克苏地区西部北部、巴州北部的局部区域累计降水量 6.1～46.9 mm,最大累计降雨中心为昌吉州呼图壁县宽沟站(图 4.24a)。
②风:全疆大部出现 5～6 级西北风,风口风力 9～10 级,阵风 11～12 级;南疆盆地中东部出现 5 级左右偏东风、阵风 8～9 级(图 4.24c,d)。</td></tr>
<tr><td rowspan="2">灾害性天气</td><td>暴雨</td><td colspan="3">15 日 2 站暴雨出现在塔城地区,16 日 20 站暴雨出现在伊犁州、昌吉州,17 日 4 站暴雨出现伊犁州、昌吉州,18 日 1 站暴雨出现在和田地区皮山县,日最大降雨中心位于伊犁州昭苏县阿克达拉镇布勒赛依站 41.6 mm(16 日),最大小时雨强为和田地区皮山县乔达乡和谐小区站 24.8 mm/h(18 日 17:00—18:00)。过程中共出现 7 站短时强降水,分别位于伊犁州昭苏县、博州温泉县,塔城地区托里县、和布克赛尔县,和田地区皮山县。</td></tr>
<tr><td>大风</td><td colspan="3">博州西部、塔城地区北部、阿勒泰地区、昌吉州东部、克州、阿克苏地区西部、和田地区南部、巴州、吐鲁番市、哈密市共 796 站出现 8 级以上大风,其中 10 级以上 96 站,12 级以上 2 站。过程极大风速,区域站为吐鲁番市高昌区小草湖服务区站 35.3m/s(17 日 03:00),国家站为哈密市十三间房站 32.5 m/s(17 日 08:00)(图 4.24b)。</td></tr>
</table>

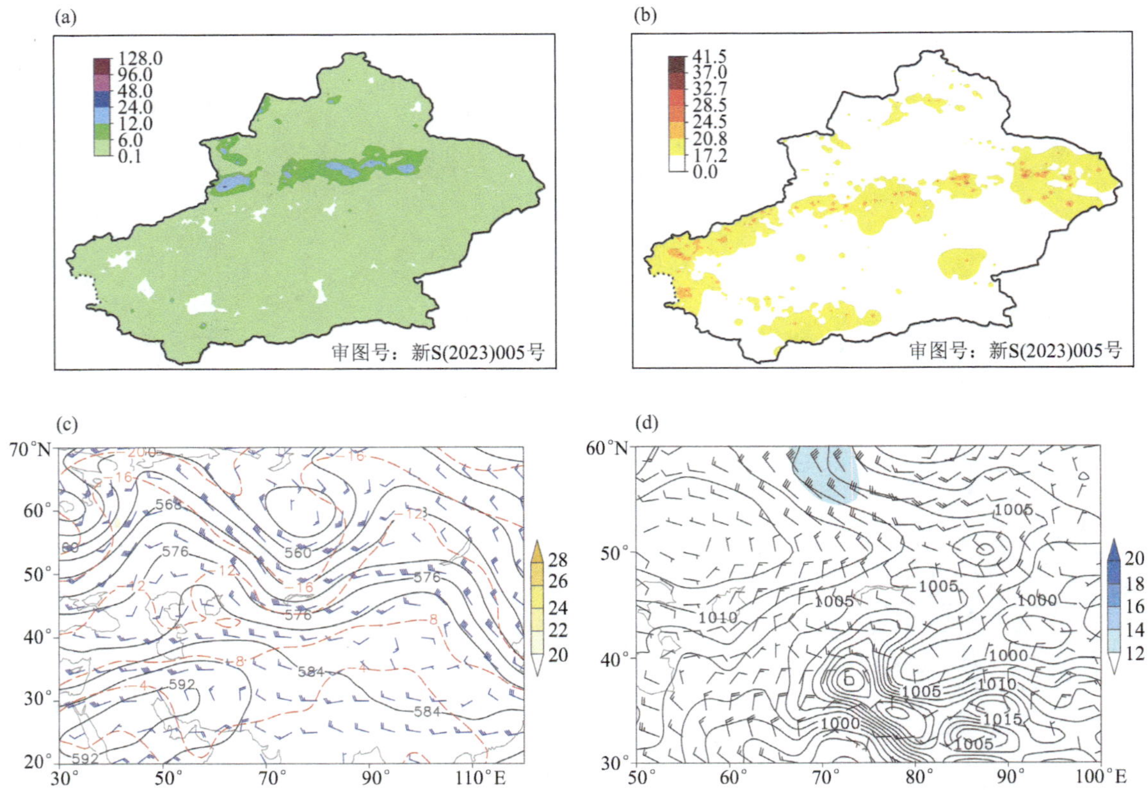

图 4.24 (a)6 月 15 日 08 时至 6 月 18 日 20 时过程累计降水量(单位:mm);(b)过程极大风速(单位:m/s);(c)6 月 15 日 20 时 500 hPa 高度场(黑实线,单位:dagpm)、风场(填色区,单位:m/s)、温度场(红虚线,单位:℃);(d)6 月 15 日 20 时海平面气压(黑实线,单位:hPa)和 850 hPa 风场(填色区,单位:m/s)

4.25 6 月 18 日 20 时至 20 日 20 时南疆局地暴雨、风口大风

<table>
<tr><td>天气类型</td><td colspan="2">降雨、大风</td><td>过程强度</td><td>中弱</td></tr>
<tr><td>天气实况</td><td colspan="4">①降雨:喀什地区、克州、和田地区、阿克苏地区西部北部、巴州山区和伊犁州山区、博州西部、塔城地区山区、阿勒泰地区西部、石河子市南部山区、乌鲁木齐市、昌吉州西部山区、哈密市北部的局部区域小雨,其中喀什地区南部山区、克州、和田地区南部、阿克苏地区西部北部、巴州山区的局部区域累计降水量 6.1～57.7 mm,最大累计降雨中心为和田地区于田县吐格曼巴什村站(图 4.25a)。
②风:全疆大部出现 4～5 级西北风,风口风力 8～9 级,阵风 10 级;南疆盆地东部出现 5 级左右偏东风、阵风 8～9 级(图 4.25b)。</td></tr>
<tr><td rowspan="2">灾害性天气</td><td>暴雨</td><td colspan="3">19 日 30 站暴雨出现在和田地区、巴州,20 日 1 站暴雨出现在喀什地区,日最大降雨中心位于和田地区于田县吐格曼巴什村站 46.6 mm(19 日),最大小时雨强为阿勒泰地区吉木乃县托普铁热克乡托沙勒恒拜站 22.3 mm/h(19 日 16:00—17:00)。过程中共出现 3 站短时强降水,分别位于阿勒泰地区吉木乃县、博州温泉县、和田地区民丰县。</td></tr>
<tr><td>大风</td><td colspan="3">塔城地区北部、阿勒泰地区西部、克州、和田地区南部、巴州、吐鲁番市、哈密市共 231 站出现 8 级以上大风,其中 10 级以上 1 站。过程极大风速,区域站为克州阿克陶县奥依塔克镇皮拉力村站 27.5 m/s(20 日 02:00),国家站为哈密市十三间房站 22.7 m/s(19 日 10:00)。</td></tr>
<tr><td>灾情</td><td colspan="4">18 日至 20 日,和田地区民丰县、于田县、策勒县、和田县、皮山县暴雨洪涝灾害造成农作物受灾、牲畜死亡、牧业设施受损、道路河堤冲毁。</td></tr>
</table>

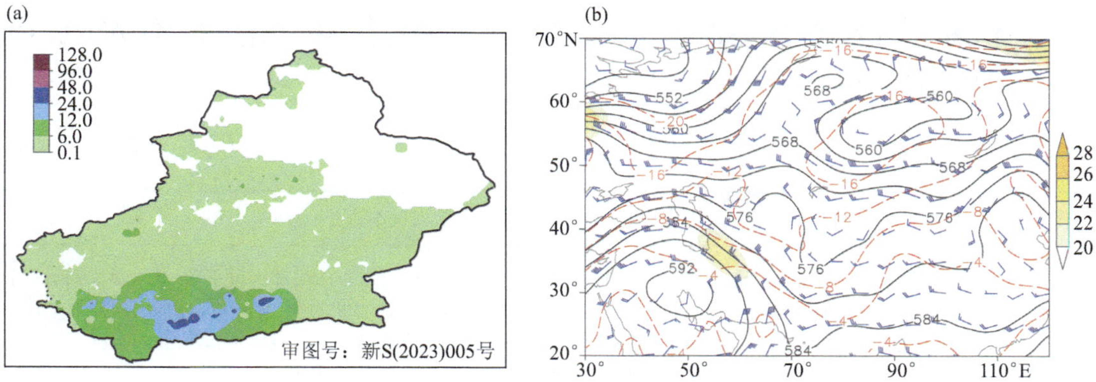

图 4.25　(a)6 月 18 日 20 时至 6 月 20 日 20 时过程累计降水量(单位:mm);(b)6 月 19 日 08 时 500 hPa 高度场(黑实线,单位:dagpm)、风场(填色区,单位:m/s)、温度场(红虚线,单位:℃)

4.26　6 月 20 日 20 时至 23 日 20 时南疆西部局地暴雨、风口大风

<table>
<tr><td>天气类型</td><td colspan="2">降雨、大风</td><td>过程强度</td><td>弱</td></tr>
<tr><td>天气实况</td><td colspan="4">①降雨:喀什地区、克州、和田地区南部、阿克苏地区西部北部和伊犁州山区、博州西部、塔城地区山区、阿勒泰地区北部、石河子市南部山区、乌鲁木齐市山区、昌吉州山区、巴州山区、哈密市北部的局部区域小雨,其中喀什地区、克州、和田地区南部、巴州北部山区的局部区域累计降水量 6.1～49.2 mm,最大累计降雨中心为和田地区皮山县塔吉克阿可肖站(图 4.26a)。
②风:南疆盆地大部出现 5 级左右偏东风,风口风力 8～9 级、阵风 10～11 级(图 4.26b)。</td></tr>
<tr><td rowspan="2">灾害性天气</td><td>暴雨</td><td colspan="3">21 日 6 站暴雨出现在克州,22 日 4 站暴雨出现在喀什地区和克州,23 日 1 站暴雨出现在喀什地区,日最大降雨中心位于和田地区皮山县塔吉克阿可肖站 45.6 mm(23 日),最大小时雨强为和田地区皮山县塔吉克阿可肖站 40.7 mm/h(23 日 17:00—18:00)。过程中共出现 2 站短时强降水,位于喀什地区叶城县、和田地区皮山县。</td></tr>
<tr><td>大风</td><td colspan="3">喀什地区南部、克州、和田地区南部、巴州共 97 站出现 8 级以上大风,其中 10 级以上 6 站。过程极大风速,区域站为喀什地区塔什库尔干县班迪尔乡下板地水库站 32.6 m/s(22 日 19:00),国家站为哈密市十三间房站 18.2 m/s(21 日 14:00)。</td></tr>
<tr><td>灾情</td><td colspan="4">20 日至 22 日,和田地区策勒县暴雨洪涝造成农作物受灾、牲畜死亡。</td></tr>
</table>

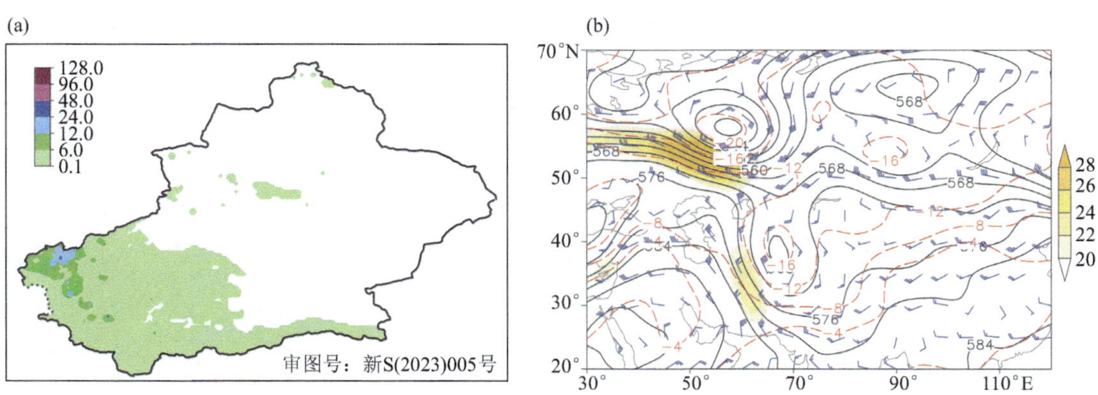

图 4.26　(a)6 月 20 日 20 时至 6 月 23 日 20 时过程累计降水量(单位:mm);(b) 6 月 21 日 08 时 500 hPa 高度场(黑实线,单位:dagpm)、风场(填色区,单位:m/s)、温度场(红虚线,单位:℃)

4.27 6月28日08时至30日02时北疆大部、南疆西部雷暴大风、局地短时强降水

<table>
<tr><td>天气类型</td><td colspan="2">降雨、雷暴大风</td><td>过程强度</td><td>中弱</td></tr>
<tr><td>天气实况</td><td colspan="4">①降雨:北疆大部、喀什地区、克州、阿克苏地区西部北部、巴州山区、哈密市的局部区域小雨,其中伊犁州、博州西部、塔城地区南部、克拉玛依市、石河子市南部山区、乌鲁木齐市南部山区、昌吉州山区、喀什地区山区、阿克苏地区西部山区的局部区域累计降水量 6.1～42.8 mm,最大累计降雨中心为昌吉州阜康市三工河乡天池马牙山站(图 4.27a)。
②风:北疆大部、克州、阿克苏地区西部北部、巴州等地出现 5 级左右西北风,风口风力 9～10 级、阵风 11～12 级;南疆盆地东部出现 5 级左右偏东风、阵风 8～9 级(图 4.27c,d)。</td></tr>
<tr><td rowspan="2">灾害性天气</td><td>暴雨</td><td colspan="3">28 日 3 站暴雨出现在伊犁州、昌吉州、阿克苏地区,29 日 5 站暴雨出现在伊犁州、昌吉州,日最大降雨中心位于昌吉州阜康市三工河乡天池马牙山站 42.8 mm(29 日),最大小时雨强为伊犁州新源县则克台镇铁木里克村站 31.4 mm/h(28 日 18:00—19:00)。过程中共出现 5 站短时强降水,分别位于伊犁州新源县,昌吉州玛纳斯县、阜康市,阿克苏地区温宿县(图 4.27e,f)。</td></tr>
<tr><td>大风</td><td colspan="3">伊犁州、博州、塔城地区、阿勒泰地区、克拉玛依市、石河子市北部山区、乌鲁木齐市、昌吉州、克州、阿克苏地区西部北部、和田地区南部、巴州、吐鲁番市、哈密市共 671 站出现 8 级以上雷暴大风,其中 10 级以上 123 站,12 级以上 4 站。过程极大风速,区域站为博州温泉县查干屯格乡北山区站 35.6 m/s(28 日 17:00),国家站为昌吉州蔡家湖站 28.3 m/s(28 日 21:00)(图 4.27b)。</td></tr>
<tr><td>灾情</td><td colspan="4">28 日午后至夜间,伊犁州新源县暴雨洪涝造成牲畜死亡、道路积淤、房屋和棚圈受损。
30 日夜间,博州博乐市大风造成农作物受灾。</td></tr>
</table>

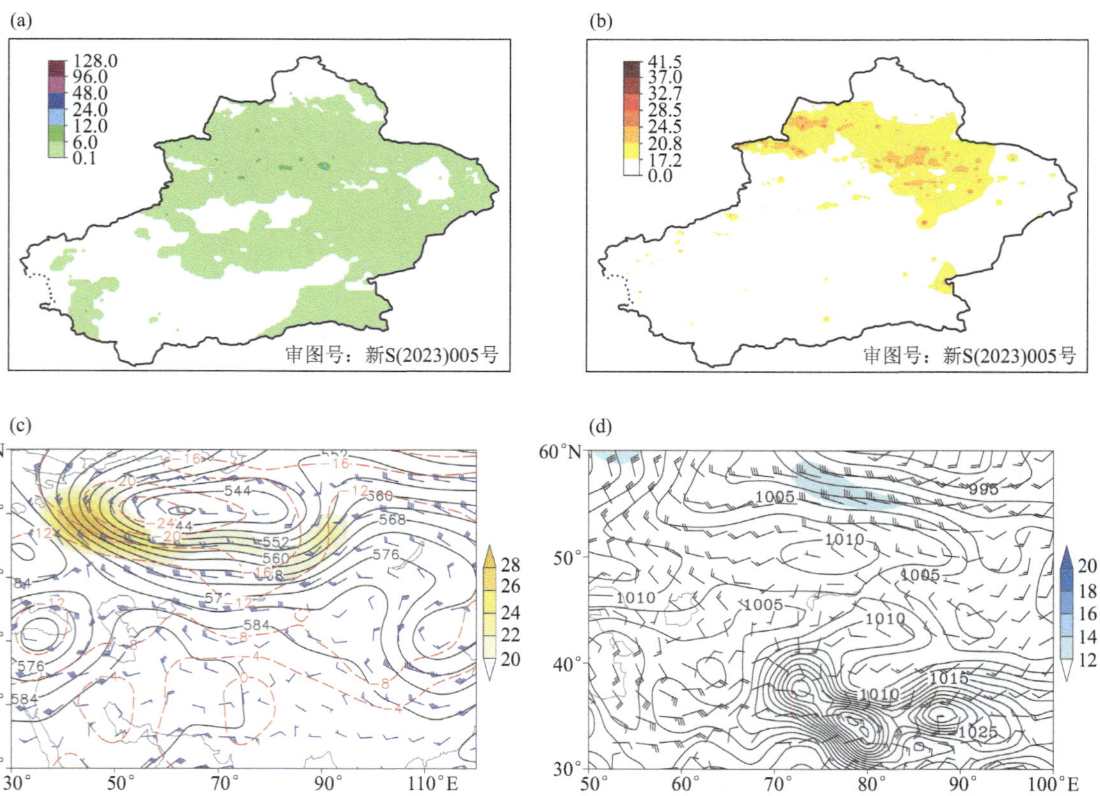

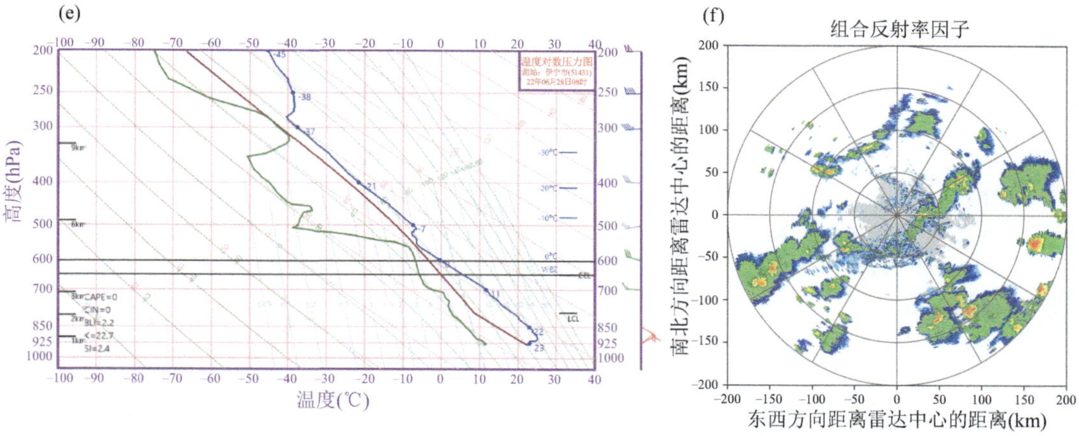

图 4.27　(a)6 月 28 日 08 时至 6 月 30 日 02 时过程累计降水量(单位:mm);(b)过程极大风速(单位:m/s);(c)6 月 28 日 08 时 500 hPa 高度场(黑实线,单位:dagpm)、风场(填色区,单位:m/s)、温度场(红虚线,单位:℃);(d)6 月 28 日 08 时海平面气压(黑实线,单位:hPa)和 850 hPa 风场(填色区,单位:m/s);(e) 6 月 28 日 08 时伊宁站 T-ln$p$ 图;(f)6 月 28 日 18 时 21 分伊宁站雷达图(单位:dBZ)

4.28　6 月 30 日 14 时至 7 月 3 日 20 时北疆雷雨大风、南疆局地沙尘暴

天气类型	降雨、大风、沙尘暴	过程强度	中弱
天气实况	①降雨:北疆大部、阿克苏地区北部和巴州、吐鲁番市、哈密市的部分区域小雨,其中伊犁州、博州西部、塔城地区、阿勒泰地区西部北部、乌鲁木齐市、昌吉州、哈密市的局部区域累计降水量 6.1～54.7 mm,最大累计降雨中心为塔城地区乌苏市西大沟镇艾勒其沟站(图 4.28a)。 ②风沙:北疆大部、南疆西部山区、巴州北部、吐鲁番市、哈密市出现 5～6 级西北风,风口风力 9～10 级、阵风 11～12 级;南疆盆地东部出现 5 级左右偏东风、阵风 8～9 级。南疆盆地出现沙尘天气,和田地区、巴州南部局地沙尘暴(图 4.28c,d)。		
灾害性天气	暴雨	7 月 1 日 2 站暴雨出现在伊犁州东部、阿勒泰地区西部,2 日 2 站暴雨出现在塔城地区南部,3 日 2 站暴雨出现在昌吉州西部,日最大降雨中心位于塔城地区乌苏市西大沟镇艾勒其沟站 37.1 mm(2 日),最大小时雨强为塔城地区乌苏市西大沟镇艾勒其沟站 28.6 mm/h(2 日 18:00—19:00)。过程中共出现 8 站短时强降水,分别位于塔城地区乌苏市,阿勒泰地区阿勒泰市、吉木乃县、哈巴河县,昌吉州玛纳斯县,哈密市伊州区。	
	大风	伊犁州、博州、塔城地区、阿勒泰地区、克拉玛依市、昌吉州、克州山区、和田地区南部山区、阿克苏地区北部山区、巴州、吐鲁番市、哈密市共 1114 站出现 8 级以上大风,其中 10 级以上 224 站,12 级以上 7 站。过程极大风速,区域站为塔城地区塔城市恰夏镇锡伯图村站 40.6 m/s(7 月 1 日 17:00),国家站为塔城地区和布克赛尔站 28.6 m/s(7 月 1 日 19:00)(图 4.28b)。	
	沙尘暴	洛浦、于田、民丰、塔中 4 站强沙尘暴,最小能见度塔中站 210 m。	
灾情	6 月 30 日,博州博乐市大风灾害造成农作物受灾。 7 月 1 日,塔城地区大风、冰雹灾害造成农作物受灾。		

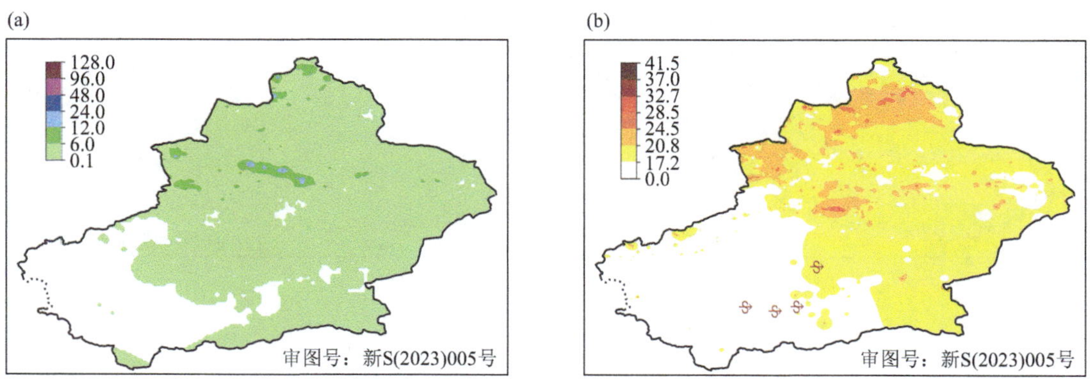

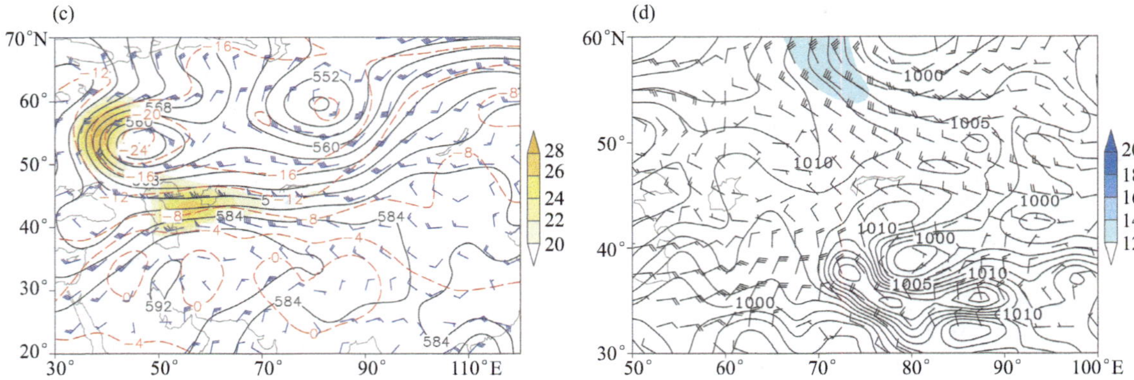

图 4.28 (a)6 月 30 日 14 时至 7 月 3 日 20 时过程累计降水量(单位:mm);(b)过程极大风速(单位:m/s);(c)7 月 1 日 20 时 500 hPa 高度场(黑实线,单位:dagpm)、风场(填色区,单位:m/s)、温度场(红虚线,单位:℃);(d)7 月 1 日 20 时海平面气压(黑实线,单位:hPa)和 850 hPa 风场(填色区,单位:m/s)

4.29 7 月 5 日 08 时至 7 日 05 时阿勒泰地区局地暴雨、风口大风

天气类型	降雨、大风	过程强度	中弱
天气实况	①降雨:北疆大部和阿克苏地区北部、巴州北部、和田地区南部的局部区域小雨,其中伊犁州、博州、塔城地区、阿勒泰地区西部北部、乌鲁木齐市、昌吉州、和田地区南部的局部区域累计降水量 6.1～40.7 mm,最大累计降雨中心为塔城地区塔城市 169 团 3 连站(图 4.29a)。 ②风:北疆大部、南疆西部山区、巴州北部、吐鲁番市、哈密市出现 5 级左右西北风,风口风力 9～10 级、阵风 11～12 级;南疆盆地东部出现 5 级左右偏东风、阵风 8～9 级(图 4.29c,d)。		
灾害性天气	暴雨	6 日 2 站暴雨出现在阿勒泰地区,日最大降雨中心位于阿勒泰地区阿勒泰市阿拉哈克镇托勒海特站 32.4 mm(6 日),最大小时雨强为塔城地区额敏县加尔布拉克农场北干渠站 19.6 mm/h(5 日 10:00—11:00)。过程中共出现 2 站短时强降水,分别位于阿勒泰地区吉木乃县、博州温泉县。	
	大风	塔城地区北部、阿勒泰地区西部、喀什地区山区、克州山区、和田地区南部、巴州、吐鲁番市、哈密市共 591 站出现 8 级以上大风,其中 10 级以上 96 站,12 级以上 10 站。过程极大风速,区域站为吐鲁番市托克逊县克尔碱镇站 39.2 m/s(6 日 12:00),国家站为哈密市十三间房站 34.5 m/s(6 日 13:00)(图 4.29b)。	

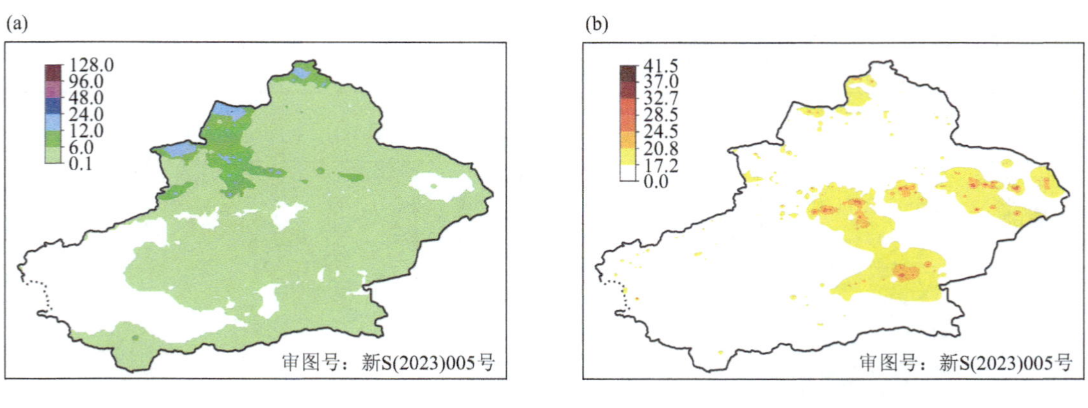

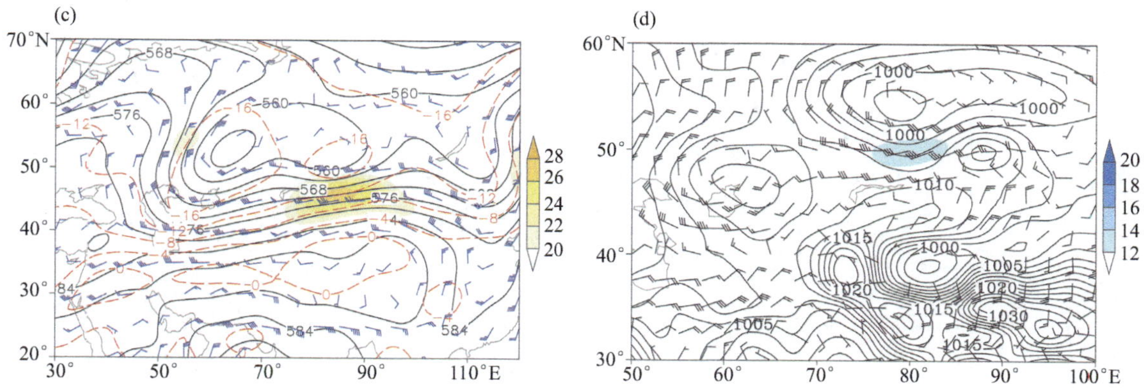

图 4.29　(a)7 月 5 日 08 时至 7 日 05 时过程累计降水量(单位：mm)；(b)过程极大风速(单位：m/s)；(c)7 月 6 日 08 时 500 hPa 高度场(黑实线，单位：dagpm)、风场(填色区，单位：m/s)、温度场(红虚线，单位：℃)；(d)7 月 6 日 08 时海平面气压(黑实线，单位：hPa)和 850 hPa 风场(填色区，单位：m/s)

4.30　7 月 7 日 05 时至 11 日 08 时博州、塔城地区局地暴雨、巴州局地沙尘暴、风口大风

<table>
<tr><td>天气类型</td><td colspan="2">降雨、大风、沙尘暴</td><td>过程强度</td><td>弱</td></tr>
<tr><td>天气实况</td><td colspan="4">①降雨：伊犁州、博州、塔城地区北部、阿勒泰地区西部北部、乌鲁木齐市、克州北部、阿克苏地区北部和和田地区南部、巴州、哈密市的局部区域小雨，其中伊犁州、博州、塔城地区北部、阿勒泰地区北部、克州北部、阿克苏地区北部、巴州北部的局部区域累计降水量 6.1～40.7 mm，最大累计降雨中心为博州温泉县小温泉站(图 4.30a)。
②风沙：北疆大部、南疆西部山区、巴州北部、吐鲁番市、哈密市出现 5～6 级西北风，风口风力 9～10 级、阵风 11～12 级；南疆盆地东部出现 5 级左右偏东风、阵风 8～9 级。南疆盆地出现沙尘天气，巴州南部局地沙尘暴(图 4.30c,d)。</td></tr>
<tr><td rowspan="3">灾害性天气</td><td>暴雨</td><td colspan="3">9 日 3 站暴雨出现在博州、塔城地区，10 日 1 站暴雨出现在博州，日最大降雨中心位于塔城地区裕民县塔斯特风景区站 31.3 mm(9 日)，最大小时雨强为塔城地区裕民县塔斯特风景区站 25.8 mm/h(9 日 18:00—19:00)。过程中共出现 1 站短时强降水，位于塔城地区裕民县。</td></tr>
<tr><td>大风</td><td colspan="3">伊犁州、博州、塔城地区、阿勒泰地区、克拉玛依市、昌吉州、克州山区、和田地区南部山区、阿克苏地区北部山区、巴州、吐鲁番市、哈密市共 701 站出现 8 级以上大风，其中 10 级以上 56 站，12 级以上 1 站。过程极大风速，区域站为喀什地区塔什库尔干县班迪尔乡下板地水库站 38.8 m/s(10 日 18:00)，国家站为哈密市十三间房站 27.0 m/s(10 日 03:00)(图 4.30b)。</td></tr>
<tr><td>沙尘暴</td><td colspan="3">塔中、且末、若羌 3 站强沙尘暴，最小能见度塔中站 201 m。</td></tr>
</table>

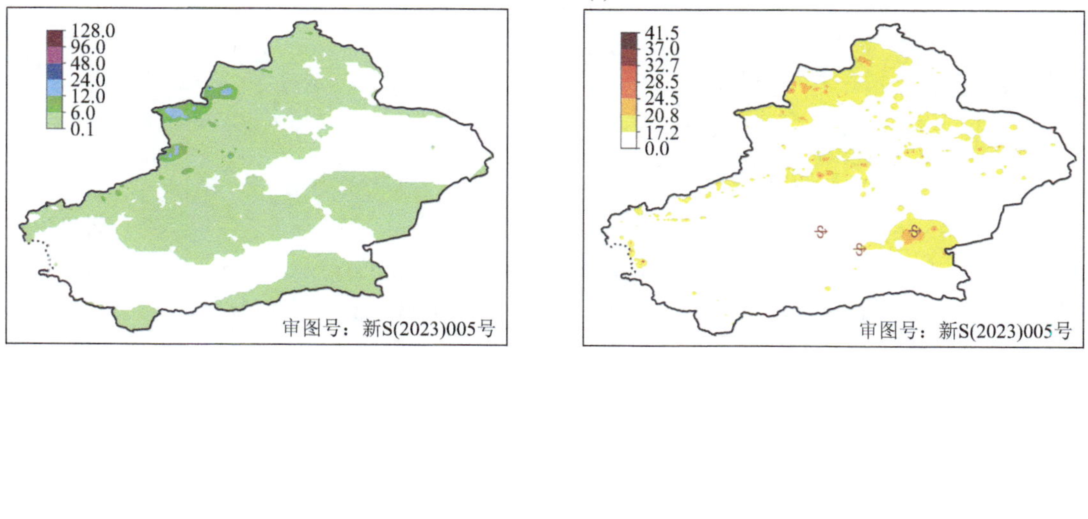

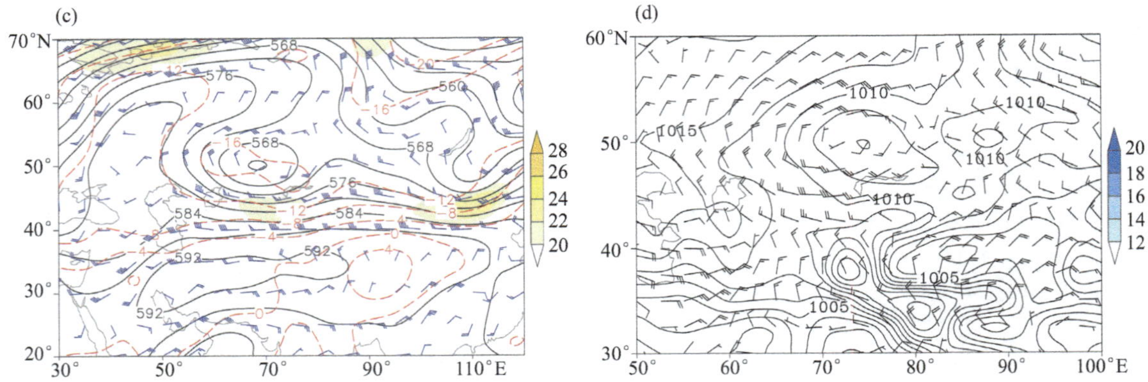

图 4.30 (a)7 月 7 日 05 时至 11 日 08 时过程累计降水量(单位:mm);(b)过程极大风速(单位:m/s);(c)7 月 7 日 20 时 500 hPa 高度场(黑实线,单位:dagpm)、风场(填色区,单位:m/s)、温度场(红虚线,单位:℃);(d)7 月 7 日 20 时海平面气压(黑实线,单位:hPa)和 850 hPa 风场(填色区,单位:m/s)

4.31 7月11日08时至13日20时北疆西部、北部局地暴雨、风口大风

<table>
<tr><td>天气类型</td><td colspan="2">降雨、大风</td><td>过程强度</td><td>弱</td></tr>
<tr><td>天气实况</td><td colspan="4">①降雨:北疆大部、喀什地区、克州、和阿克苏地区、和田地区、巴州、吐鲁番市、哈密市北部的部分区域小雨,其中伊犁州、博州西部、塔城地区、阿勒泰地区北部东部、喀什地区南部山区、和田地区南部山区、巴州北部山区的局部区域累计降水量 6.1～51.0 mm,最大累计降雨中心为伊犁州尼勒克县科蒙乡莫托沟站(图 4.31a)。
②风:北疆大部、南疆西部、巴州、吐鲁番市、哈密市出现 5～6 级西北风,风口风力 9～10 级,阵风 11～12 级(图 4.31b)。</td></tr>
<tr><td rowspan="2">灾害性天气</td><td>暴雨</td><td colspan="3">12 日 2 站暴雨出现在伊犁州东部,13 日 6 站暴雨出现在伊犁州东部、塔城地区北部、阿勒泰地区西部,日最大降雨中心位于阿勒泰地区阿勒泰市汗德尕特乡铁木尔特站 33.5 mm(13 日),最大小时雨强为阿勒泰地区阿勒泰市汗德尕特乡铁木尔特站 31.7 mm/h(13 日 15:00—16:00)。过程中共出现 6 站短时强降水,分别位于伊犁州特克斯县、尼勒克县,塔城地区和布克赛尔县,阿勒泰地区阿勒泰市。</td></tr>
<tr><td>大风</td><td colspan="3">伊犁州西部、博州、塔城地区北部、阿勒泰地区、克拉玛依市、昌吉州东部、南疆西部山区、巴州、吐鲁番市、哈密市共 468 站出现 8 级以上大风,其中 10 级以上 35 站,12 级以上 2 站。过程极大风速,区域站为喀什地区塔什库尔干县班迪尔乡下板地水库站 35.5 m/s(12 日 20:00),国家站为哈密市十三间房站 25.7 m/s(13 日 09:00)。</td></tr>
<tr><td>灾情</td><td colspan="4">12 日至 13 日,喀什地区麦盖提县大风灾害造成农作物受灾、房屋受损。</td></tr>
</table>

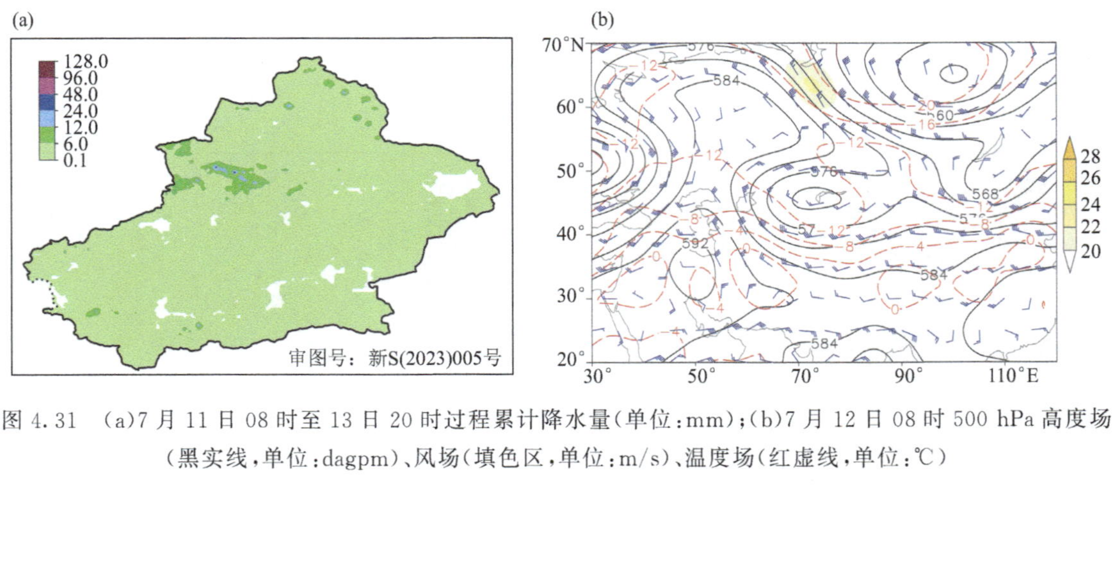

图 4.31 (a)7 月 11 日 08 时至 13 日 20 时过程累计降水量(单位:mm);(b)7 月 12 日 08 时 500 hPa 高度场(黑实线,单位:dagpm)、风场(填色区,单位:m/s)、温度场(红虚线,单位:℃)

4.32　7 月 13 日 20 时至 17 日 20 时南疆局地暴雨、风口大风

<table>
<tr><td>天气类型</td><td colspan="2">降雨、大风</td><td>过程强度</td><td>弱</td></tr>
<tr><td>天气实况</td><td colspan="4">①降雨：南疆大部和伊犁州、塔城地区、阿勒泰地区、乌鲁木齐市、昌吉州南部山区、吐鲁番市、哈密市的部分区域小雨，其中塔城地区北部、阿勒泰地区北部、南疆西部山区、巴州的局部区域累计降水量 6.1～45.8 mm，最大累计降雨中心为巴州库尔勒市哈拉苏水泥厂站（图 4.32a）。
②风：北疆大部、南疆西部山区、巴州吐鲁番市、哈密市出现 5～6 级西北风，风口风力 9～10 级，阵风 11 级（图 4.32b）。</td></tr>
<tr><td rowspan="2">灾害性天气</td><td>暴雨</td><td colspan="3">14 日 1 站暴雨出现在昌吉州东部，15 日 2 站暴雨出现在和田地区南部山区、阿克苏地区西部，16 日 2 站暴雨出现在巴州北部，17 日 1 站暴雨出现在巴州北部，日最大降雨中心位于巴州库尔勒市哈拉苏水泥厂站 43.4 mm（16 日），最大小时雨强为巴州库尔勒市哈拉苏水泥厂站 40.0 mm/h（16 日 16：00—17：00）。过程中共出现 6 站短时强降水，分别位于克州乌恰县，阿克苏地区柯坪县，巴州库尔勒市、轮台县。</td></tr>
<tr><td>大风</td><td colspan="3">伊犁州西部、博州、塔城地区北部、阿勒泰地区西部、克拉玛依市、昌吉州东部、克州山区、和田地区南部山区、阿克苏地区北部山区、巴州、吐鲁番市、哈密市共 468 站出现 8 级以上大风，其中 10 级以上 37 站，11 级以上 5 站。过程极大风速，区域站为阿克苏地区温宿县阿热勒镇结格吉村站 32.6 m/s（13 日 21：00），国家站为巴州轮台站 24.2 m/s（14 日 19：00）。</td></tr>
</table>

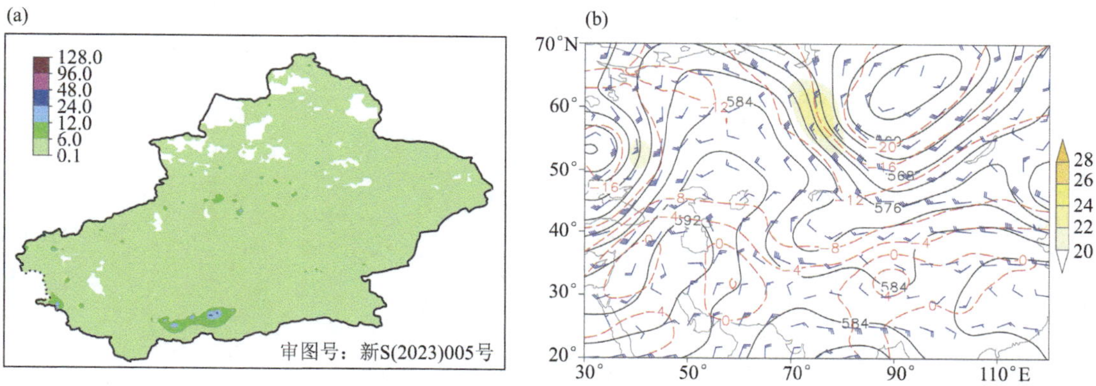

图 4.32　(a)7 月 13 日 20 时至 17 日 20 时过程累计降水量（单位：mm）；(b)7 月 13 日 20 时 500 hPa 高度场（黑实线，单位：dagpm）、风场（填色区，单位：m/s）、温度场（红虚线，单位：℃）

4.33　7 月 17 日 20 时至 20 日 20 时北疆局地暴雨、南疆局地沙尘暴、风口大风

<table>
<tr><td>天气类型</td><td colspan="2">降雨、大风、沙尘暴</td><td>过程强度</td><td>中弱</td></tr>
<tr><td>天气实况</td><td colspan="4">①降雨：北疆大部、阿克苏地区西部北部、巴州、吐鲁番市、哈密市小雨，其中伊犁州、阿勒泰地区北部、塔城地区南部、乌鲁木齐市南部山区、昌吉州南部山区、阿克苏地区北部、巴州、哈密市的局部区域累计降水量 6.1～64.8 mm，最大累计降雨中心为伊犁州奎屯市独库下行 K600 应用（交通）站（图 4.33a）。
②风沙：北疆大部、南疆西部、巴州北部、吐鲁番市、哈密市出现 5～6 级西北风，风口风力 9～10 级，阵风 11～12 级；南疆盆地东部出现 5 级左右偏东风、阵风 8～9 级。南疆盆地出现沙尘天气，和田地区、巴州南部局地沙尘暴（图 4.33c，d）。</td></tr>
<tr><td>灾害性天气</td><td>暴雨</td><td colspan="3">18 日 2 站暴雨出现在塔城地区，19 日 10 站暴雨出现在伊犁州、博州、塔城地区、昌吉州、克拉玛依市、阿克苏地区、吐鲁番市，20 日 2 站暴雨出现在巴州、伊犁州四师，日最大降雨中心位于伊犁州奎屯市独库下行 K600 应用（交通）站 63.3 mm（19 日），最大小时雨强为伊犁州奎屯市独库下行 K600 应用（交通）站 45.8 mm/h（19 日 17：00—18：00）。过程中共出现 8 站短时强降水，分别位于伊犁州奎屯市、新源县，博州温泉县，塔城地区塔城市、乌苏市，阿克苏地区拜城县、温宿县。
突破极值：伊犁州新源县、塔城地区乌苏市等地 13 个测站降水量打破本站建站以来 7 月历史极值。</td></tr>
</table>

续表

灾害性天气	大风	伊犁州、博州、塔城地区北部、阿勒泰地区、克拉玛依市、昌吉州东部、克州山区、和田地区南部山区、阿克苏地区北部山区、巴州、吐鲁番市、哈密市共 815 站出现 8 级以上大风,其中 10 级以上 106 站,12 级以上 3 站。过程极大风速,区域站为昌吉州奇台县准东经济技术开发区西黑山产业园站 36.3 m/s(18 日 16:00)和巴州库尔勒市库尔楚收费站 36.3 m/s(18 日 18:00),国家站为哈密市十三间房站 25.9 m/s(19 日 19:00)(图 4.33b)。
	沙尘暴	策勒、塔中、若羌 3 站强沙尘暴,最小能见度策勒站 405 m。
灾情	19 日,乌鲁木齐市山洪造成牲畜被冲走。 20 日,巴州库尔勒市冰雹灾害造成农作物受灾。	

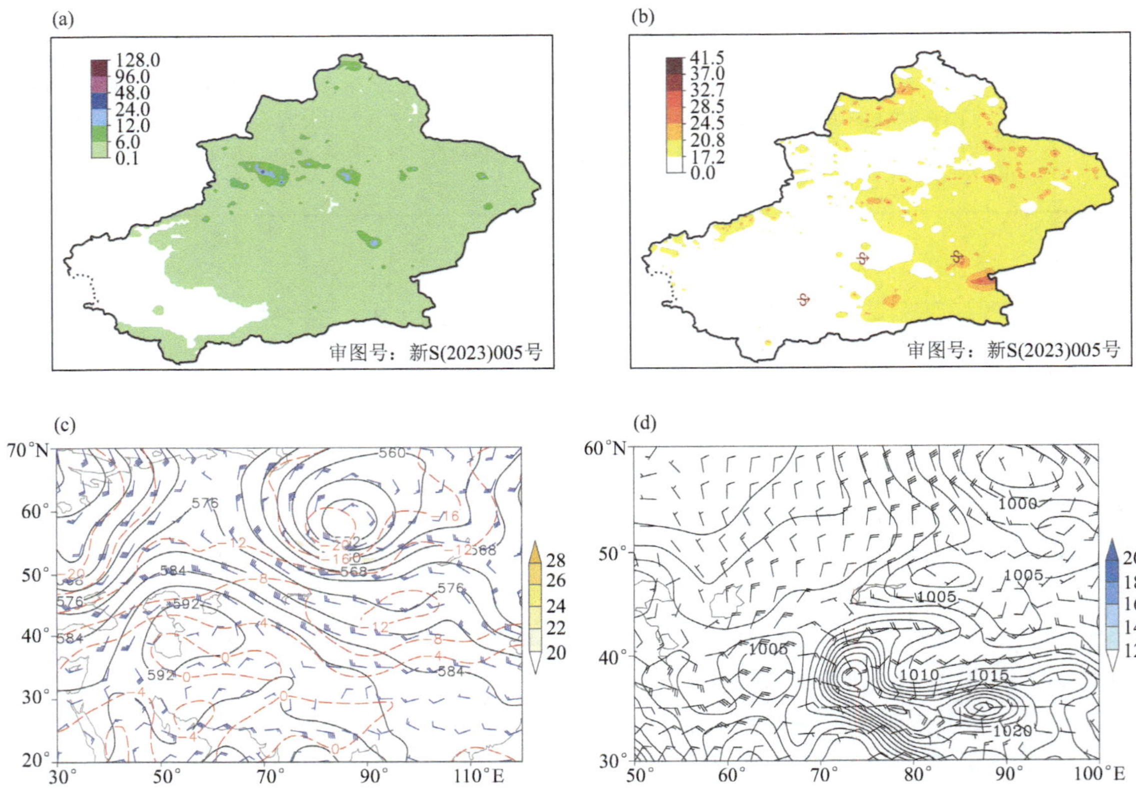

图 4.33 (a)7 月 17 日 20 时至 20 日 20 时过程累计降水量(单位:mm);(b)过程极大风速(单位:m/s);(c)7 月 18 日 08 时 500 hPa 高度场(黑实线,单位:dagpm)、风场(填色区,单位:m/s)、温度场(红虚线,单位:℃);(d)7 月 18 日 08 时海平面气压(黑实线,单位:hPa)和 850 hPa 风场(填色区,单位:m/s)

4.34 7 月 23 日 20 时至 25 日 20 时南疆、北疆分散性降雨、巴州局地沙尘暴、风口大风

天气类型	降雨、大风、沙尘暴	过程强度	中弱
天气实况	①降雨:伊犁州、博州、塔城地区南部、阿勒泰地区南部、乌鲁木齐市、昌吉州、南疆西部山区、巴州北部、吐鲁番市北部、哈密市北部小雨,其中伊犁州、乌鲁木齐市、昌吉州东部、喀什地区山区、哈密市北部的局部区域累计降水量 6.1~17.9 mm,最大累计降雨中心为昌吉州木垒县大南沟站(图 4.34a)。 ②风沙:北疆大部、南疆西部、巴州北部、吐鲁番市、哈密市出现 5~6 级西北风,风口风力 9~10 级,阵风 11~12 级;南疆盆地东部出现 5 级左右偏东风、阵风 8~9 级。南疆盆地出现沙尘天气,巴州南部局地沙尘暴(图 4.34b)。		

续表

灾害性天气	大风	博州、塔城地区北部、阿勒泰地区、克拉玛依市、昌吉州、南疆西部山区、巴州、吐鲁番市、哈密市共 492 站出现 8 级以上大风，其中 10 级以上 47 站，12 级以上 1 站。过程极大风速，区域站为哈密市伊州区红星二场站 32.7 m/s(24 日 19:00)，国家站为哈密市十三间房站 25.7 m/s(25 日 11:00)。
	沙尘暴	且末站强沙尘暴，最小能见度 395 m。

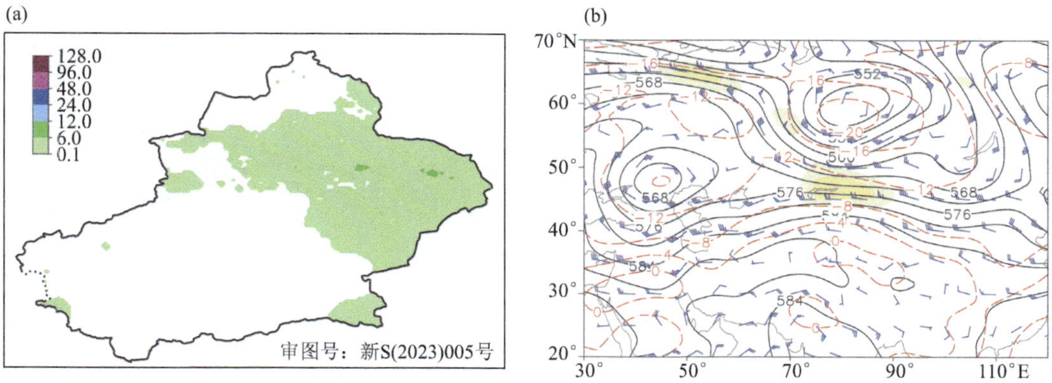

图 4.34　(a)7 月 23 日 20 时至 25 日 20 时过程累计降水量(单位：mm)；(b)7 月 24 日 08 时 500 hPa 高度场(黑实线，单位：dagpm)、风场(填色区，单位：m/s)、温度场(红虚线，单位：℃)

4.35　7 月 28 日 08 时至 31 日 08 时南疆、北疆偏西地区降雨、大风、南疆局地沙尘暴

天气类型	降雨、大风、沙尘暴	过程强度	中弱
天气实况	①降雨：伊犁州、博州和塔城地区、阿勒泰地区、石河子市、昌吉州、喀什地区、克州、阿克苏地区、巴州的部分区域小雨，其中伊犁州、博州、阿勒泰地区、昌吉州南部山区、喀什地区山区、克州山区、和田地区南部山区、阿克苏地区、巴州北部山区的局部区域累计降水量 6.1～62.8 mm，最大累计降雨中心为伊犁州四师 79 团团部 3 连站(图 4.35a)。 ②风沙：北疆大部、南疆西部、巴州北部、吐鲁番市、哈密市出现 5～6 级西北风，风口风力 9～10 级、阵风 11 级；南疆盆地东部出现 5 级左右偏东风、阵风 8～9 级。南疆盆地出现沙尘天气，和田地区、巴州南部局地沙尘暴(图 4.35c,d)。		
灾害性天气	暴雨	29 日 4 站暴雨出现在伊犁州、塔城地区，31 日 1 站暴雨出现在阿克苏地区，日最大降雨中心位于阿克苏地区阿瓦提县乌鲁却勒镇托万克亚贝希村站 40.1 mm(31 日)，最大小时雨强为塔城地区乌苏市待普僧站 25.4 mm/h(30 日 15:00—16:00)。过程中共出现 2 站短时强降水，分别位于塔城地区乌苏市、石河子市。	
	大风	伊犁州、博州、塔城地区北部、阿勒泰地区、克拉玛依市、昌吉州东部、克州山区、和田地区南部山区、阿克苏地区西部、巴州、吐鲁番市、哈密市共 748 站出现 8 级以上大风，其中 10 级以上 40 站，11 级以上 5 站。过程极大风速，区域站为喀什地区巴楚县三岔口镇 314 国道 1230 km 站 31.5 m/s(29 日 19:00)，国家站为博州阿拉山口站 24.8 m/s(30 日 12:00)(图 4.35b)。	
	沙尘暴	洛浦站沙尘暴，策勒、于田、塔中 3 站强沙尘暴，最小能见度策勒站 253 m。	

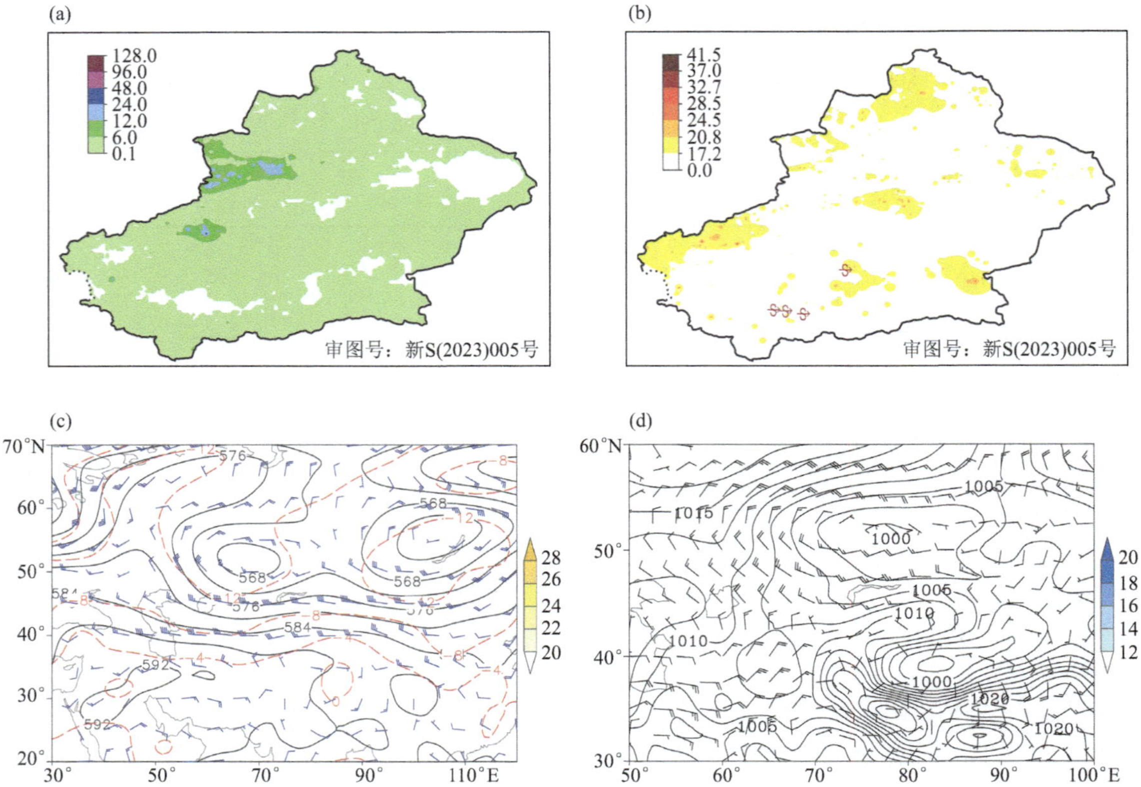

图 4.35 (a)7 月 28 日 08 时至 31 日 08 时过程累计降水量(单位:mm);(b)过程极大风速(单位:m/s);(c)7 月 29 日 08 时 500 hPa 高度场(黑实线,单位:dagpm)、风场(填色区,单位:m/s)、温度场(红虚线,单位:℃);(d)7 月 29 日 08 时海平面气压(黑实线,单位:hPa)和 850 hPa 风场(填色区,单位:m/s)

4.36 7 月 31 日 08 时至 8 月 2 日 20 时南疆、北疆偏西地区局地暴雨、阿克苏局地冰雹

<table>
<tr><td>天气类型</td><td colspan="2">降雨、大风、冰雹</td><td>过程强度</td><td>中弱</td></tr>
<tr><td>天气实况</td><td colspan="4">①降雨:全疆大部出现分散性小雨,其中伊犁州、博州西部、塔城地区、阿勒泰地区西部、石河子市、乌鲁木齐市南部山区、昌吉州南部山区、喀什地区山区、克州山区、和田地区南部山区、阿克苏地区、巴州山区的局部区域累计降水量 6.1～49.8 mm,最大累计降雨中心为和田地区洛浦县新疆生产建设兵团第十四师 1 连站(图 4.36a)。
②风:北疆大部、南疆西部、巴州北部、吐鲁番市、哈密市出现 5～6 级西北风,风口风力 9～10 级、阵风 11 级(图 4.36b)。</td></tr>
<tr><td rowspan="3">灾害性天气</td><td>暴雨</td><td colspan="3">7 月 31 日 2 站暴雨出现在塔城地区、阿克苏地区,8 月 1 日 3 站暴雨出现在博州、和田地区、阿克苏地区,2 日 13 站暴雨出现在昌吉州、喀什地区、阿克苏地区、巴州、吐鲁番市,日最大降雨中心位于喀什地区图木舒克市新疆生产建设兵团第三师站 46.1 mm(8 月 2 日),最大小时雨强为阿克苏地区乌什县阿合雅乡库曲麦村站 35.2 mm/h(8 月 1 日 20:00—21:00)。过程中共出现 11 站短时强降水,分别位于博州温泉县、塔城地区裕民县、阿克苏地区乌什县、库车县、拜城县、柯坪县。</td></tr>
<tr><td>大风</td><td colspan="3">博州西部、塔城地区北部、阿勒泰地区西部、昌吉州东部、克州山区、和田地区南部山区、巴州、吐鲁番市、哈密市共 299 站出现 8 级以上大风,其中 10 级以上 14 站。过程极大风速,区域站为巴州且末县奥依亚依拉克镇阿克苏库勒湖站 31.1 m/s(7 月 31 日 16:00),国家站为哈密市十三间房站 25.0 m/s(8 月 2 日 11:00)。</td></tr>
<tr><td>冰雹</td><td colspan="3">8 月 1 日 19:00 阿克苏地区柯坪县出现冰雹天气,20:00 乌什县出现冰雹天气。</td></tr>
<tr><td>灾情</td><td colspan="4">8 月 1 日,阿克苏地区柯坪县、乌什县冰雹造成农作物受灾。</td></tr>
</table>

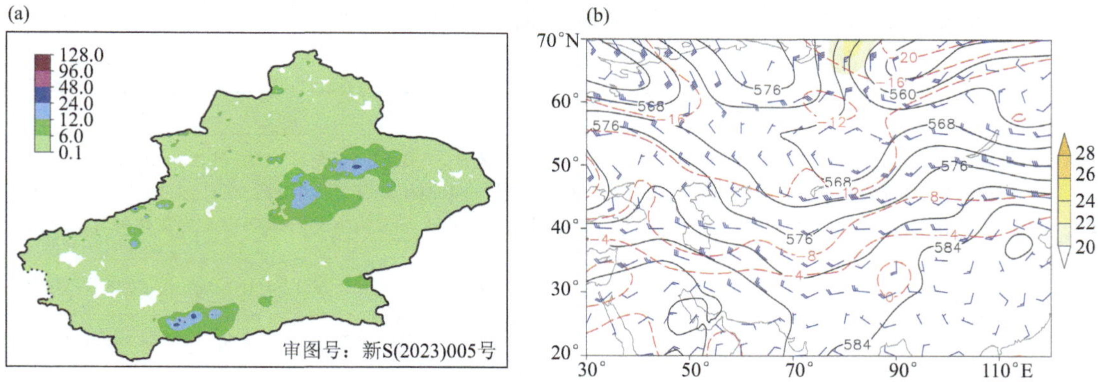

图 4.36 (a)7 月 31 日 08 时至 8 月 2 日 20 时过程累计降水量(单位:mm);(b)8 月 1 日 08 时 500 hPa 高度场(黑实线,单位:dagpm)、风场(填色区,单位:m/s)、温度场(红虚线,单位:℃)

4.37 8 月 2 日 20 时至 4 日 08 时南疆西部局地暴雨、风口大风

<table>
<tr><td>天气类型</td><td colspan="2">降雨、大风</td><td>过程强度</td><td>中弱</td></tr>
<tr><td>天气实况</td><td colspan="4">①降雨:喀什地区、克州、阿克苏地区西部北部和伊犁州、博州西部、塔城地区山区、阿勒泰地区北部、和田地区南部山区、巴州山区、哈密市等地的局部区域出现小雨,其中喀什地区、克州、阿克苏地区西部北部的局部区域累计降水量 6.1～55.3 mm,最大累计降雨中心为阿克苏地区柯坪县苏巴什水库卡塔托格拉克站(图 4.37a)。
②风:北疆西部北部、南疆西部、巴州北部、吐鲁番市、哈密市出现 5～6 级西北风,风口风力 8～9 级、阵风 10 级;南疆盆地东部出现 5 级左右偏东风、阵风 8～9 级(图 4.37b)。</td></tr>
<tr><td rowspan="2">灾害性天气</td><td>暴雨</td><td colspan="3">3 日 38 站暴雨出现在喀什地区、克州、阿克苏地区,日最大降雨中心位于阿克苏地区柯坪县苏巴什水库卡塔托格拉克站 55.3 mm(3 日),最大小时雨强为阿克苏地区柯坪县阿恰乡北艾依尔阿提洪沟站 19.8 mm/h(3 日 03:00—04:00)。</td></tr>
<tr><td>大风</td><td colspan="3">克州山区、和田地区南部山区、阿克苏地区西部北部、巴州、吐鲁番市、哈密市共 119 站出现 8 级以上大风,其中 10 级以上 6 站。过程极大风速,区域站为喀什地区伽师县铜矿站(3 日 02:00)和阿克苏地区阿克苏市阿依库勒镇托万克提根洪沟站(3 日 17:00)27.8 m/s,国家站为巴州轮台站 18.9 m/s(3 日 19:00)。</td></tr>
</table>

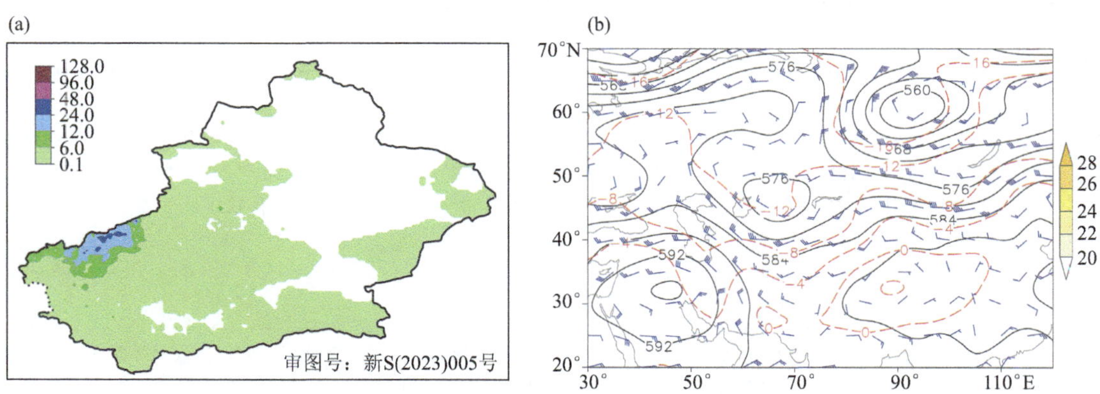

图 4.37 (a)8 月 2 日 20 时至 4 日 08 时过程累计降水量(单位:mm);(b)8 月 3 日 20 时 500 hPa 高度场(黑实线,单位:dagpm)、风场(填色区,单位:m/s)、温度场(红虚线,单位:℃)

4.38 8 月 4 日 20 时至 8 日 08 时南疆、北疆偏西地区局地暴雨、风口大风

天气类型		降雨、大风	过程强度	弱
天气实况		①降雨：伊犁州、博州、塔城地区、阿勒泰地区西部、克拉玛依市、乌鲁木齐市南部山区、昌吉州山区、喀什地区、克州、和田地区南部山区、阿克苏地区、巴州山区、哈密市北部小雨，其中博州西部、塔城地区、喀什地区、克州山区、和田地区南部山区、阿克苏地区、巴州山区的局部区域累计降水量 6.1～40.0 mm，最大累计降雨中心为克州阿克陶县克孜勒陶乡塔尔克其克村库尔干站(图 4.38a)。 ②风：北疆大部、南疆西部、巴州北部、吐鲁番市、哈密市出现 5～6 级西北风，风口风力 9～10 级，阵风 11 级(图 4.38b)。		
灾害性天气	暴雨	5 日 5 站暴雨出现在博州、喀什地区，6 日 8 站暴雨出现在博州、喀什地区、克州，7 日 1 站暴雨出现在塔城地区乌苏市，日最大降雨中心位于克州阿克陶县克孜勒陶乡塔尔克其克村库尔干站 35.2 mm(6 日)，最大小时雨强为博州温泉县沃特克赛尔铜矿站 29.7 mm/h(6 日 17:00—18:00)。过程中共出现 9 站短时强降水，分别位于博州温泉县、喀什地区英吉沙县、岳普湖县、克州阿图什市、乌恰县、阿克陶县、阿克苏地区库车县。		
	大风	伊犁州、博州、塔城地区北部、克州山区、和田地区南部山区、阿克苏地区西部、巴州、吐鲁番市、哈密市共 279 站出现 8 级以上大风，其中 10 级以上 25 站。过程极大风速，区域站为喀什地区塔什库尔干县班迪尔乡下板地水库站 31.8 m/s(6 日 19:00)，国家站为哈密市十三间房站 21.6 m/s(5 日 18:00)。		

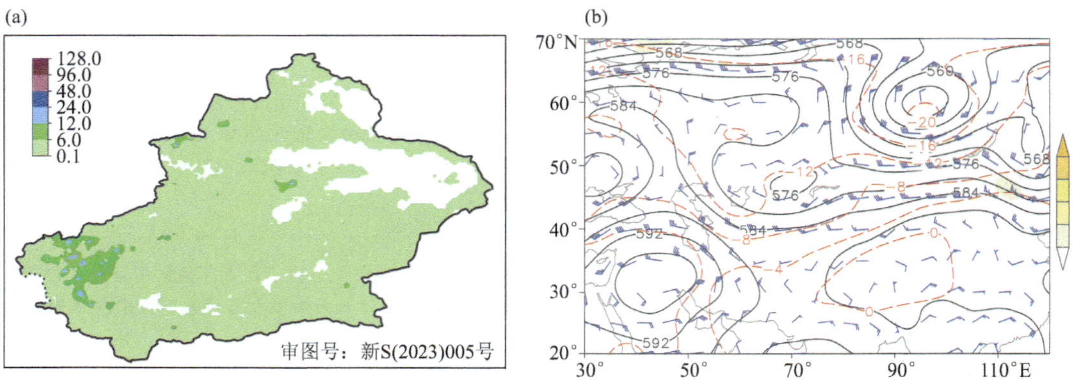

图 4.38 (a)8 月 4 日 20 时至 8 日 08 时过程累计降水量(单位：mm)；(b)8 月 4 日 20 时 500 hPa 高度场(黑实线，单位：dagpm)、风场(填色区，单位：m/s)、温度场(红虚线，单位：℃)

4.39 8 月 8 日 08 时至 9 日 20 时南疆局地暴雨、风口大风

天气类型		降雨、大风	过程强度	弱
天气实况		①降雨：伊犁州、博州西部、塔城地区、阿勒泰地区、石河子市、乌鲁木齐市、昌吉州西部、喀什地区、克州、和田地区南部山区、阿克苏地区、巴州山区小雨，其中伊犁州山区、塔城地区南部山区、喀什地区山区、克州山区、阿克苏地区、巴州北部山区的局部区域累计降水量 6.1～60.5 mm，最大累计降雨中心为巴州和静县独库高速南天山隧道进口站(图 4.39a)。 ②风：北疆大部、南疆西部、巴州北部、吐鲁番市、哈密市出现 5～6 级西北风，风口风力 9～10 级、阵风 11 级；南疆盆地东部出现 5 级左右偏东风、阵风 8～10 级(图 4.39b)。		
灾害性天气	暴雨	8 日 4 站暴雨出现在克州、阿克苏地区，9 日 6 站暴雨出现在阿克苏地区、巴州，日最大降雨中心位于巴州和静县独库高速南天山隧道进口站 41.5 mm(9 日)，最大小时雨强为阿克苏地区柯坪县盖孜力克镇站 19.5 mm/h(8 日 13:00—14:00)。过程中共出现 1 站短时强降水，位于阿克苏地区阿克苏市。		
	大风	阿勒泰地区、昌吉州东部、克州山区、和田地区南部山区、阿克苏地区、巴州、吐鲁番市、哈密市共 181 站出现 8 级以上大风，其中 10 级以上 12 站。过程极大风速，区域站为阿勒泰地区吉木乃县恰勒什海乡哈土山站 31.4 m/s(9 日 18:00)，国家站为哈密市十三间房站 21.7 m/s(9 日 09:00)。		

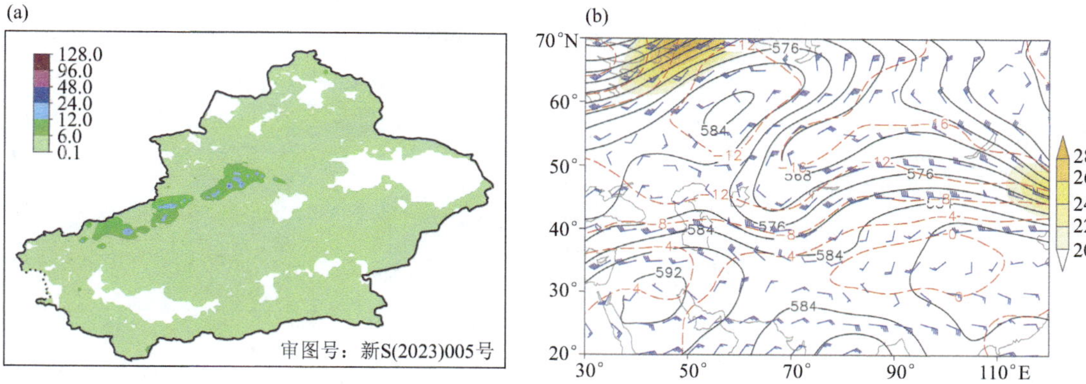

图 4.39　(a)8 月 8 日 08 时至 9 日 20 时过程累计降水量(单位:mm);(b)8 月 8 日 08 时 500 hPa 高度场(黑实线,单位:dagpm)、风场(填色区,单位:m/s)、温度场(红虚线,单位:℃)

4.40　8 月 3 日 08 时至 11 日 20 时全疆高温天气

天气类型	高温	过程强度	弱
天气实况	持续时间:9 d。 高温范围:全疆日最高气温 718 站≥35 ℃,其中 393 站≥37 ℃,122 站≥40 ℃,15 站≥45 ℃;国家站日最高气温 42 站≥35 ℃,其中 18 站≥37 ℃,9 站≥40 ℃,1 站≥45 ℃(图 4.40a)。 单日最大范围:8 日,全疆日最高气温 526 站≥35 ℃,其中 237 站≥37 ℃,68 站≥40 ℃,10 站≥45 ℃日,国家站日最高气温 28 站≥35 ℃,其中 14 站≥37 ℃,6 站≥40 ℃(图 4.40b)。 高温极值:吐鲁番市高昌区高昌故城站 47.4 ℃(8 日 17:39)。如图 4.40c,d,e,f 所示。		

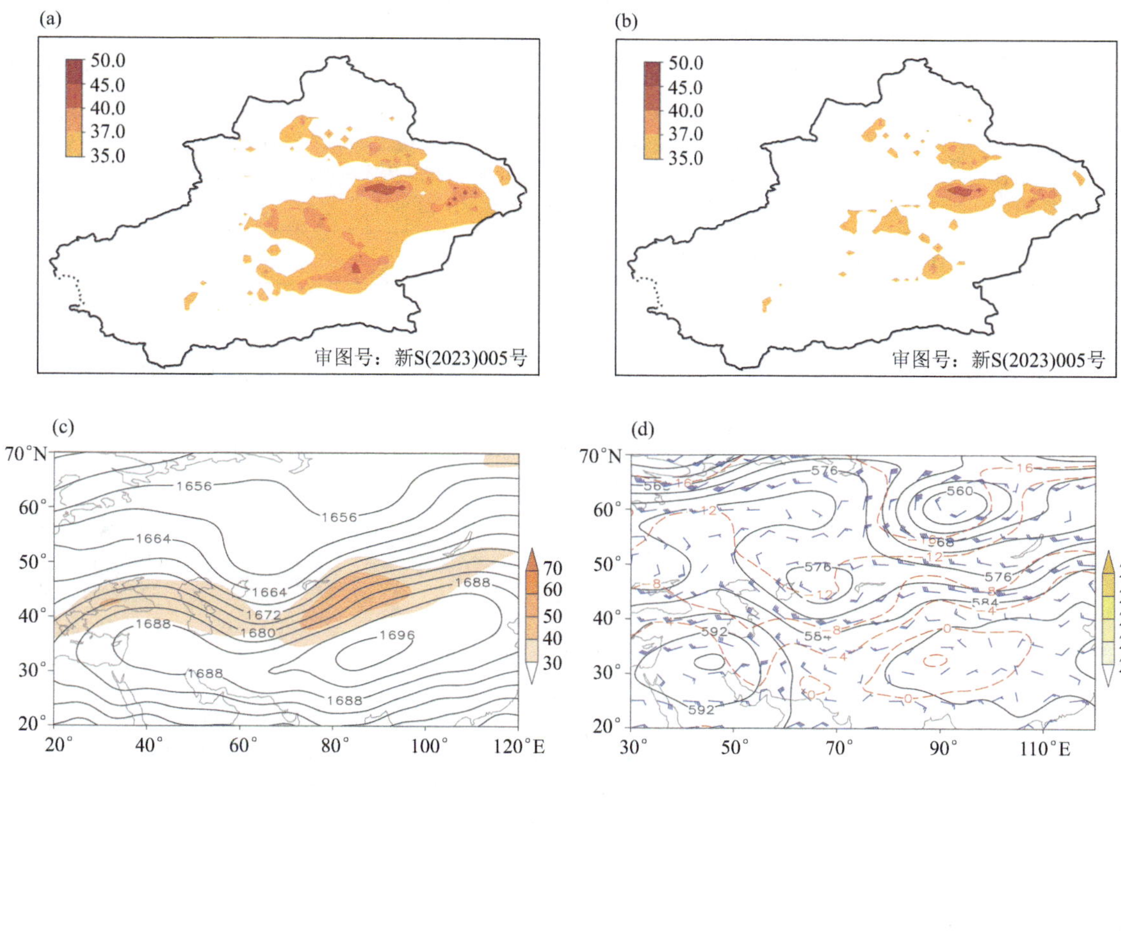

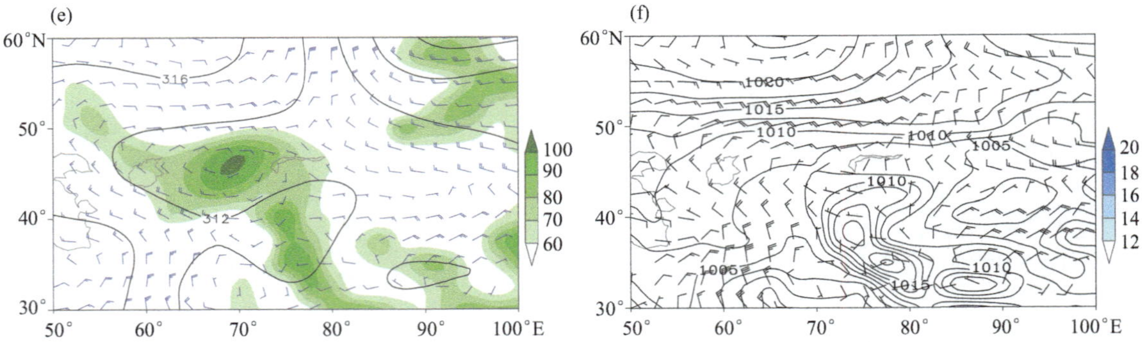

图 4.40 (a)8 月 3 日 08 时至 11 日 20 时过程最高气温(单位:℃);(b)8 月 8 日最高气温(单位:℃);(c)8 月 3 日 20 时 100 hPa 高度场(实线,单位:dagpm),填色区为风速≥30 m/s 的 200 hPa 急流;(d)500 hPa 高度场(黑实线,单位:dagpm)、风场(填色区,单位:m/s)、温度场(红虚线,单位:℃);(e)700 hPa 风场(单位:m/s)和相对湿度(填色区,单位:%);(f)海平面气压(黑实线,单位:hPa)和 850 hPa 风场(填色区,单位:m/s)

4.41 8 月 18 日 20 时至 20 日 08 时南疆局地暴雨、风口大风

<table>
<tr><td>天气类型</td><td colspan="2">降雨、大风</td><td>过程强度</td><td>中弱</td></tr>
<tr><td>天气实况</td><td colspan="4">①降雨:克州、阿克苏地区和伊犁州山区、塔城地区山区、阿勒泰地区、乌鲁木齐市山区、昌吉州山区、巴州山区的局部区域小雨,其中克州山区、阿克苏地区的局部区域累计降水量 6.1～71.9 mm,最大累计降雨中心为阿克苏地区拜城县铁热克镇温泉站(图 4.41a)。
②风:北疆大部、南疆西部、巴州北部、吐鲁番市、哈密市出现 5～6 级西北风,风口风力 9～10 级,阵风 11 级;南疆盆地中东部出现 5 级左右偏东风、阵风 8～9 级(图 4.41b)。</td></tr>
<tr><td rowspan="2">灾害性天气</td><td>暴雨</td><td colspan="3">19 日 2 站暴雨出现在阿克苏地区拜城县、温宿县,日最大降雨中心位于拜城县铁热克镇温泉站 71.8 mm(19 日),最大小时雨强为阿克苏地区拜城县铁热克镇温泉站 22.3 mm/h(19 日 17:00—18:00)。过程中共出现 1 站短时强降水,位于阿克苏地区拜城县。</td></tr>
<tr><td>大风</td><td colspan="3">博州西部、塔城地区北部、阿勒泰地区、昌吉州东部、克州山区、巴州北部山区、吐鲁番市、哈密市共 183 站出现 8 级以上大风,其中 10 级以上 18 站。过程极大风速,区域站为塔城地区托里县库甫乡库甫村站 31.4 m/s(20 日 00:00),国家站为哈密市十三间房站 25.1 m/s(19 日 21:00)。</td></tr>
<tr><td>灾情</td><td colspan="4">19 日,巴州轮台县短时冰雹、强降雨造成农作物、林果受灾。</td></tr>
</table>

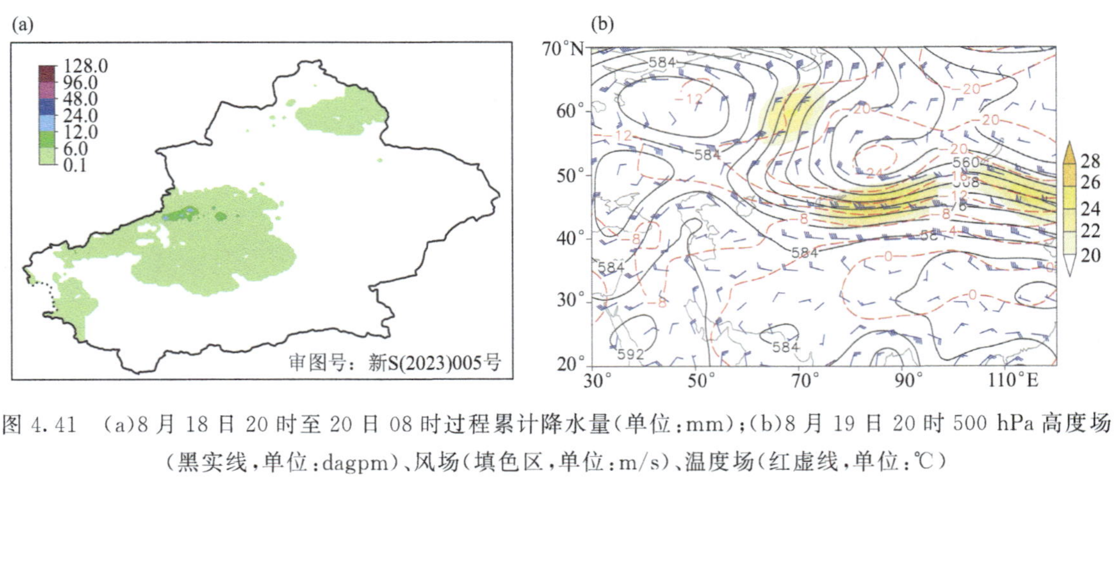

图 4.41 (a)8 月 18 日 20 时至 20 日 08 时过程累计降水量(单位:mm);(b)8 月 19 日 20 时 500 hPa 高度场(黑实线,单位:dagpm)、风场(填色区,单位:m/s)、温度场(红虚线,单位:℃)

4.42　8 月 23 日 02 时至 25 日 08 时克州局地暴雨、风口大风

<table>
<tr><td>天气类型</td><td colspan="2">降雨、大风</td><td>过程强度</td><td>中弱</td></tr>
<tr><td>天气实况</td><td colspan="4">①降雨：喀什地区、克州、阿克苏地区西部北部和塔城地区山区、阿勒泰地区山区、乌鲁木齐市山区、昌吉州山区、和田地区南部山区、巴州山区的局部区域小雨，其中喀什地区、克州、阿克苏地区西部北部的局部区域累计降水量 6.1～39.6 mm，最大累计降雨中心为克州阿克陶县奥依塔克镇森林公园旅游区站(图 4.42a)。
②风沙：南疆西部、吐鲁番市、哈密市北部出现 5～6 级西北风，风口风力 9～10 级；伊犁州、博州、塔城地区、昌吉州东部、哈密市南部、南疆盆地中东部等地的部分区域出现 4～5 级偏东风，阵风 8～9 级，和田地区、巴州南部局地出现浮尘或扬沙(图 4.42b)。</td></tr>
<tr><td rowspan="2">灾害性天气</td><td>暴雨</td><td colspan="3">23 日 10 站暴雨出现在克州阿合奇县，25 日 1 站暴雨出现在克州阿克陶县，日最大降雨中心位于克州阿合奇县哈拉奇乡阿克白一堤站 31.6 mm(23 日)，最大小时雨强为克州乌恰县吉根乡斯木哈纳村站 10.0 mm/h(24 日 17:00—18:00)。</td></tr>
<tr><td>大风</td><td colspan="3">和田地区南部山区、巴州南部、吐鲁番市、哈密市共 66 站出现 8 级以上大风，其中 10 级以上 4 站。过程极大风速，区域站为吐鲁番市高昌区吐鲁番小草湖服务区站 26.6 m/s(23 日 02:00)，国家站为哈密市十三间房站 25.5 m/s(23 日 03:00)。</td></tr>
</table>

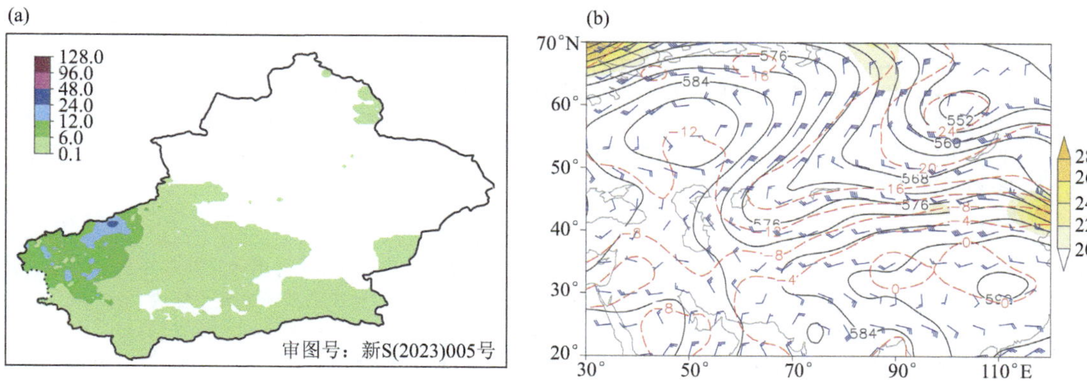

图 4.42　(a)8 月 23 日 02 时至 25 日 08 时过程累计降水量(单位：mm)；(b)8 月 23 日 08 时 500 hPa 高度场(黑实线，单位：dagpm)、风场(填色区，单位：m/s)、温度场(红虚线，单位：℃)

4.43　8 月 25 日 08 时至 28 日 08 时南疆西部局地暴雨、风口大风

<table>
<tr><td>天气类型</td><td colspan="2">降雨、大风</td><td>过程强度</td><td>弱</td></tr>
<tr><td>天气实况</td><td colspan="4">①降雨：喀什地区、克州、阿克苏地区、和田地区南部山区和伊犁州山区、博州、塔城地区山区、阿勒泰地区西部、乌鲁木齐市山区、昌吉州山区、巴州山区、哈密市的部分区域小雨，其中喀什地区南部山区、克州、和田地区南部山区、阿克苏地区西部北部、巴州山区的局部区域累计降水量 6.1～60.3 mm，最大累计降雨中心为和田地区新疆生产建设兵团 14 师 1 连站(图 4.43a)。
②风沙：北疆大部、南疆西部、巴州北部、吐鲁番市、哈密市出现 5～6 级西北风，风口风力 8～9 级、阵风 10 级；南疆盆地东部出现 5 级左右偏东风、阵风 8～9 级，和田地区、巴州南部局地出现浮尘或扬沙(图 4.43b)。</td></tr>
<tr><td rowspan="2">灾害性天气</td><td>暴雨</td><td colspan="3">8 月 25 日 1 站暴雨出现在克州阿克陶县(25 日 08:00—26 日 08:00)，26 日 1 站暴雨出现在和田地区，27 日 2 站暴雨出现在阿克苏地区、和田地区，日最大降雨中心位于克州阿克陶县布伦口乡恰克尔艾格勒村阿克库如木站 32.5 mm(25 日)，最大小时雨强为阿克苏地区阿克苏市柯柯牙山前站 22.3 mm/h(28 日 03:00—04:00)。过程中共出现 3 站短时强降水，位于阿克苏地区阿克苏市、阿拉尔市。</td></tr>
<tr><td>大风</td><td colspan="3">博州、塔城地区北部、阿勒泰地区、昌吉州东部、和田地区南部、巴州、吐鲁番市、哈密市共 150 站出现 8 级以上大风，其中 10 级以上 3 站。过程极大风速，区域站为吐鲁番市高昌区小草湖服务区站 27.4 m/s(25 日 21:00)，国家站为哈密市十三间房站 23.3 m/s(26 日 03:00)。</td></tr>
</table>

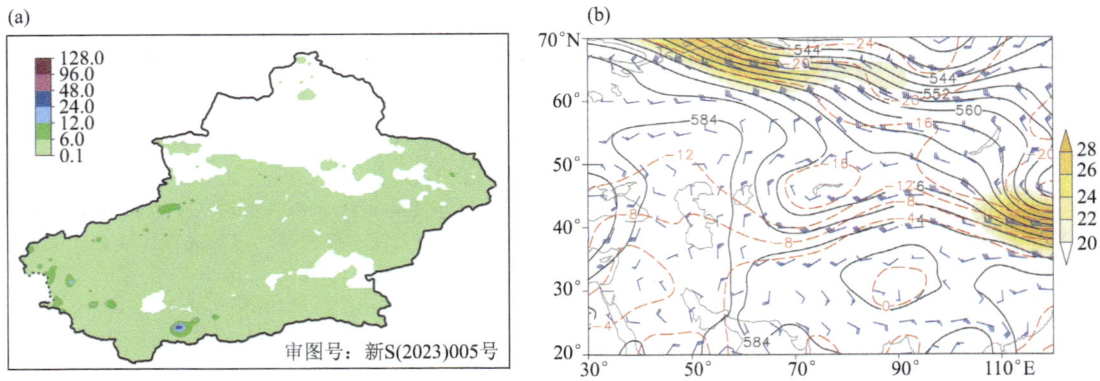

图 4.43 (a)8 月 25 日 08 时至 28 日 08 时过程累计降水量(单位:mm);(b)8 月 26 日 08 时 500 hPa 高度场(黑实线,单位:dagpm)、风场(填色区,单位:m/s)、温度场(红虚线,单位:℃)

4.44 8 月 28 日 08 时至 9 月 1 日 20 时喀什地区、克州局地暴雨、短时强降水、风口大风

<table>
<tr><td>天气类型</td><td colspan="2">降雨、大风</td><td>过程强度</td><td>弱</td></tr>
<tr><td>天气实况</td><td colspan="4">①降雨:伊犁州、博州西部、塔城地区南部、阿勒泰地区西部、石河子市、乌鲁木齐市山区、昌吉州山区、喀什地区、克州、和田地区南部山区、阿克苏地区、巴州、吐鲁番市、哈密市小雨,其中博州西部、乌鲁木齐市南部山区、喀什地区山区、克州、和田地区南部山区、阿克苏地区西部北部、巴州山区的局部区域累计降水量 6.1~66.0 mm,最大累计降雨中心为克州阿克陶县克孜勒陶镇塔尔克其克村库尔干站(图 4.44a)。
②风:北疆大部、南疆西部、巴州北部、吐鲁番市、哈密市出现 5~6 级西北风,风口风力 8~9 级、阵风 10 级(图 4.44b)。</td></tr>
<tr><td rowspan="2">灾害性天气</td><td>暴雨</td><td colspan="3">8 月 28 日 10 站暴雨出现在喀什地区、克州,8 月 29 日 1 站暴雨出现在喀什地区莎车县,8 月 31 日 3 站暴雨出现在喀什地区、克州,日最大降雨中心位于喀什地区莎车县霍什拉甫乡阿尔塔什村站 39.0 mm(8 月 31 日),最大小时雨强为喀什地区喀什市阿克喀什乡幼儿园站 26.1 mm/h(8 月 28 日 15:00—16:00)。过程中共出现 11 站短时强降水,位于喀什地区喀什市、叶城县、莎车县、疏附县、英吉沙县、克州阿图什市、阿克陶县、乌恰县、阿克苏地区阿克苏市。</td></tr>
<tr><td>大风</td><td colspan="3">阿勒泰地区、昌吉州东部、喀什地区山区、克州山区、和田地区南部、巴州、吐鲁番市、哈密市共 269 站出现 8 级以上大风,其中 10 级以上 10 站。过程极大风速,区域站为喀什地区塔什库尔干县班迪尔乡下板地水库站 30.4 m/s(8 月 31 日 21:00),国家站为哈密市十三间房站 20.7 m/s(8 月 31 日 10:00)。</td></tr>
<tr><td>灾情</td><td colspan="4">8 月 28 日至 29 日,喀什地区英吉沙县暴雨洪涝造成农作物受灾,基础设施受损。
8 月 30 日,喀什地区莎车县暴雨洪涝造成农作物受灾,基础设施受损。
8 月 28 日,克州阿图什市暴雨洪涝农作物受灾,基础设施受损。</td></tr>
</table>

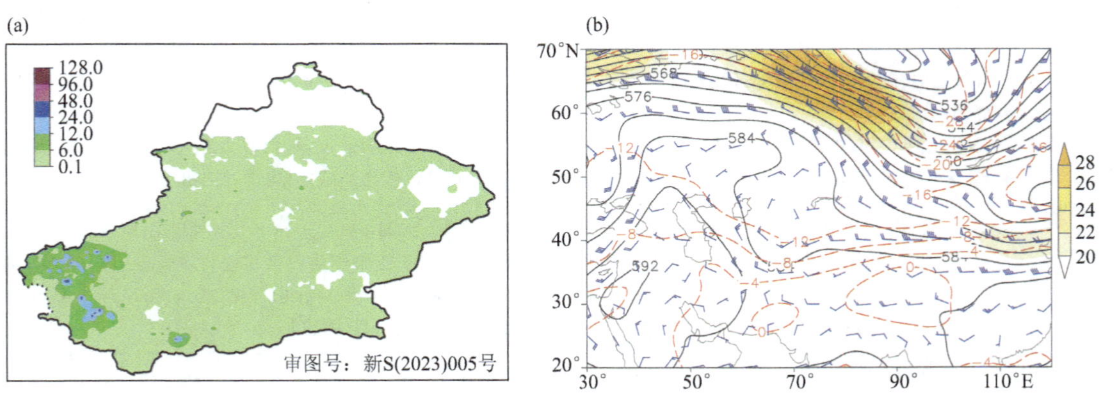

图 4.44 (a)8 月 28 日 08 时至 9 月 1 日 20 时过程累计降水量(单位:mm);(b)8 月 28 日 20 时 500 hPa 高度场(黑实线,单位:dagpm)、风场(填色区,单位:m/s)、温度场(红虚线,单位:℃)

4.45　9 月 1 日 20 时至 5 日 08 时南疆降雨、风口大风

天气类型	降雨、大风		过程强度	弱
天气实况	①降雨：喀什、克州、和田地区南部、阿克苏地区北部、巴州小雨，其中喀什地区南部、克州、阿克苏地区北部、和田地区南部、巴州北部的局部区域累计降水量 6.1～20.8 mm，最大累计降雨中心为阿克苏地区柯坪县吉格代艾喀克站(图 4.45a)。 ②风沙：北疆大部、克州、巴州北部、吐鲁番市、哈密市出现 5～6 级西北风，风口风力 8～9 级，阵风 10 级；南疆盆地东部出现 5 级左右偏东风、阵风 8～9 级。南疆盆地出现沙尘天气，和田地区局地扬沙(图 4.45b)。			
灾害性天气	大风	塔城地区北部、阿勒泰地区西部、昌吉州东部、克州山区、和田地区南部山区、阿克苏地区北部、巴州、哈密市共 92 站出现 8 级以上大风，其中 10 级以上 4 站，11 级以上 1 站。过程极大风速，区域站为喀什地区塔什库尔干县班迪尔乡下板地水库站 28.4 m/s(2 日 21:00)，国家站为哈密市红柳河站 18.6 m/s(3 日 14:00)。		
灾情	1 日 18 时至 2 日 05 时，喀什地区巴楚县冰雹天气造成农作物受灾。			

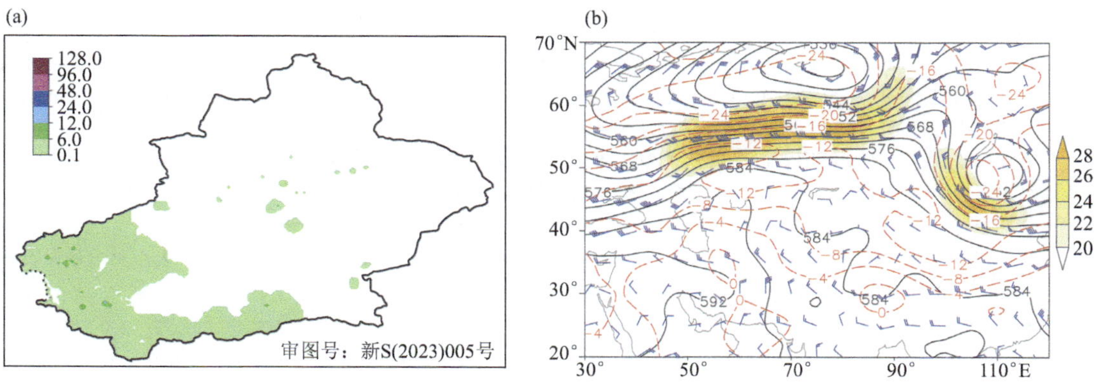

图 4.45　(a)9 月 1 日 20 时至 5 日 08 时过程累计降水量(单位：mm)；(b)9 月 4 日 20 时 500 hPa 高度场(黑实线，单位：dagpm)、风场(填色区，单位：m/s)、温度场(红虚线，单位：℃)

4.46　9 月 9 日 17 时至 10 日 17 时北疆西部、北部降雨、风口大风

天气类型	雨(高山区雪)、大风		过程强度	弱
天气实况	①降雨：伊犁州、博州、塔城地区北部、阿勒泰地区、和田南部山区、阿克苏地区北部、巴州北部山区的部分区域小雨(高海拔山区为雪)，其中博州西部、塔城地区北部、和田南部山区的局地累计降水量 6.6～13.6 mm，最大累计降雨中心为塔城地区裕民县江格斯乡东牧场站(图 4.46a)。 ②风：北疆大部、南疆西部、巴州北部、吐鲁番市、哈密市出现 5 级左右西北风，风口风力 9 级，阵风 10 级(图 4.46b)。			
灾害性天气	大风	博州、塔城地区北部、阿勒泰地区北部、昌吉州东部、克州山区、和田地区南部山区、阿克苏地区西部北部山区、巴州、吐鲁番市、哈密市共 103 站出现 8 级以上大风，其中 10 级以上 3 站。过程极大风速，区域站为阿克苏地区乌什县亚曼苏乡别迭里烽燧站 26.4 m/s(9 日 21:00)，国家站为博州阿拉山口站 23.2 m/s(9 日 19:00)。		

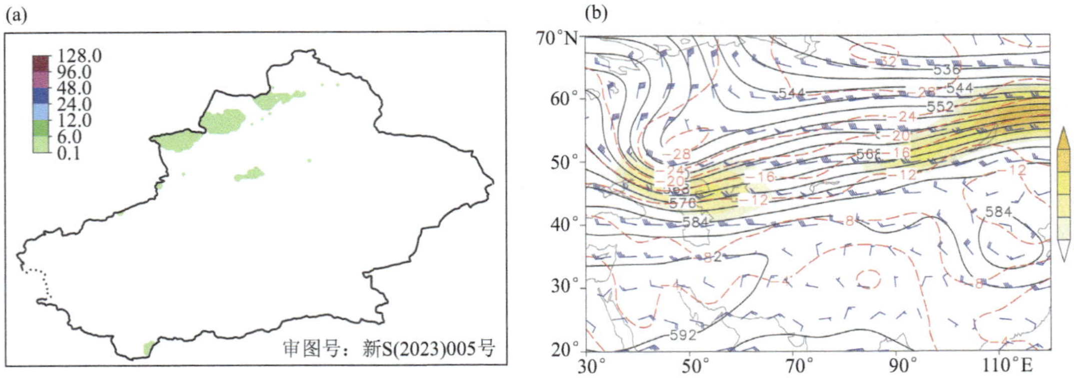

图 4.46　(a)9 月 9 日 17 时至 10 日 17 时过程累计降水量(单位:mm);(b)9 月 9 日 20 时 500 hPa 高度场(黑实线,单位:dagpm)、风场(填色区,单位:m/s)、温度场(红虚线,单位:℃)

4.47　9 月 14 日 14 时至 15 日 23 时阿勒泰地区局地暴雨、风口大风

<table>
<tr><td>天气类型</td><td colspan="2">雨(高山区雪)、大风</td><td>过程强度</td><td>弱</td></tr>
<tr><td>天气实况</td><td colspan="4">①降雨:塔城地区、阿勒泰地区、昌吉州、乌鲁木齐市和伊犁州、博州、克州山区、喀什地区南部、和田地区南部的局部区域小雨(高海拔山区为雪),其中博州西部、塔城地区北部、阿勒泰地区的局部区域累计降水量 6.1～25.1 mm,最大累计降雨中心为阿勒泰地区布尔津县禾木乡喀纳斯湖一道弯站(图 4.47a)。
②风沙:北疆大部、南疆西部、巴州北部、吐鲁番市、哈密市出现 5 级左右西北风,风口风力 9～10 级、阵风 11 级;南疆盆地东部出现 5 级左右偏东风、阵风 8 级。南疆、吐鲁番市、哈密市出现沙尘天气,哈密市局地扬沙(图 4.47b)。</td></tr>
<tr><td rowspan="2">灾害性天气</td><td>暴雨</td><td colspan="3">15 日 1 站暴雨出现在阿勒泰地区布尔津县禾木乡喀纳斯湖一道弯站 24.4 mm,最大小时雨强为阿勒泰地区布尔津县禾木乡喀纳斯湖一道弯站 5.8 mm/h(19 日 17:00—18:00)。</td></tr>
<tr><td>大风</td><td colspan="3">博州、塔城地区北部、阿勒泰地区、克拉玛依市、克州山区、和田地区南部山区、巴州、吐鲁番市、哈密市共 200 站出现 8 级以上大风,其中 10 级以上 22 站,11 级以上 8 站。过程极大风速,区域站为吐鲁番市高昌区小草湖服务区站 31.9 m/s(15 日 11:00),国家站为哈密市十三间房站 29.6 m/s(15 日 16:00)。</td></tr>
</table>

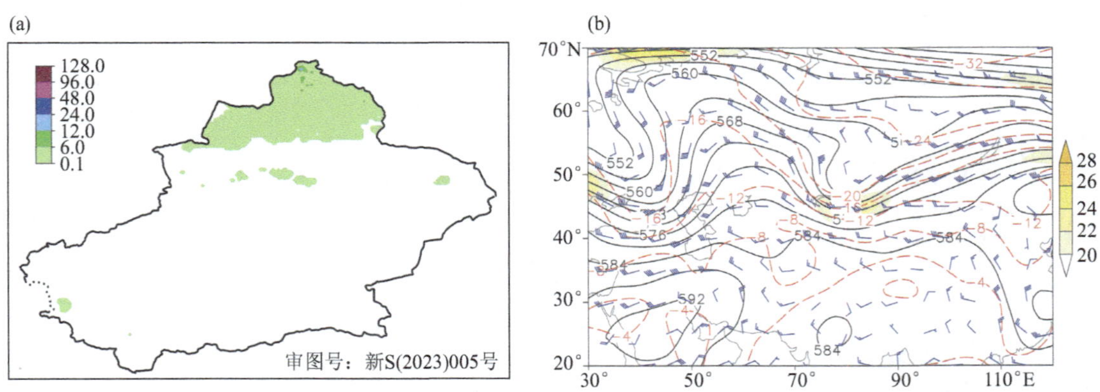

图 4.47　(a)9 月 14 日 14 时至 15 日 23 时过程累计降水量(单位:mm);(b)9 月 14 日 20 时 500 hPa 高度场(黑实线,单位:dagpm)、风场(填色区,单位:m/s)、温度场(红虚线,单位:℃)

4.48　9 月 18 日 20 时至 22 日 08 时喀什地区、克州局地暴雨、风口大风

<table>
<tr><td>天气类型</td><td colspan="2">降雨、大风</td><td>过程强度</td><td>弱</td></tr>
<tr><td>天气实况</td><td colspan="4">①降雨：喀什地区、克州、和田地区南部、阿克苏地区西部北部、巴州山区小雨，其中喀什地区、克州、阿克苏地区西部北部山区、巴州北部山区的局部区域累计降水量 6.1～35.2 mm，最大累计降雨中心为克州阿合奇县哈拉奇乡大桥站（图 4.48a）。
②风沙：北疆大部、南疆西部、巴州北部、吐鲁番市、哈密市出现 5 级左右西北风，风口风力 9 级、阵风 10 级；南疆盆地东部出现 5 级左右偏东风、阵风 8 级。南疆出现沙尘天气，喀什地区局地扬沙（图 4.48b）。</td></tr>
<tr><td rowspan="2">灾害性天气</td><td>暴雨</td><td colspan="3">19 日 1 站暴雨出现在喀什地区，21 日 2 站暴雨出现在喀什地区、克州，日最大降雨中心位于喀什地区疏附县布拉克苏乡畜牧站 22.0 mm（21 日），最大小时雨强为喀什地区英吉沙县乌恰镇山区 2 号水库站 16.0 mm/h（21 日 15:00—16:00）。</td></tr>
<tr><td>大风</td><td colspan="3">塔城地区北部、喀什地区、克州、和田地区南部、阿克苏地区西部北部、巴州、吐鲁番市、哈密市共 106 站出现 8 级以上大风，其中 10 级以上 5 站。过程极大风速，区域站为喀什地区塔什库尔干县班迪尔乡下板地水库站 25.1 m/s（18 日 16:00）和巴州库尔勒市库尔楚收费站 36.3 m/s（19 日 20:00），国家站为哈密市十三间房站 16.4 m/s（19 日 05:00）。</td></tr>
</table>

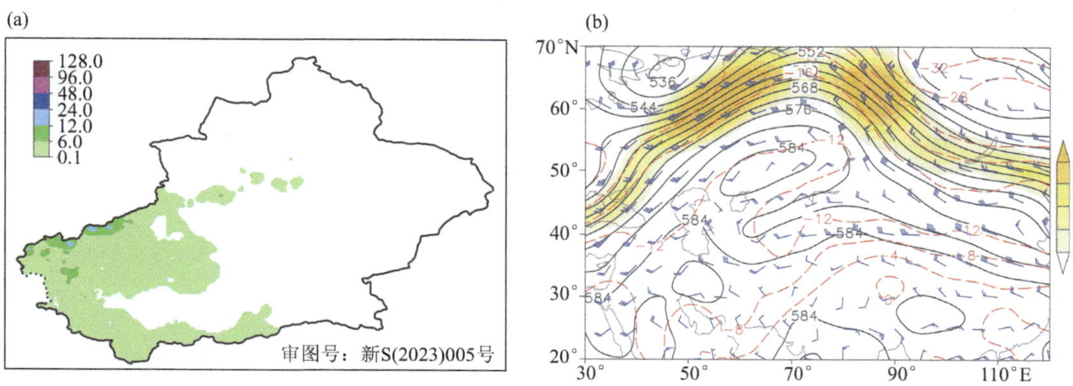

图 4.48　(a)9 月 18 日 20 时至 22 日 08 时过程累计降水量（单位：mm）；(b)9 月 20 日 20 时 500 hPa 高度场（黑实线，单位：dagpm）、风场（填色区，单位：m/s）、温度场（红虚线，单位：℃）

4.49　9 月 22 日 08 时至 26 日 08 时北疆西部、南疆分散性降雨、风口大风

<table>
<tr><td>天气类型</td><td colspan="2">雨（高山区雪）、大风</td><td>过程强度</td><td>弱</td></tr>
<tr><td>天气实况</td><td colspan="4">①降雨：伊犁州、博州、昌吉州山区、乌鲁木齐市山区、喀什地区、克州、和田地区南部、阿克苏地区西部北部、巴州的部分区域小雨（高海拔山区为雪），其中伊犁州、博州西部、克州、喀什地区南部山区、和田地区南部山区、阿克苏地区北部山区、巴州山区的局部区域累计降水量 6.1～26.4 mm，最大累计降雨中心为喀什地区叶城县柯克亚乡 4 村库克子站（图 4.49a）。
②风沙：北疆大部、南疆西部、巴州北部、吐鲁番市、哈密市出现 5 级左右西北风，风口风力 9 级、阵风 10 级；南疆盆地东部出现 5 级左右偏东风、阵风 8～9 级。南疆出现沙尘天气，和田地区局地扬沙（图 4.49b）。</td></tr>
<tr><td>灾害性天气</td><td>大风</td><td colspan="3">伊犁州、博州、克州、和田地区南部、阿克苏地区西部北部、巴州、吐鲁番市、哈密市共 157 站出现 8 级以上大风，其中 10 级以上 1 站。过程极大风速，区域站为喀什地区塔什库尔干县班迪尔乡下板地水库站 27.6 m/s（23 日 21:00），国家站为喀什地区喀什站 20.6 m/s（24 日 20:00）。</td></tr>
</table>

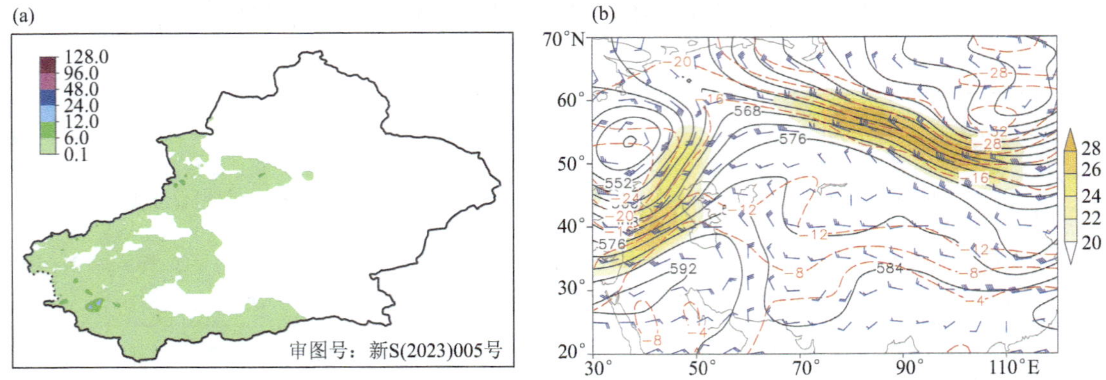

图 4.49 (a)9 月 22 日 08 时至 26 日 08 时过程累计降水量(单位：mm)；(b)9 月 24 日 20 时 500 hPa 高度场(黑实线，单位：dagpm)、风场(填色区，单位：m/s)、温度场(红虚线，单位：℃)

4.50 10 月 5 日 20 时至 8 日 08 时喀什地区、克州局地暴雨、风口大风

<table>
<tr><td>天气类型</td><td colspan="2">雨雪、大风</td><td>过程强度</td><td>中弱</td></tr>
<tr><td>天气实况</td><td colspan="4">①雨雪：喀什地区、克州和塔城地区、阿克苏地区西部北部、巴州、哈密市北部等地的局部区域小雨(高山区为雨转雪或雪)，其中克州的部分区域和塔城地区北部、喀什地区南部等地的局部区域累计降水量 6.1～44.3 mm，最大降雨中心为克州乌恰县膘尔托阔依乡阿合奇村站(图 4.50a)。
②风：阿勒泰地区西部、喀什地区、克州、和田地区、阿克苏地区、吐鲁番市、哈密市等地出现 5 级左右西北风，风口风力 8～9 级、阵风 10～11 级(图 4.50b)。</td></tr>
<tr><td rowspan="2">灾害性天气</td><td>暴雨</td><td colspan="3">6 日 4 站暴雨位于喀什地区、克州，日最大降雨中心位于克州乌恰县膘尔托阔依乡膘尔托阔依村站 38.1 mm，最大小时雨强为 4.9 mm/h(6 日 05:00—06:00)。</td></tr>
<tr><td>大风</td><td colspan="3">阿勒泰地区西部、喀什地区南部山区、克州、和田地区南部、阿克苏地区北部、吐鲁番市、哈密市等地共 80 站出现 8 级以上大风，其中 10 级以上 4 站。过程极大风速，区域站为喀什地区塔什库尔干县班迪尔乡下板地水库站 29.9 m/s(5 日 23:00)，国家站为哈密市十三间房站 22.9 m/s(7 日 10:00)。</td></tr>
</table>

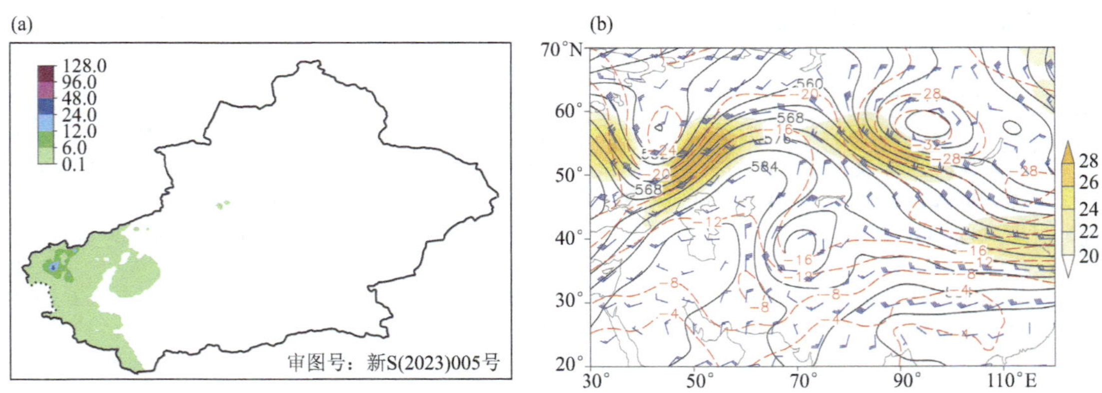

图 4.50 (a)10 月 5 日 20 时至 8 日 08 时过程累计降水量(单位：mm)；(b)10 月 6 日 08 时 500 hPa 高度场(黑实线，单位：dagpm)、风场(填色区，单位：m/s)、温度场(红虚线，单位：℃)

4.51　10 月 17 日 17 时至 19 日 20 时北疆大部降水、风口大风

天气类型	雨雪、大风	过程强度	中弱
天气实况	①雨雪：北疆大部、喀什地区南部山区、克州山区、巴州北部山区、哈密市北部小雨（高山区为雪），其中伊犁州、塔城地区、阿勒泰地区西部、石河子市、乌鲁木齐市、昌吉州的局部区域累计降水量 6.1～42.5 mm，最大降雨中心为伊犁州霍城县果子沟二台站（图 4.51a）。 ②风：北疆大部、南疆西部、巴州北部、吐鲁番市、哈密市出现 5～6 级西北风，风口风力 8～9 级，阵风 10 级（图 4.51b）。		
灾害性天气	暴雨	19 日 1 站暴雨位于乌鲁木齐市，日最大降雨中心位于乌鲁木齐市头屯河区焦化山站 26.6 mm，最大小时雨强为伊犁州霍城县果子沟二台站 6.8 mm/h（18 日 18:00—19:00）。	
	大风	伊犁州、博州西部、塔城地区北部、阿勒泰地区西部、喀什地区南部山区、克州、巴州北部、吐鲁番市、哈密市等地共 72 站出现 8 级以上大风，其中 10 级以上 2 站。过程极大风速，区域站为克州阿克陶县布伦口乡盖孜村依热库如木站 27.4 m/s（19 日 15:00），国家站为哈密市十三间房站 23.6 m/s（19 日 17:00）。	

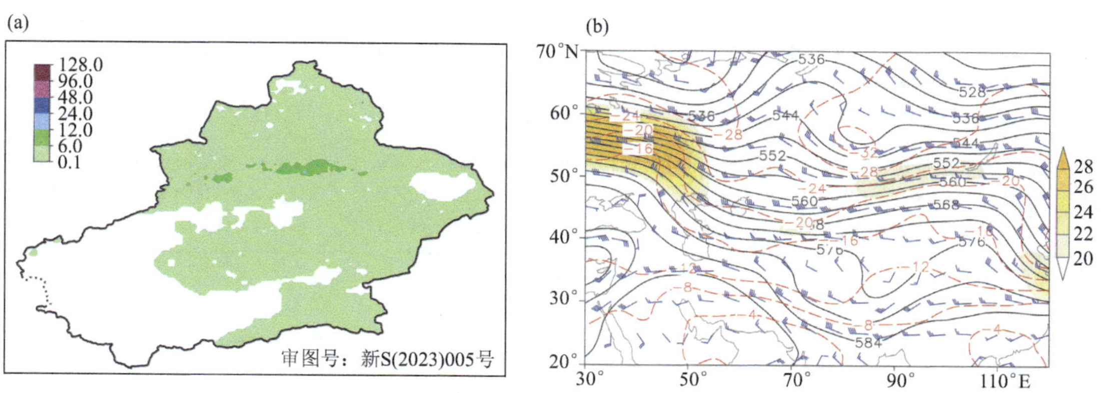

图 4.51　(a)10 月 17 日 17 时至 19 日 20 时过程累计降水量(单位：mm)；(b)10 月 18 日 20 时 500 hPa 高度场(黑实线，单位：dagpm)、风场(填色区，单位：m/s)、温度场(红虚线，单位：℃)

4.52　10 月 20 日 08 时至 21 日 20 时北疆西部、北部降水、风口大风

天气类型	雨雪、大风	过程强度	中弱
天气实况	①雨雪：伊犁州、塔城地区南部、阿勒泰地区北部山区、石河子市、乌鲁木齐市北部、昌吉州、喀什地区南部山区、克州山区、巴州北部山区小雨（高山区为雪），其中伊犁州东部、阿勒泰地区北部山区的局部区域累计降水量 6.1～19.1 mm，最大降雨中心为阿勒泰地区哈巴河县萨尔布拉克镇大萨子站（图 4.52a）。 ②风：北疆大部、南疆西部、巴州北部、吐鲁番市、哈密市出现 5～6 级西北风，风口风力 8～9 级、阵风 10 级；南疆盆地东部出现 5～6 级偏东风，阵风 9 级（图 4.52b）。		
灾害性天气	大风	博州西部、塔城地区北部、喀什地区南部山区、克州、和田地区南部、巴州、吐鲁番市、哈密市等地共 109 站出现 8 级以上大风，其中 10 级以上 6 站。过程极大风速，区域站为吐鲁番市小草湖服务区站 27.5 m/s（20 日 12:00），国家站为哈密市十三间房站 27.1 m/s（20 日 11:00）。	

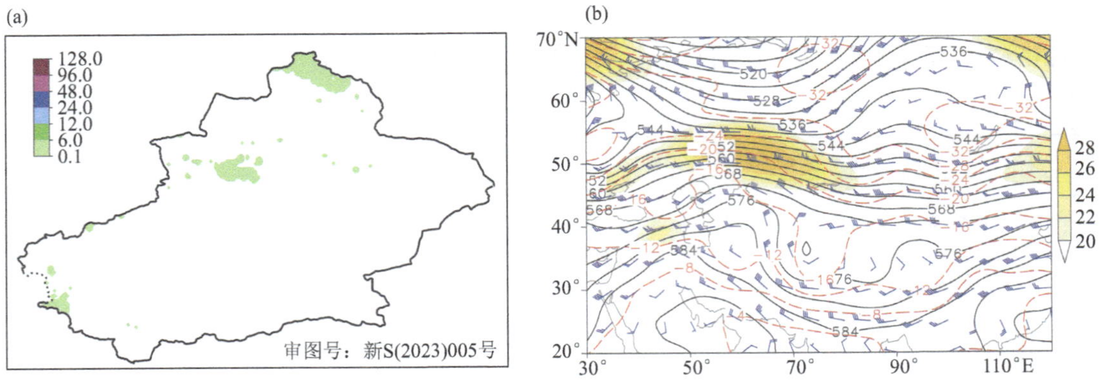

图 4.52 (a)10 月 20 日 08 时至 21 日 20 时过程累计降水量(单位:mm);(b)10 月 20 日 08 时 500 hPa 高度场(黑实线,单位:dagpm)、风场(填色区,单位:m/s)、温度场(红虚线,单位:℃)

4.53 10 月 27 日 08 时至 29 日 08 时北疆大部降水、风口大风

天气类型	雨雪、大风	过程强度	弱
天气实况	①雨雪:北疆大部和喀什地区南部山区、和田地区南部山区、巴州山区、哈密市北部小雨(山区为雨转雪或雪),其中伊犁州山区、博州西部、塔城地区北部、阿勒泰地区北部山区、昌吉州东部的局部区域累计降水量 6.1～17.4 mm,最大降雨中心为阿勒泰地区哈巴河县萨尔布拉克镇大萨子站(图 4.53a)。 ②风:北疆大部、南疆西部、巴州北部、吐鲁番市、哈密市出现 5～6 级西北风,风口风力 8～9 级,阵风 10 级(图 4.53b)。		
灾害性天气	大风	伊犁州、博州西部、塔城地区北部、阿勒泰地区西部、喀什地区南部山区、克州、和田地区南部、巴州山区、吐鲁番市、哈密市等地共 192 站出现 8 级以上大风,其中 10 级以上 5 站。过程极大风速,区域站为吐鲁番市高昌区小草湖服务区站 28.0 m/s(29 日 00:00),国家站为哈密市十三间房站 24.4 m/s(29 日 03:00)。	

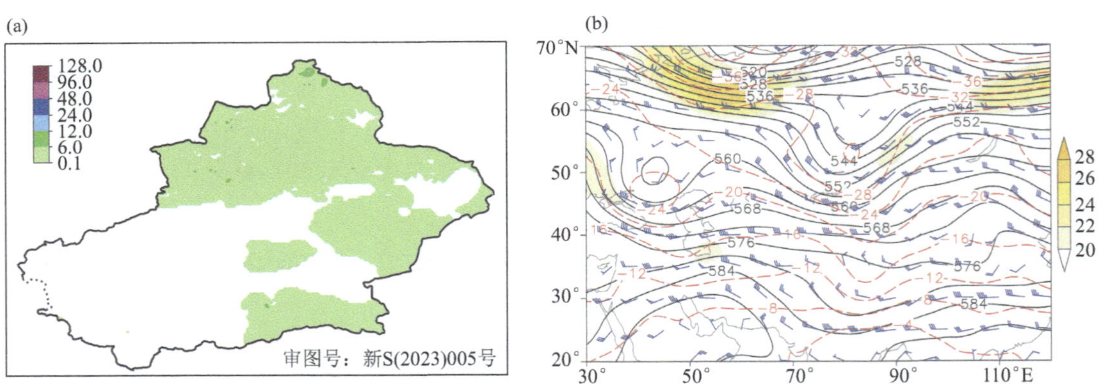

图 4.53 (a)10 月 27 日 08 时至 29 日 08 时过程累计降水量(单位:mm);(b)10 月 28 日 08 时 500 hPa 高度场(黑实线,单位:dagpm)、风场(填色区,单位:m/s)、温度场(红虚线,单位:℃)

4.54 12 月 1 日 08 时至 3 日 08 时伊犁州局地暴雪、风口大风

天气类型	降雪、大风	过程强度	弱
天气实况	①降雪:北疆大部和克州、巴州北部山区、哈密市北部小雪,其中伊犁州和博州西部、塔城地区、石河子市、乌鲁木齐市、昌吉州东部、巴州北部山区、哈密市北部山区的局部区域累计降雪量 3.1～15.4 mm,最大降雪中心为巴州和静县巩乃斯镇艾肯达板站(图 4.54a)。 ②风:北疆大部、南疆西部、巴州北部、吐鲁番市、哈密市出现有 5 级左右西北阵风,北疆东疆风口风力 8～9 级、阵风 10 级,南疆西部山区、和田地区南部风口风力 10～11 级、阵风 12 级(图 4.54b)。		

续表

灾害性天气	暴雪	1 站暴雪(1 日 08:00—20:00)位于伊犁州伊宁县麻扎乡上博尔博松村站(13.0 mm),最大小时雪强 3.5 mm/h 出现在伊犁州霍城县芦草沟镇大东沟站(1 日 12:00—13:00)。
	大风	伊犁州、塔城地区北部、阿勒泰地区西部、喀什地区南部山区、克州、和田地区南部、巴州山区、吐鲁番市、哈密市等地共 117 站出现 8 级以上大风,其中 10 级以上 17 站,12 级以上 1 站。过程极大风速,区域站为克州阿克陶县布伦口乡恰克尔艾格勒村阿克库如木站 33.3 m/s(1 日 23:00),国家站为克州吐尔尕特站 17.6 m/s(1 日 23:00)。

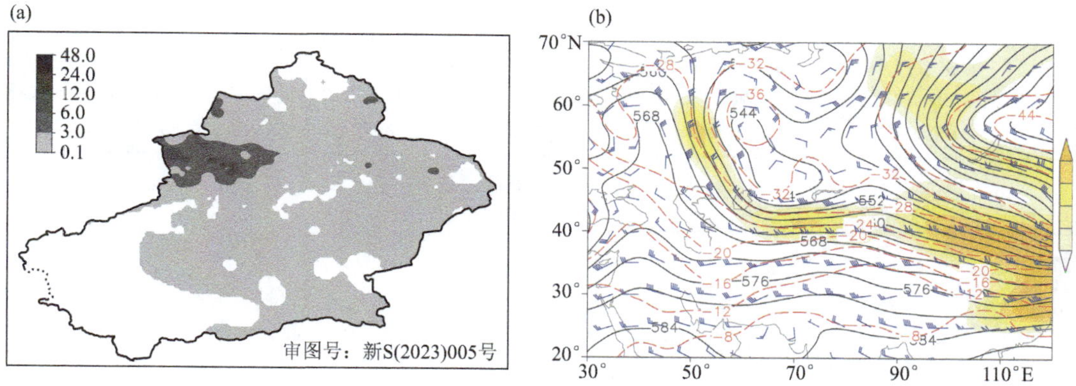

图 4.54　(a)12 月 1 日 08 时至 3 日 08 时过程累计降水量(单位:mm);(b)12 月 1 日 20 时 500 hPa 高度场(黑实线,单位:dagpm)、风场(填色区,单位:m/s)、温度场(红虚线,单位:℃)

4.55　12 月 4 日 20 时至 7 日 08 时北疆降雪、风口大风

天气类型	降雪、大风	过程强度	弱
天气实况	①降雪:伊犁州、塔城地区、阿勒泰地区、石河子市、乌鲁木齐市山区、昌吉州东部小雪,其中伊犁州山区、阿勒泰地区北部山区、乌鲁木齐市南部山区的局部区域累计降雪量 3.1~4.4 mm,最大降雪中心为乌鲁木齐市乌鲁木齐县照壁山大峡谷站(图 4.55a)。 ②风:南疆西部、吐鲁番市、哈密市出现有 5 级左右西北阵风,风口风力 8~9 级、阵风 10 级(图 4.55b)。		
灾害性天气	大风	喀什地区南部山区、克州、和田地区南部、哈密市等地共 43 站出现 8 级以上大风,其中 10 级以上 4 站。过程极大风速,区域站出现在克州阿克陶县布伦口乡恰克尔艾格勒村阿克库如木站(7 日 03:00)和喀什地区叶城县哈巴克达坂站(5 日 15:00),均为 28.2 m/s,国家站为哈密市十三间房站 18.4 m/s(6 日 18:00)。	

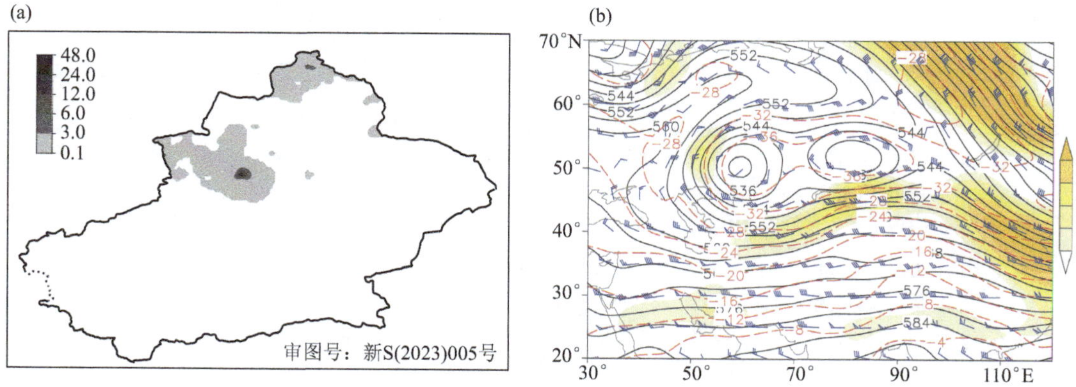

图 4.55　(a)12 月 4 日 20 时至 7 日 08 时过程累计降水量(单位:mm);(b)12 月 5 日 20 时 500 hPa 高度场(黑实线,单位:dagpm)、风场(填色区,单位:m/s)、温度场(红虚线,单位:℃)

4.56　12 月 9 日 08 时至 11 日 08 时北疆大部、南疆山区降雪、风口大风

天气类型	降雪、大风	过程强度	中弱
天气实况	①降雪:北疆大部和喀什地区南部山区、克州、和田地区南部山区、阿克苏地区西部北部、巴州北部山区、哈密市北部小雪,其中伊犁州、塔城地区北部、阿勒泰地区北部、石河子市、乌鲁木齐市、昌吉州、克州的局部区域累计降雪量 3.1～12.6 mm,最大降雪中心为伊犁州霍城县芦草沟镇大东沟站(图 4.56a)。 ②风:北疆大部、南疆西部、巴州北部、吐鲁番市、哈密市出现有 5 级左右西北阵风,风口风力 9～10 级、阵风 11 级(图 4.56b)。		
灾害性天气	大风	伊犁州、博州西部、塔城地区北部、喀什地区南部山区、克州、和田地区南部、巴州山区、吐鲁番市、哈密市等地共 128 站出现 8 级以上大风,其中 10 级以上 16 站。过程极大风速,区域站为哈密市伊州区连霍下行 K3128 应用(交通)站 32.3 m/s(11 日 06:00),国家站为哈密市十三间房站 27.7 m/s(11 日 06:00)。	

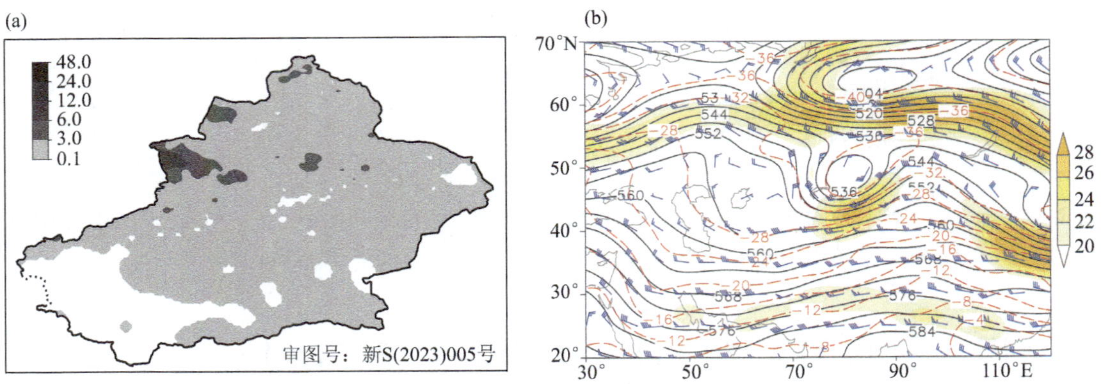

图 4.56　(a)12 月 9 日 08 时至 11 日 08 时过程累计降水量(单位:mm);(b)12 月 10 日 08 时 500 hPa 高度场(黑实线,单位:dagpm)、风场(填色区,单位:m/s)、温度场(红虚线,单位:℃)

4.57　12 月 13 日 08 时至 16 日 08 时北疆东疆弱降雪、局地寒潮、风口大风

天气类型	降雪、大风、降温	过程强度	中弱
天气实况	①降雪:伊犁州东部、塔城地区、阿勒泰地区、石河子市、乌鲁木齐市、昌吉州、哈密市北部小雪,其中阿勒泰地区、乌鲁木齐市、昌吉州的局部区域累计降雪量 3.1～8.9 mm,最大降雪中心为阿勒泰地区阿勒泰市野卡峡野雪公园 2 站(图 4.57a)。 ②风沙:北疆大部、南疆西部、巴州北部、吐鲁番市、哈密市出现有 5～6 级西北阵风,风口风力 10～11 级、阵风 12～13 级;南疆盆地东部出现 5 级偏东风,阵风 7～8 级,伴有不同程度的浮尘或扬沙。 ③降温:全疆大部最低气温下降 5～8 ℃;北疆大部、南疆西部、巴州山区、哈密市等地下降 8～10 ℃,山区局地下降 10 ℃以上,出现寒潮。		
灾害性天气	大风	伊犁州、塔城地区北部、阿勒泰地区、喀什地区南部山区、克州、和田地区南部、阿克苏地区西部、巴州山区、吐鲁番市、哈密市等地共 105 站出现 8 级以上大风,其中 10 级以上 17 站,12 级以上 1 站。过程极大风速,区域站为哈密市伊吾县盐池乡阿尔通盖村站 37.3 m/s(14 日 02:00),国家站为哈密市十三间房站 25.2 m/s(15 日 00:00)。	
	寒潮	寒潮站数:共 252 站次(强寒潮 48 站次,特强寒潮 29 站次),14 日阿勒泰地区、喀什地区、和田地区共 4 站,15 日博州、塔城地区、阿勒泰地区、昌吉州、哈密市共 141 站(强寒潮 33 站,特强寒潮 27 站);16 日乌鲁木齐市、昌吉州、喀什地区、克州、和田地区、阿克苏地区、巴州、哈密市共 107 站(强寒潮 15 站,特强寒潮 2 站)(图 4.57b)。 日最大降温中心:区域站阿勒泰地区吉木乃县吉木乃镇阔克舍木站降温 18.3 ℃(15 日),国家站阿勒泰地区布尔津站降温 13.2 ℃(15 日)。 过程最低气温:区域站阿勒泰地区青河县塔克什肯镇站最低气温－40.1 ℃(16 日 05:29),国家站巴州巴音布鲁克站－35.1 ℃(13 日 09:15)(图 4.57c,d)。	

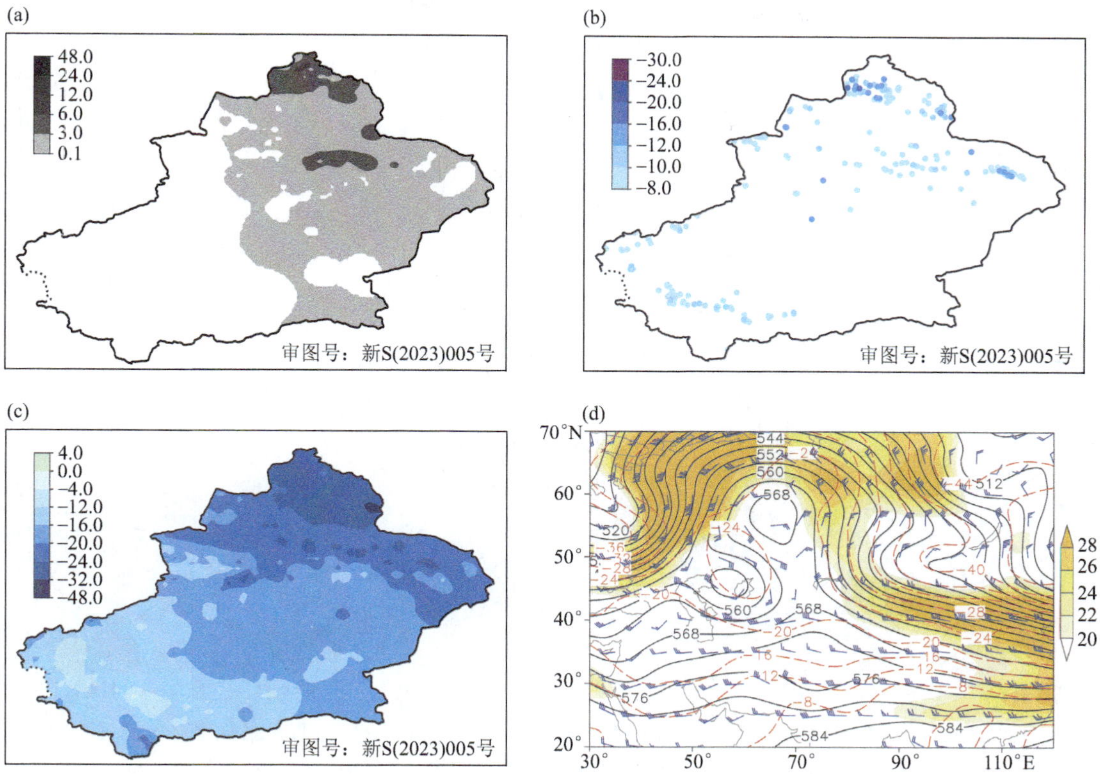

图 4.57　(a)12 月 13 日 08 时至 16 日 08 时过程累计降水量(单位：mm)；(b)过程最低气温 24h 降温(单位：℃)；(c)过程最低气温(单位：℃)；(d)12 月 14 日 20 时 500 hPa 高度场(黑实线，单位：dagpm)、风场(填色区，单位：m/s)、温度场(红虚线，单位：℃)

4.58　12 月 21 日 20 时至 24 日 17 时北疆东疆弱降雪、局地寒潮、风口大风

<table>
<tr><td>天气类型</td><td colspan="2">降雪、大风、降温</td><td>过程强度</td><td>中弱</td></tr>
<tr><td>天气实况</td><td colspan="4">①降雪：北疆大部、哈密市北部小雪，其中伊犁州、塔城地区北部、阿勒泰地区北部山区、克拉玛依市、石河子市、昌吉州、哈密市的局部区域累计降雪量 3.1～12.4 mm，最大降雪中心为伊犁州霍城县大西沟乡麻子沟站(图 4.58a)。
②风：北疆大部、南疆西部、巴州北部、吐鲁番市、哈密市出现有 5 级左右西北阵风，风口风力 9～10 级，阵风 11 级。
③降温：北疆大部、南疆西部最低气温下降 5～8 ℃；伊犁州、博州西部、塔城地区、阿勒泰地区、昌吉州、克州等地下降 8～10 ℃，山区局地下降 10 ℃以上，出现寒潮。</td></tr>
<tr><td rowspan="2">灾害性天气</td><td>大风</td><td colspan="3">伊犁州、博州西部、塔城地区北部、喀什地区南部山区、克州、和田地区南部、巴州山区、吐鲁番市、哈密市等地共 97 站出现 8 级以上大风，其中 10 级以上 9 站。过程极大风速，区域站为克拉玛依市金矿站 28.7 m/s(22 日 04:00)，国家站为哈密市十三间房站 30.0 m/s(23 日 20:00)。</td></tr>
<tr><td>寒潮</td><td colspan="3">寒潮站数：共 183 站次(强寒潮 45 站次，特强寒潮 31 站次)，22 日伊犁州、塔城地区、昌吉州共 7 站，23 日博州西部、塔城地区、阿勒泰地区共 36 站(强寒潮 9 站，特强寒潮 7 站)，24 日伊犁州、塔城地区、阿勒泰地区、昌吉州、克州共 140 站(强寒潮 36 站，特强寒潮 24 站)(图 4.58b)。
日最大降温中心：区域站伊犁州霍城县图开沙漠站降温 15.8 ℃(24 日)，国家站伊犁州尼勒克站降温 11.3 ℃(24 日)。
过程最低气温：区域站巴州和静县巴音布鲁克镇德尔比勒金牧场站最低气温−38.5 ℃(24 日 03:10)，国家站巴州巴音布鲁克站−35.7 ℃(22 日 00:18、01:55)(图 4.58c,d)。</td></tr>
</table>

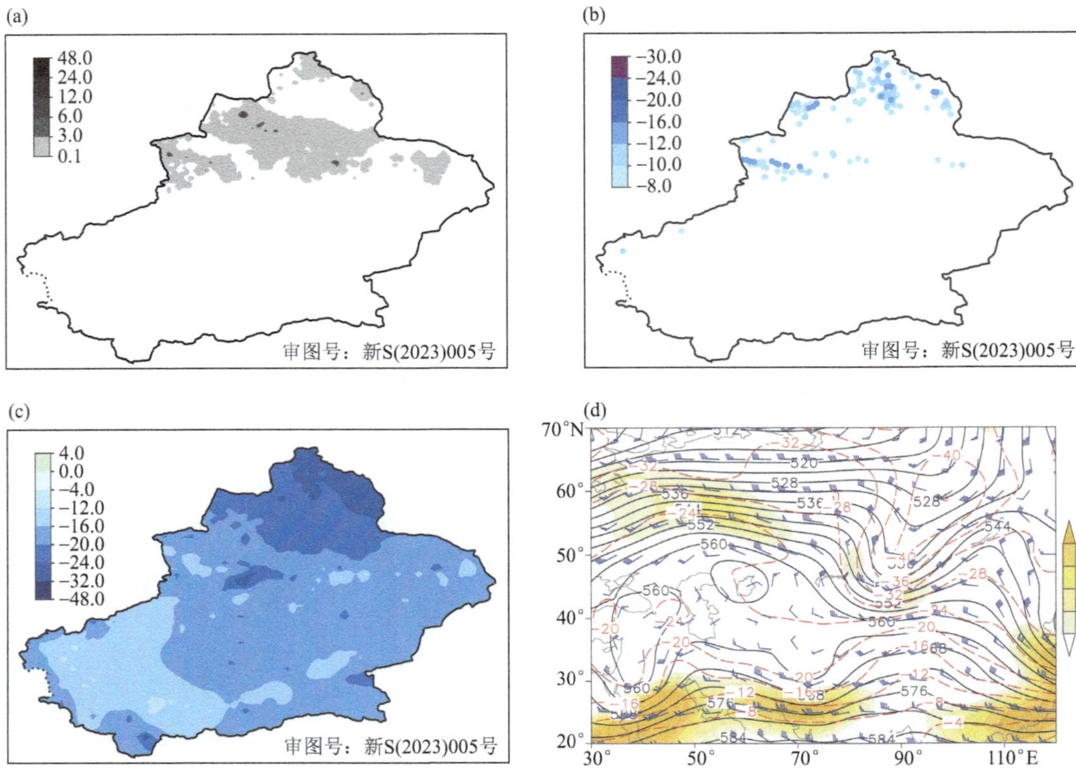

图 4.58 (a)12 月 21 日 20 时至 24 日 17 时过程累计降水量(单位：mm)；(b)过程最低气温 24h 降温(单位：℃)；(c)过程最低气温(单位：℃)；(d)12 月 23 日 20 时 500 hPa 高度场(黑实线，单位：dagpm)、风场(填色区，单位：m/s)、温度场(红虚线，单位：℃)

4.59 12 月 30 日 02 时至 31 日 13 时北疆大部、南疆西部山区分散性弱降雪

天气类型	降雪	过程强度	弱
天气实况	降雪：塔城地区北部、阿勒泰地区、克拉玛依市的部分区域和伊犁州北部山区、昌吉州东部山区、喀什地区南部山区、和田地区南部山区、巴州北部山区等地的局部区域小雪，其中塔城地区北部、克拉玛依市的局部区域累计降雪量 3.1～3.6 mm，最大降雪中心为塔城地区裕民站(图 4.59a，b)。		

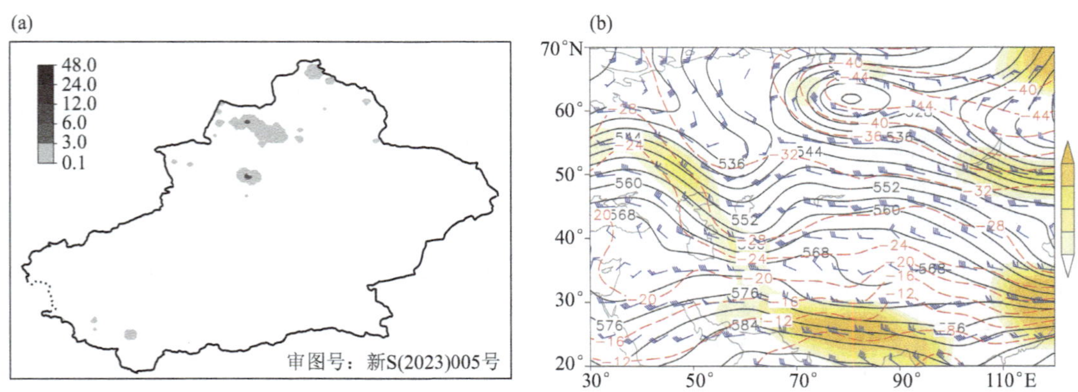

图 4.59 (a)12 月 30 日 02 时至 31 日 13 时过程累计降水量(单位：mm)；(b)12 月 30 日 20 时 500 hPa 高度场(黑实线，单位：dagpm)、风场(填色区，单位：m/s)、温度场(红虚线，单位：℃)

附录 A　新疆天气过程强度业务标准

变　温	过程降水	风　力	过程强度
≤5℃	微到小量(个别中量)	4～5 级,风口 6 级	弱
≤5℃	小量(个别中量) 小量(个别大量)	5 级,风口 6～7 级	中弱
≤5℃	中量(个别小量) 小量(个别大量)	5 级,风口 7～8 级	中度
≥8℃	小量(个别微量) 小量(个别中量) 中量(个别小量)	6 级,风口 8～9 级	中强
≤5℃	中量(个别大量) 中到大量	6 级,风口 8～9 级	中强
≥10℃	微到小量	6 级,风口 8～9 级	中强
≥8℃	中到大量	6 级,风口 9～10 级	强
≥10℃	中量(个别小量)	6 级,风口 9～10 级	强
≥13℃	微到小量	6 级,风口 9～10 级	强
≤5℃	大量或大到暴量	6 级,风口 9～10 级	强
≥8℃	大量	6 级,风口 9～10 级	特强
≥13℃	中量	6 级,风口 9～10 级	特强
≥5℃	微到小量	6 级,风口 9～10 级	中度

附录 B 新疆气象台高温天气过程标准

(业务试行稿 2020 年 5 月)

1 范围

本标准给出了新疆高温天气过程的等级及划分方法。

本标准适用于新疆高温天气过程的监测、评估及预报服务。

2 术语和定义

2.1 高温天气

日最高气温≥35℃的天气。

2.2 高温日

某日有 1 个或以上站点的日最高气温≥35℃(吐鲁番盆地 37℃以上),则将该日记为一个高温日。

2.3 过程高温日

设定全疆范围内某天有 1 成或以上的站点出现高温天气。

3 新疆高温天气过程的判识

根据全疆气象观测站资料,从满足一个过程高温日标准开始,至不满足过程高温日标准的前一天结束且须持续 3 d 或以上,可判定全疆出现高温天气过程,对于大于 5 d 的高温过程,允许期间仅 1 d 的高温站数可少于 1 成。

4 等级划分

4.1 等级

新疆高温天气过程划分为四个等级,分别为特强、强、中等、弱。

4.2 划分方法

4.2.1 划分指标

新疆高温天气过程等级根据新疆高温天气过程等级指标(I)进行划分,见表 B.1。

表 B.1 新疆高温天气过程等级划分标准(含区域气象站)

新疆高温天气过程等级	新疆高温天气过程等级指标
特强	$I \geqslant 1.5$
强	$1.2 \leqslant I < 1.5$
中等	$0.7 \leqslant I < 1.2$
弱	$I < 0.7$

4.2.2 I 的计算方法

I 的计算公式见式(B.1):

$$I = \sum_{k=1}^{3}(T_k \times W_k) \tag{B.1}$$

式中，I——新疆高温天气过程等级指标；

T_k——日最高气温分级，取值分别为 1、2、3，对应[35℃，37℃)、[37℃，40℃)、[40℃，+∞)三个温度区间；

W_k——T_k 对应的站点数占总站点数的比例。

附录 C　新疆气象台天气过程档案制作规范(试行)

一、天气过程档案的制作和存放

1. 天气过程结束后，定量降水岗值班员在 12 h 之内确定天气过程的起止时间，并安排过程结束当日值班的短时临近监测、预警岗白班人员制作。

2. 短时临近监测、预警岗白班值班员在接到定量降水岗值班员安排的 72 h 内，完成天气过程数据的生成、天气过程图的绘制和天气实况、环流形势演变的文字撰写，经定量降水岗值班员和首席预报员审核、确定天气过程强度后，使用软件完成天气过程图与天气实况、环流形势演变文字的合成并使用 A4 纸彩色打印、存档，同时填写天气过程检索纸质档案(见附件 C.3)和电子档案(见附件 C.4)，最后将上述所有电子文件上传至 10.185.104.89\tqgcsj\tqgcbmp 相应年份文件夹中。

二、天气过程的命名规则

天气过程文件命名规则为：AAA-YYYYMMDDHH－mmddhh，其中 AAA 为该天气过程在当年的顺序编号，YYYY 为开始年份，MM 为开始月份，DD 为开始日期，HH 为开始时间(北京时，下同)，mm 为结束月份，dd 为结束日期，hh 为结束时间。

三、天气过程档案制作的要求

1. 绘制天气过程图时，图中需显示站点降水量、过程降温(≥5℃)、极大风速(≥17 m/s)，并使用天气符号标注大风、沙尘区(见附录 C.1)。

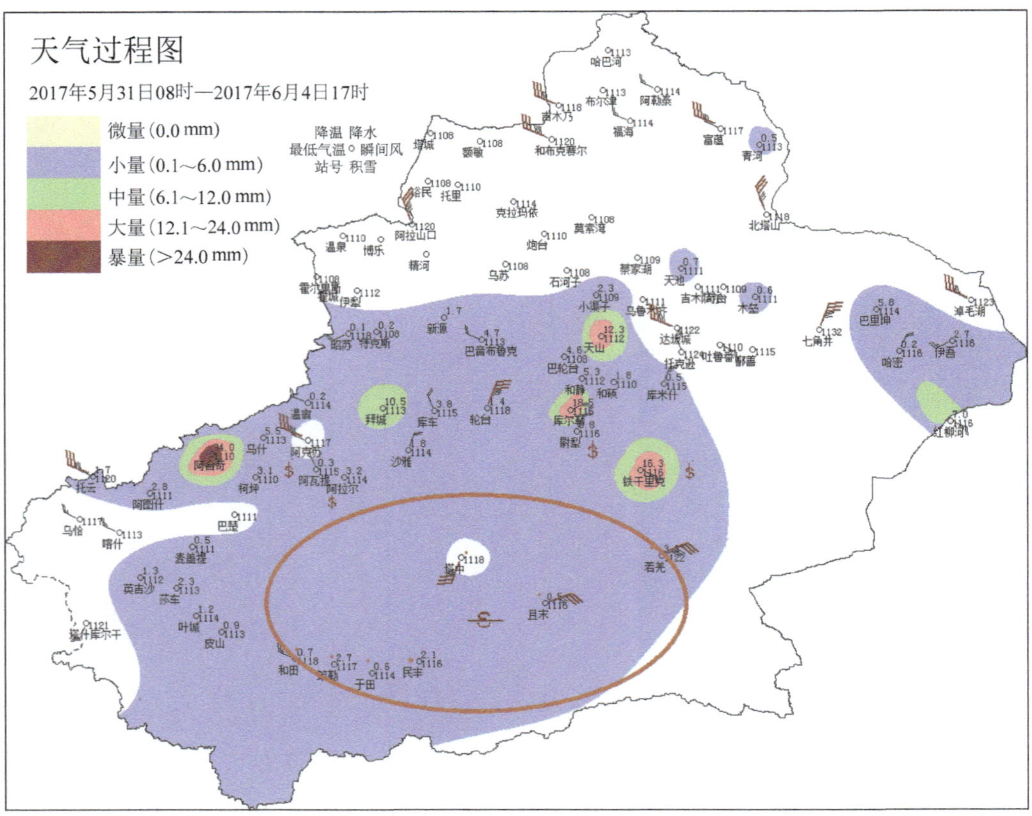

附录 C.1　天气过程图绘制示例

2. 在天气实况的文字描述中，应对降水、降温、风沙等天气逐一进行详细说明。如：南疆大部分地区、伊犁州南部东部、乌鲁木齐市山区、昌吉州山区、哈密市出现小雨(依据新疆降水量级标准，详见附件C.1)，克州北部、阿克苏西部北部、巴州共28站暴雨，克州北部山区5站大暴雨。过程最大降水中心分别为巴州且末县阿羌乡依山干河站、克州阿合奇县哈拉布拉克乡站，累计降水量85.7 mm、78.7 mm，9站出现短时强降水，最大小时雨强20.5 mm/h，6月1日13—14时出现在阿克苏地区柯坪县苏巴什村。全疆大部分地区先后出现4～5级西北风，共172站8级以上(标准详见附件C.2)，极大风速出现在巴州和静县黄水沟山口站，32.1 m/s。5月31日至6月1日，和田地区、巴州和阿克苏地区局部共10站出现扬沙或沙尘暴，其中于田、民丰、塔中、且末4站出现沙尘暴，民丰、且末最低能见度300 m，出现强沙尘暴。

3. 环流形势演变描述应完整、清晰。如：500 hPa欧亚范围中高纬度以“两槽两脊”经向环流为主，中低纬度“两脊一槽”，伊朗到里海、咸海高压脊与华南到新疆高压脊之间中亚槽加深并有气旋式环流，里海、咸海高压脊东扩，推动中亚槽东移进入南疆。与此同时，西伯利亚低压槽东移引导地面冷高压进入北疆，冷空气沿天山北坡堆积，从天山东部豁口翻山进入东疆，然后回流“东灌”进入南疆盆地，形成南疆盆地东部地面至低空一定厚度的偏东气流，“东西夹攻”南疆降水开始，中亚槽进入南疆，部分沿西天山南坡缓慢东北移与低空切变线共同影响，造成克州北部和阿克苏西部暴雨，向山的偏东气流为暴雨增幅；另一部分沿昆仑山北坡东移与低空切变线、地面冷锋共同影响造成巴州南部的暴雨天气。

4. 在进行天气过程图与天气实况、环流形势演变文字合成时，要注意合成软件字数限制，保证合成图上文字的完整。

5. 天气过程强度的确定(详见附录A)，夏季以降水为主，春、秋、冬季要综合考虑降水、风沙、降温；如仅在新疆某一区域出现某类强天气，过程强度应标注为：××区域＋天气过程强度，如：北疆寒潮、南疆西部大降水；稳定环流背景下多个短波槽影响的天气过程(2～4 d内)可合并制作为一个天气过程，需在环流形势演变的文字描述中说明有几个短波槽及其影响时段。

附件C.1 新疆降水量级标准(修订版)

雨			雪		
量级	12 h标准/mm	24 h标准/mm	量级	12 h标准/mm	24 h标准/mm
微雨	0.0～0.1	0.0～0.2	微雪	0.0～0.1	0.0～0.2
小雨	0.2～5.0	0.3～6.0	小雪	0.2～2.5	0.3～3.0
小到中雨	3.1～7.5	4.5～9.0	小到中雪	1.6～3.5	2.5～4.5
中雨	5.1～10.0	6.1～12.0	中雪	2.6～5.0	3.1～6.0
中到大雨	7.6～15.0	9.1～18.0	中到大雪	3.6～7.5	4.6～9.0
大雨	10.1～20.0	12.1～24.0	大雪	5.1～10.0	6.1～12.0
大到暴雨	15.1～30.0	18.1～36.0	大到暴雪	7.6～15.0	9.1～18.0
暴雨	20.1～40.0	24.1～48.0	暴雪	10.1～20.0	12.1～24.0
大暴雨	40.1～80.0	48.1～96.0	大暴雪	20.1～40.0	24.1～48.0
特大暴雨	>80.0	>96.0	特大暴雪	>40.0	>48.0

附件 C.2　风力等级特征及换算表(蒲福风力等级表,GB/T 28591—2012)

风力等级	海面状况 海浪高/m		海岸船只征象	陆地地面物征象	相当于空旷平地上标准高度 10 m 处的风速		
	一般	最高			m/s	km/h	knot①
0	—	—	静	静,烟直上	0～0.2	小于 1	小于 1
1	0.1	0.1	平常渔船略觉摇动	烟能表示风向,但风向标不能动	0.3～1.5	1～5	1～3
2	0.2	0.3	渔船张帆时,每小时可随风移行 2～3 km	人面感觉有风,树叶微响,风向标能转动	1.6～3.3	6～11	4～6
3	0.6	1.0	渔船渐觉颠簸,每小时可随风移行 5～6 km	树叶及微枝摇动不息,旌旗展开	3.4～5.4	12～19	7～10
4	1.0	1.5	渔船满帆时,可使船身倾向一侧	能吹起地面灰尘和纸张,树枝摇动	5.5～7.9	20～28	11～16
5	2.0	2.5	渔船缩帆(即收去帆之一部分)	有叶的小树摇摆,内陆的水面有小波	8.0～10.7	29～38	17～21
6	3.0	4.0	渔船加倍缩帆,捕鱼须注意风险	大树枝摇动,电线呼呼有声,举伞困难	10.8～13.8	39～49	22～27
7	4.0	5.5	渔船停泊港中,在海者下锚	全树摇动,迎风步行感觉不便	13.9～17.1	50～61	28～33
8	5.5	7.5	进港的渔船皆停留不出	微枝折毁,人行向前,感觉阻力甚大	17.2～20.7	62～74	34～40
9	7.0	10.0	汽船航行困难	建筑物有小损(烟囱顶部及平屋摇动)	20.8～24.4	75～88	41～47
10	9.0	12.5	汽船航行颇危险	陆上少见,见时可使树木拔起或使建筑物损坏严重	24.5～28.4	89～102	48～55
11	11.5	16.0	汽船遇之极危险	陆上很少见,有则必有广泛损坏	28.5～32.6	103～117	56～63
12	14.0	—	海浪滔天	陆上绝少见,摧毁力极大	32.7～36.9	118～133	64～71
13	—	—	—	—	37.0～41.4	134～149	72～80
14	—	—	—	—	41.5～46.1	150～166	81～89
15	—	—	—	—	46.2～50.9	167～183	90～99
16	—	—	—	—	51.0～56.0	184～201	100～108
17	—	—	—	—	56.1～61.2	202～220	109～118

附件 C.3　天气过程检索纸质档案(样例)

编号	过程起止时间	强度	是否合成	是否打印	是否录入 excel 档案	是否上传	制作人签字	审核人签字
35	035—2016061608—061908	特强	是	是	是	是		

① 1 knot=1.852 km/h=0.514 m/s。

附件 C.4　天气过程电子检索档案(样例)

序号	时间	强度	影响系统	实况描述	灾情	服务材料	制图	签发
35	035—2016061608—061908	特强	北疆各地、天山山区、哈密北部、南疆西部山区、哈密北部出现降雨,其中伊犁河谷、博州、塔城北部和北疆沿天山一带、天山山区部分地区以及阿勒泰西部、哈密北部的局部地区出现中到大雨,伊犁河谷的大部分地区、博州、塔城北部、天山山区等地局部出现暴雨到大暴雨,全疆共有 270 个站达到暴雨,116 个站达大暴雨,最大降水量为伊宁麻扎乡博尔博松站达 165.7 mm,上述部分地区 4～5 级西北风,十三间房瞬间风力达 9 级	500 hPa 欧亚范围内中高纬度以经向环流为主,里海、咸海至乌拉尔山为高压脊控制,西西伯利亚为平均槽区,前期受伊朗副热带高压影响,全疆出现高温天气,热力条件好。随着乌拉尔高压脊脊顶东北伸,推动西西伯利亚的低涡南压,低涡底部不断分裂,短波槽与中纬度锋区弱波动结合并东移,造成此次天气过程	气象灾情快报期号—标题(气象灾情快报 2016 年第 28 期—伊犁州、博州温泉县、阿勒泰富蕴县洪水灾情 伊宁县因灾死亡 2 人失踪 1 人)	服务材料(气象信息快报以外的全部服务材料),服务材料名称,期号—标题 [重要气象情报 201606—15 日至 20 日伊犁河谷天山山区及两侧将有频繁降雨;气象预警信号 201616(暴雨蓝色预警);预警信号 201617(暴雨蓝色预警)]		